国家重点基础研究发展 973 计划项目（2015CB251602）资助

国家自然科学基金项目（51774229）资助

陕西省创新能力支撑计划（科技创新团队）项目（2018TD-038）资助

陕西省重点实验室科学研究计划项目（13JS064）资助

U0324233

急斜煤层大段高安全开采围岩控制基础研究

邵小平　著

中国矿业大学出版社

内容简介

本书以新疆乌鲁木齐矿区急斜煤层开采为研究对象,贯穿岩层结构的思想,系统研究了急斜煤层大段高安全开采的围岩控制技术。主要内容包括:新疆乌鲁木齐矿区急斜煤层开采技术的发展历程;急斜煤层大段高工作面综放开采的矿压显现规律;基于相似材料模拟实验的围岩变形破坏规律、顶煤体的结构和三角煤可控性及顶煤放出规律研究;大段高开采顶板"卸载拱"结构的建立及基于不同倾角的大段高工作面合理分段高度的确定;基于相似材料模拟实验的充填体控制作用研究;基于数值模拟实验的急斜煤层围岩及地表变形破坏规律、液压支架的受力状况及顶煤体流动规律;急斜煤层大段高开采的现场工程应用研究等。

本书可供从事煤矿特殊开采,特别是急斜煤层围岩控制研究相关领域的科研人员和工程技术人员参考使用,亦可作为普通高校研究生和高年级本科生的参考用书。

图书在版编目(CIP)数据

急斜煤层大段高安全开采围岩控制基础研究/邵小平著.—徐州:中国矿业大学出版社,2018.10

ISBN 978-7-5646-4173-3

Ⅰ.①急… Ⅱ.①邵… Ⅲ.①急倾斜煤层—煤矿开采—围岩控制—研究 Ⅳ.①TD823.21

中国版本图书馆 CIP 数据核字(2018)第 234274 号

书　　名	急斜煤层大段高安全开采围岩控制基础研究
著　　者	邵小平
责任编辑	孙　景　黄本斌
出版发行	中国矿业大学出版社有限责任公司
	(江苏省徐州市解放南路　邮编 221008)
营销热线	(0516)83885307　83884995
出版服务	(0516)83885767　83884920
网　　址	http://www.cumtp.com　E-mail:cumtpvip@cumtp.com
印　　刷	徐州中矿大印发科技有限公司
开　　本	787×1092　1/16　**印张** 16.75　**字数** 418 千字
版次印次	2018 年 10 月第 1 版　2018 年 10 月第 1 次印刷
定　　价	40.00 元

(图书出现印装质量问题,本社负责调换)

前　言

新疆乌鲁木齐矿区蕴藏着丰富的急斜煤层资源。水平分段放顶煤作为急斜煤层开采的一种科学方法已成为矿区目前唯一采用的开采方式,而以往的开采实践与理论研究成果均表明增加工作面分段高度是提高矿区煤炭产量的主要手段。按照国家煤矿安全监察局对乌鲁木齐矿区急斜放顶煤工作面采放比不超过1∶8的要求,矿区各生产矿井的工作面分段高度将逐步提高至30 m。如此大段高开采条件下支架能否保持良好的运转特性、围岩是否存在大范围垮落的危险性、工作面采出率如何保证是三个主要研究的问题,而其核心是在对工作面围岩运移特征深入了解的基础上,研究不同倾角急斜煤层合理段高的取值范围以及进一步增强围岩可控性的方式,即急斜煤层大段高开采条件下的围岩控制理论研究。本书正是在对比、分析及总结急斜煤层以往相关研究成果基础上,应用现场实测、理论分析、相似材料及数值模拟实验的手段,专门针对大段高工作面开采的以上问题进行了深入研究。

基于急斜煤层赋存条件复杂的实际情况,本书首先在现场实测中建立了急斜煤层分段放顶煤工作面的立体监测模式,实现了对工作面矿压显现及围岩运移变化规律的多方位监测。实测表明,支架在走向上分区域承受了不同高度范围内顶煤体完全破坏后的压力,基本顶岩层的垮落区域位于煤壁后方采空区内。工作面沿走向具有明显的周期性矿压显现,但支架的工作阻力并没有随着段高与采深的增加而大幅度增加,说明支架会受到其上方(煤体及采空场)沿走向临时结构的保护作用。其次,在放顶煤实验中顶煤体垮落拱形式的破坏及低位拱失稳后被上位拱所取代的方式说明支架还会受到顶煤体中沿倾向结构的保护作用,保证了大段高开采条件下支架良好的运转特性。本书通过进一步的典型倾角急斜煤层相似模拟对比实验表明,顶板岩层中存在"卸载拱"结构。该结构的存在,使工作面开采过程中裸露的顶板岩层仅承受拱内岩层的作用。倾角较大的急斜煤层,开采过程中由于受到阶梯形收口处及沿槽形采空区域下移的垮落体对顶板岩层的支承作用,顶板岩层的稳定性大幅提高。本书在理论分析中借助岩层板破断的小挠度理论,推导出了急斜煤层分段放顶煤开采条件下不同倾角的合理段高取值范围,从理论上论证了分段放顶煤工作面在段高所在范围内避免围岩大范围垮落的基本条件是具备的,倾角55°以上的急斜煤层,进行30 m的大段高开采是可行的。在进一步提高围岩可控性研究方面,本书在研究过程中填装了总质量达18.6 t的煤,且是在国内外急斜煤层研究中迄今为止所填装的最大规模的大型组合堆体立体模拟实验。实验揭示了急斜煤层的沉陷特征,即开采后地表多次反复沉陷,塌陷坑内垮落体由底板侧朝顶板侧呈台阶式下降分布,充填时应由底板侧沿台阶式下降体开始多次充填。而对于充填体作用机理的研究则表明:急斜煤层开采后,如果围岩的自然充填体与人工充填体可以较好地沿煤体开采后形成的槽形采空区域下移,并在此过程中对顶板起到结构支撑作用,则有利于形成工作面上方暂时稳定的结构,控制顶底板的运动,防止工作面顶板大范围悬空后大范围垮落可能形成的灾害。本书所进行的研究,提出了选取工作面合理段高取值范围及充填采空区域的围岩控制方式,并在煤矿生产实践中得到了验证,对于乌鲁木齐矿区急斜煤层大段高工作面安全高效开采有积极的指导意义,对于赋存类似煤层的国内外其他矿区也有良好的借鉴意义。

全书共 9 章。第 1 章介绍了大段高的定义及大段高开采技术的发展过程、国内外研究现状及研究领域存在的不足,给出了本书的研究内容与方法。第 2 章对急斜煤层普通段高与大段高工作面开采的矿压显现规律进行了对比分析,给出了大段高开采工作面的矿压显现特征。第 3 章从相似材料模拟实验入手,对倾角分别为 45°、65°、84°的急斜煤层的围岩破坏规律进行了实验研究,同时对顶煤体结构和三角煤的可控性、顶煤放出规律进行了实验分析。第 4 章通过建立基本顶的板破断力学模型,分析了基本顶板破断的特征;通过建立顶板"卸载拱"力学模型,得出了不同倾角急斜煤层的合理分段高度。第 5 章从理论上分析指出顶煤体中存在"跨层拱"结构,给出了顶煤体中的破坏分区及存在滞放关键域,分析了单口放煤与多口放煤的规律。第 6 章通过充填模拟实验对充填体的控制作用进行了研究,给出了充填体作用时的板破断力学模型。第 7 章通过数值模拟实验对急斜煤层围岩及地表变形破坏特征、液压支架的受力及工况、顶煤体流动规律进行了论证性研究。第 8 章结合工程实例对六道湾煤矿的大段高工作面开采进行了现场验证。第 9 章对研究成果进行了总结。

本书结合了石平五教授的"急斜水平分段放顶煤关键技术研究"国家自然科学基金项目成果,在研究过程中得到了石平五教授的悉心指导和帮助,浸透着石平五教授在急斜煤层开采领域长期研究的理论成果和独到见解。石平五教授在急斜煤层开采领域博大的学术思想给予作者莫大的启发,值此在拙作完成之际,谨向石平五教授致以崇高的敬意和诚挚的感谢!感谢西安科技大学伍永平教授、来兴平教授、黄庆享教授、柴进教授、索永录教授、张嘉凡教授长期以来给予的关心与支持;感谢硕士研究生武建文、中煤科工集团西安研究院张幼振研究员在研究过程中给予的帮助。在现场实测过程中,神华新疆能源公司的陈建强、蒋新军、蒋东晖等给予了大力支持和帮助,在此一同对他们表示感谢!

影响急斜煤层大段高安全开采的因素较多,本书仅从围岩结构方面进行了相关重点研究工作。由于作者水平有限,书中难免存在疏漏或谬误之处,恳请专家及读者批评指正。

作　者

2016 年 12 月

主要符号索引表

各种符号在本书中出现时都加以定义，以下仅列出书中部分常见的符号：

a ——薄板岩层沿走向推进的距离，m；

b ——薄板岩层的倾斜长度，m；

t ——薄板岩层的厚度，m；

h ——薄板岩层的垂高，m；

φ ——顶煤的内摩擦角；

R_C ——煤体表观单轴抗压强度；

τ_{max} ——顶煤内最大有效剪应力；

a_l ——长度相似常数；

a_A ——面积相似常数；

a_v ——体积相似常数；

a_t ——时间相似常数；

a_M ——质量相似常数；

α ——薄板岩层的倾角；

μ ——薄板岩层泊松比；

k ——薄板岩层的长短边之比；

q ——薄板岩层（或卸载拱结构）承受的上覆岩层载荷；

q_1 ——薄板岩层（或卸载拱结构）承受的法向载荷；

q_2 ——薄板岩层（或卸载拱结构）承受的切向载荷；

D ——薄板岩层的抗弯刚度；

σ_z ——薄板岩层垂直于中面的应力分量；

σ_y ——薄板沿 y 轴方向的应力分量；

σ_{yamax} ——四边固支薄板模型法向载荷作用下薄板下表面沿 y 轴方向的最大拉应力；

σ_{ybmax} ——四边固支薄板模型法向载荷作用下薄板上表面沿 y 轴方向的最大拉应力；

σ_{ycmax} ——四边固支薄板模型切向载荷作用下薄板上部边界中点处最大拉应力；

σ_{ydmax} ——四边固支薄板模型切向载荷作用下薄板下部边界中点处最大拉应力；

σ_{ymax1} ——四边固支薄板模型法向与切向载荷作用下薄板上表面最大拉应力；

σ_{ymax3} ——四边固支薄板模型法向与切向载荷作用下薄板下表面最大拉应力；

σ_s ——薄板岩层的的极限抗拉强度；

λ ——顶板岩层卸载拱结构模型的拱跨比；

L_1 ——卸载拱结构上拱脚至拱顶的沿岩层倾向的斜长；

L_2 ——卸载拱结构下拱脚至拱顶的沿岩层倾向的斜长；

$\sigma_{ymax拉}$ ——三边固支薄板模型法向载荷作用下薄板底部边界上表面最大拉应力；

$\sigma_{min压}$ ——三边固支薄板模型切向载荷作用下薄板底部边界所受最小压应力；

$\sigma_{ymax合}$ ——三边固支薄板模型法向与切向载荷作用下薄板上表面最大拉应力。

目　　录

1　绪论 …………………………………………………………………… 1
　1.1　大段高的定义及大段高开采技术的发展过程 …………………… 1
　1.2　发展大段高开采技术的重要性 …………………………………… 8
　1.3　大段高开采的主要问题 …………………………………………… 11
　1.4　急斜煤层围岩控制理论国内外研究现状 ………………………… 11
　1.5　研究的主要内容及技术路线 ……………………………………… 18

2　急斜煤层大段高综放开采工作面矿压显现规律研究 ………………… 20
　2.1　乌鲁木齐矿区概况 ………………………………………………… 20
　2.2　普通段高工作面开采矿压显现基本规律 ………………………… 22
　2.3　大段高工作面开采矿压显现基本规律 …………………………… 23
　2.4　本章小结 …………………………………………………………… 48

3　急斜煤层大段高工作面开采相似材料模拟实验研究 ………………… 49
　3.1　相似理论基本原理 ………………………………………………… 50
　3.2　实验基本条件 ……………………………………………………… 51
　3.3　力学参数确定过程 ………………………………………………… 52
　3.4　倾角45°煤层开采实验研究 ……………………………………… 56
　3.5　倾角65°煤层开采实验研究 ……………………………………… 60
　3.6　倾角84°煤层开采实验研究 ……………………………………… 68
　3.7　顶煤体结构及三角煤可控性研究 ………………………………… 70
　3.8　顶煤放出实验 ……………………………………………………… 74
　3.9　本章小结 …………………………………………………………… 81

4　大段高开采合理分段高度确定 ………………………………………… 83
　4.1　开采初期顶板破断研究 …………………………………………… 84
　4.2　顶板结构研究 ……………………………………………………… 88
　4.3　底板破坏研究 ……………………………………………………… 93
　4.4　大段高工作面合理分段高度极值研究 …………………………… 95
　4.5　本章小结 …………………………………………………………… 102

5 分段放顶煤开采顶煤体结构及放出规律研究 ································ 104

5.1 急斜水平分段放顶煤开采工作面回采工艺 ················ 104

5.2 顶煤破碎机理研究 ··· 105

5.3 顶煤运移规律研究 ··· 106

5.4 顶煤体中"跨层拱"结构研究 ······························· 109

5.5 顶煤分区及滞放关键域研究 ································· 116

5.6 顶煤放出规律研究 ··· 128

5.7 本章小结 ··· 142

6 充填体控制作用研究 ··· 144

6.1 急斜煤层开采沉陷规律实验研究 ··························· 145

6.2 充填平面模拟实验研究 ······································ 165

6.3 充填体控制作用研究 ·· 168

6.4 本章小结 ··· 172

7 数值分析研究 ·· 173

7.1 数值分析方法在我国岩石力学与工程领域的研究与发展 ···· 173

7.2 数值分析方法在矿山压力领域的研究与应用 ············· 175

7.3 围岩的变形破坏过程模拟 ··································· 178

7.4 围岩应力变化数值模拟 ······································ 192

7.5 地表变形破坏过程模拟 ······································ 206

7.6 顶煤放出规律模拟 ··· 212

7.7 液压支架结构分析模拟 ······································ 223

7.8 本章小结 ··· 233

8 工程实例应用 ·· 235

8.1 六道湾煤矿现场工业性试验 ································· 235

8.2 铁厂沟煤矿现场工业性试验 ································· 241

8.3 本章小结 ··· 250

9 结束语 ·· 251

参考文献 ·· 254

1 绪 论

1.1 大段高的定义及大段高开采技术的发展过程

1.1.1 大段高的定义

急斜煤层是指赋存角度 45°~90°的煤层。我国急斜煤层的储量丰富,范围较广,开采急斜煤层的矿井也较多,主要分布于乌鲁木齐、窑街、淮南、开滦、徐州、长广、南桐、资兴、大通、华亭等 20 余个矿区。由于急斜煤层在形成过程中都经历过强烈的地质变动,地质构造复杂,因此在采煤机械化和改善生产技术方面都存在不少问题。中华人们共和国成立初期,急斜煤层的开采沿用了高落式采煤法和人工落煤等十分落后的采煤工艺,工作面生产能力小,劳动强度大,安全条件差,资源回收率低。随后,燃料工业部做出了推行采煤新方法和安全生产的决定,各煤矿积极进行了以采煤方法改革为中心的矿井技术改造。急斜煤层开采技术的改革[1-2],从解放初期至目前,大致经历了三个发展阶段。

(1) 第一阶段

20 世纪 50 年代初,各矿根据自身的煤层赋存条件,开始实行倒台阶工作面、水平分层、巷道长壁及沿俯斜推进的掩护支架等新采煤法。北票和南票矿区在 1958 年试验成功了急斜煤层水力采煤方法[3-5],建成了国内首个水力采煤专区。同时期,四川鱼田堡还试验成功了钢丝绳锯采煤法,并一度在开滦马家沟、淮南大通、北票台吉、乐平涌山等煤矿得到推广。以上采煤方法提高了工作面生产能力,减轻了工人劳动强度,初步改变了矿井技术落后的面貌。

(2) 第二阶段

20 世纪 60 年代,掩护式支架的应用范围得到推广,淮南、开滦、徐州等一些矿区先后实验成功了撬型、"<"、"八"字形掩护式支架采煤法,克服了平板型掩护支架的一些缺点,取得了良好的技术经济效果。70 年代中期,淮南矿区首创了伪斜柔性掩护支架采煤法[6-9],是急斜煤层开采技术的一大进步,该技术目前仍在一些矿井应用,但是这类采煤方法应用的条件有限,一般在厚度为 8 m 以下埋藏稳定的煤层,并没有解决急斜煤层开采的全部问题。

(3) 第三阶段

20 世纪 80 年代初期,窑街三矿、乌鲁木齐矿区六道湾煤矿试验成功了水平分段放顶煤开采。该方法随后在国内众多煤矿应用,并随着装备水平的不断提高而日趋完善。2005年,华亭煤电股份有限公司砚北煤矿在工作面长 50 m、倾角 45°、段高 15 m 条件下产量达435 万 t(多工作面)。2006 年,乌鲁木齐矿区小红沟煤矿综放试验工作面,在工作面长度仅32 m、倾角 87°、段高 18 m 的条件下,实现了单一工作面年产 108 万 t。目前,水平分段放顶煤开采作为一种科学、安全、高效的开采方法,在急斜煤层开采中得到了广泛应用。

"大段高"开采首先是针对急斜煤层水平分段综采放顶煤开采而言的。依照《煤矿安全规程》第一百一十五条规定，采放比大于1∶3的煤层，且未经行业专家论证的，严禁采用放顶煤方式开采。而对于急斜煤层，分段放顶煤综放开采作为一种经济、安全、高效的开采方式，其采放比从20世纪80年代中期的工业性试验开始就保持在1∶3。20世纪90年代后期，采放比呈现出逐步增大的趋势。如华亭矿务局华亭煤矿煤层平均倾角45°，分段高度15 m(机采高度2.5 m、放顶煤高度12.5 m)，采放比为1∶5。2001～2005年矿井年产量分别为94万t、225万t、350.68万t、402万t和435万t，现已进入深部缓斜煤层开采。神华新疆能源公司小红沟煤矿分段高度18 m(机采高度2.6 m、放顶煤高度15.4 m)，采放比为1∶5.92。在工作面长度仅有32 m条件下，2006年矿井年产量108万t，矿井百万吨死亡率为零，达到了急斜煤层开采的国际领先水平。因此，对于急斜煤层，如果严格按1∶3的采放比开采，将极大地限制急斜煤层分段放顶煤开采方式。而且急斜煤层赋存角度在45°～90°之间，其形成过程中经受了地壳不均衡沉降和冲蚀作用，特别是经受过后期印支运动和燕山运动数度褶皱、断裂及伴有岩浆活动等影响，造成其赋存条件非常复杂，岩层所受法向分力小于切向分力，并随倾角增大越加明显。开采实践证明，与其他急斜煤层开采方式相比，分段放顶煤开采是更为经济、安全、高效的开采方法，不能简单地把近水平及缓斜煤层的综放开采采放比限制与急斜煤层的采放比要求等同起来。2007年2月初，国家煤矿安全监察局对神华新疆能源公司乌鲁木齐矿区下属各矿及神华包头矿业公司阿刀亥煤矿进行了急斜煤层综放开采采放比的论证。会议经研究认同了乌鲁木齐矿区下属各矿及阿刀亥煤矿现阶段采放比的可行性，国家煤矿安全监察局也对以上各矿超出1∶3采放比的分段放顶煤开采方法进行了备案。因此，急斜水平分段综放开采作为一种科学的开采方式在很长一段时间内得到了广泛应用。2007年7月，国家煤矿安全监察局对《神华集团公司关于新疆能源公司、包头矿业公司急倾斜煤层放顶煤开采方式的请示》进行了批复(煤安监函〔2007〕41号)，摘要如下：

(1)原则同意神华新疆能源公司和包头矿业公司7个煤矿(六道湾、苇湖梁、碱沟、小红沟、大洪沟、铁厂沟、阿刀亥)急斜特厚煤层采用水平分段综采放顶煤开采时，结合各矿实际条件，在确保安全生产的前提下，选取合理的采放比，但最大不超过1∶8。

(2)组织神华新疆能源公司和包头矿业公司结合每个矿井实际，分别确定特厚煤层水平分段综采放顶煤工作面合理的采放比。

国家煤矿安全监察局正式下文批准乌鲁木齐矿区及阿刀亥煤矿的急斜煤层最高采放比为1∶8，为条件适合的急斜煤层进一步提高工作面分段高度创造了条件。

其次，"大段高"到目前为止还没有一个明确的概念。急斜煤层最初的分段放顶煤综放开采工业性试验中采放比保持在1∶3左右，按采高2～2.5 m计，分段高度为8～10 m。自20世纪80年代初开始，水平分段综放开采技术经过20多年的发展，至"十五"末期，该项技术在国内一些急斜煤层赋存矿区已发展得比较成熟，工作面(长度在30～50 m)年产百万吨的目标已实现。这些工作面段高基本保持在8～18 m，其中尤以新疆乌鲁木齐矿区分段高度最大。"十一五"期间，新疆乌鲁木齐矿区开始着手重点解决分段高度超出18 m的急斜煤层分段综放开采技术研究，力争实现短工作面(工作面长度小于50 m)200万t/a的目标。按国家煤矿安全监察局对乌鲁木齐矿区放顶煤开采的采放比最高1∶8的限制，若采高按矿区目标提高至3.2～3.5 m，则工作面段高可提高至28.8～31.5 m，均值30 m。因此，段高

18～30 m 的分段工作面是乌鲁木齐矿区"十一五"期间研究的一个重点。在对这种特殊的开采方式深入研究过程中,有必要与前期的工作面段高相区别,特提出"大段高"概念。即"大段高"指分段高度在 18～30 m 急斜放顶煤工作面,而把分段高度小于 18 m 的工作面段高称为"普通段高"工作面。

1.1.2 急斜煤层与段高取值相关的其他开采方法

"大段高"综放开采技术是随着急斜煤层开采方法的发展而逐渐成熟起来的。在急斜水平分段综放开采发展过程中,有必要介绍几种急斜煤层采煤方法。

（1）分层开采

急斜特厚煤层长期沿用的正规采煤方法是水平分层（图 1-1）和斜切分层采煤法,由于工作面长度短,采用单体支柱支护,每个分层高度在 2 m 左右。每个分层分别沿顶板和底板布置运输平巷和回风平巷,掘进量大,分层间需铺金属网或留煤柱,成本较高,基本已被淘汰。

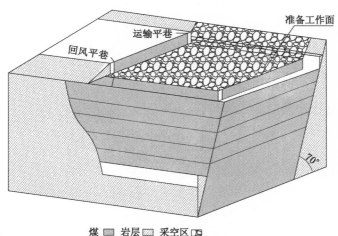

煤 ▨ 岩层 ▨ 采空区 ▨

图 1-1 水平分层开采

（2）仓储采煤法

仓储采煤法是利用急斜煤层倾角大、煤可自溜的特点,将采落的煤暂留于已采空间内,待仓房内的煤体采完后,再有计划依次放出存煤的采煤方法。这种采煤方法工艺过程简单,操作技术易于调整,由于工作面采落的煤大部分储存在仓房内,落煤和放煤工作可互不干扰,产量也容易控制。一般在区段内划分为若干个仓房,仓房高度一般为 15～30 m,区段高度一般为 40～60 m。仓房的宽度取决于顶板允许暴露的面积和时间,一般为 8～10 m。每个仓房内采煤工作面采落的煤都要放出一部分（实体煤破碎而体积膨胀部分）,保证人员能进入工作面作业,其余大部分碎煤留在采空区,作为工人进入工作面的立脚点,当顶板破碎时可适当进行支护;当到本仓的实体煤全部破碎后,再由溜煤口把仓房里的煤全部放空。新疆苇湖梁煤矿（煤层平均倾角 67°）曾应用该方法进行开采[10]。其一组、二组煤为厚煤层,巷道布置为沿煤层倾向上布置两个仓,在煤层走向和倾向上都留煤柱,一般煤柱宽 4～6 m。运输巷和回风巷布置在煤层底板侧,两个仓共用一条运输巷和回风巷,回采时先采顶板侧的仓房,后采底板侧的仓房,如图 1-2 所示。该方法主要应用于倾角 50°以上、顶底板稳定的薄及中厚急斜煤层。由于采煤率偏低,空顶范围大,顶板不易控制,同时人员一般位于松散的煤体上作业,一旦下方放煤形成空洞,易出现掉仓情况,此种采煤方法自 20 世纪 80 年代后逐渐被淘汰。

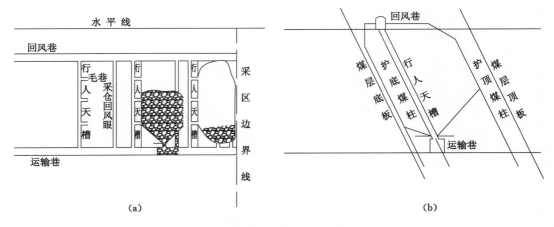

图 1-2 仓储式采煤法工作面布置图

(a) 立面图;(b) 剖面图

(3) 中深孔爆破采煤法

中深孔爆破采煤法一般取阶段高度 30～40 m,走向上 30 m 分为一带,每 6 m 布置一个下煤眼,并在两个下煤眼之间布置 2 个深孔,孔要和上分层的回风巷打通,工作面布置如图 1-3 所示[10]。装药时采取从上往下分段装药,分段爆破,一般每孔分 3 次装药,3 次爆破。在爆破第二段时,下一个孔的第一段才开始装药爆破,如此依次爆破,此采煤方法最主要是量孔装药,但第二段爆破完后,有时第三段就很少了,在装第三段时存在与采空区冒通的危险,属踏空作业,此采煤方法逐步被滑移顶梁放顶煤采煤法所代替。

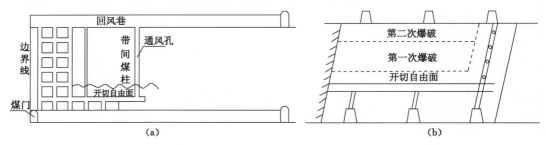

图 1-3 中深孔爆破采煤法工作面布置

(a) 平面图;(b) 剖面图

(4) 滑移顶梁放顶煤采煤法

一些矿区由于资金短缺或煤层生产能力的限制,发展了应用简易支架进行放顶煤开采的技术。1982 年北京矿务局研制了滑移顶梁液压支架,1983 年在木城涧煤矿进行工业试验,1985 年通过煤炭工业部鉴定。1986 年甘肃地方国有华亭矿与甘肃煤研所合作试验应用滑移顶梁液压支架铺金属顶网水平分段放顶煤,取得成功,成为当时地方煤矿依靠先进技术改革采煤方法的典范(煤层倾角平均 45°,平均厚度 51.5 m)。与此同时,甘肃煤研所与靖远矿务局王家山煤矿合作,成功试验了滑移顶梁液压支架铺金属顶网水平分段放顶煤。王家山煤矿煤层倾角 50°～60°,煤层平均厚度 10 m。至 20 世纪 90 年代初,这一技术在甘肃、新疆、内蒙古、湖南的许多开采急斜煤层的矿井应用[11]。应用状况较好的如新疆苇湖梁煤矿,煤层倾角 72°,平均厚度 27 m,月产量达到 8 000～10 000 t。设计时沿煤层垂高每 8～10 m 分为一个小阶段,回采时从最上一个分层开始,在每个分层下部从开切眼处布置采高为 2.0 m 左右的短壁工作面,工作面成水平布置,如图 1-4 所示。工作面采用爆破落煤,采用 HDY-1B 型迈步式滑移顶梁液压支架支撑顶板,工作面每推 0.8 m 左右,移一次支架,并在架后放一次顶煤,顶煤靠松动爆破进行破碎,在工作面向前推进过程中,采用预挂金属网托住顶煤,形成人工假顶,防止顶煤散落。工作面铺设刮板运输机担负工作面和顶煤的运输。但通过一段时期的应用,人们认识到简易支架放顶煤很难形成较大的生产能力,滑移顶梁液压支架稳定性差,铺顶网不仅工序复杂,且材料消耗大,应用的矿井越来越少。

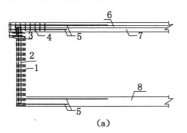 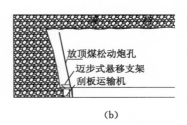

(a)   (b)

图 1-4 滑移顶梁放顶煤工作面布置图

(a) 平面图;(b) 剖面图

1——悬移支架;2——工作面刮板输送机;3——端头抬棚;4——"十"字铰接梁;

5——超前支护;6——平巷转载机;7——B₂+587 m 运输巷;8——B₁+587 m 进风巷

（5）巷道放顶煤采煤法

20 世纪 90 年代,湘潭工学院的学者提出和发展了巷道放顶煤采煤法,如图 1-5 所示。这种采煤方法的特点是巷道形成了完整的通风系统,工人在巷道中作业,不进入开采空间。采煤依靠向开采空间布置炮眼,爆破松碎煤体,从巷道开掘放煤口放出。该方法先后在梅田、开滦、淮南、资兴等局矿进行了工业性试验,取得了"三高、五低、一好"的显著效果,即单产高(为原来的 150%～250%)、采出率高(80%～90%)、工效高(2～3 倍),掘进率低(降低 50%～75%)、含矸率低、材料消耗低(降低 50%以上)、成本低(降低 30%～50%)、劳动强度低,安全条件好。但工作面回采初期准备工作量大,结束时收尾工作量大,只是在条件适合的、顶底板稳定、煤层冒放性好的矿井,可推广应用该种采煤方法。

（6）倒台阶采煤法

中华人民共和国成立后,我国推广应用苏联长壁体系采煤方法,在急斜薄及中厚煤层推广了倒台阶采煤法。如图 1-6 所示,由于放落的煤和垮落的顶板要向下滚砸,工作面布置成倒台阶,在台阶上进行作业的工人(1～2 人)都在上一个台阶伞檐的保护下,落煤通过挡板滚流向下部运输平巷的窗口。著名的斯达哈诺夫工作法就是顿巴斯矿区工人斯达哈诺夫在倒台阶工作面创造的。

（7）俯伪斜水平分段密集支柱采煤法

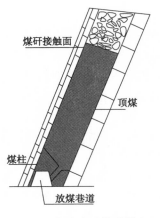

图 1-5　巷道放顶煤采煤法　　　　　　　图 1-6　倒台阶采煤法

20 世纪五六十年代倒台阶采煤法是我国急斜煤层主要应用的正规采煤方法。由于台阶上工人主要靠风镐落煤,工作面需要两套动力供应系统,台阶限制了产量的进一步提高。而更主要的是我国不少急斜煤层底板较软,易发生破坏和滑移,倒台阶布置滑移容易向工作面发展,造成顶板灾害。因而 20 世纪 80 年代中期,开采急斜大倾角煤层较多的四川省煤矿开始了推广应用俯伪斜水平分段密集支柱采煤法,如图 1-7 所示。

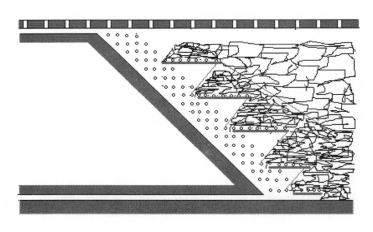

图 1-7　俯伪斜水平分段密集支柱采煤法

这种采煤方法的特点如下:

（1）工作面线与水平面的夹角为 35°,工人可以在工作面"自然"行走,保障了较好的劳动条件。

（2）工作面下部超前于上部,可以有效防止底板破坏滑移。

（3）工作面采用分段密集,将垮落的直接顶挡在沿倾斜方向的各个水平段上,而不是都沿倾斜向下滚滑,防止了"下部填满、上部悬空"的现象,可以有效控制基本顶沿倾斜方向的不同运动。

从图 1-7 可以看出,工作面支架的支护密度很大,工人劳动强度大,限制了劳动生产率的提高。当煤层倾角大于 45°时,工作面下部超前上部距离大,影响了顶板的破断状况及其后的运动。而且,一般只适用于厚度小于 3.0 m 的薄及中厚煤层。

1.1.3 大段高开采技术的发展过程

与上述几种采煤方法相比,真正带来急斜煤层开采方式变革的是分段放顶煤采煤法。急斜特厚煤层水平分段放顶煤采煤方法在我国的发展始于 20 世纪 80 年代初。煤炭科学研究总院北京开采所樊运策研究员 1980~1982 年在法国留学期间,详细考察了综合机械化放顶煤采煤方法。1982 年 5 月,由樊运策起草,以煤炭工业部生产司和煤炭科学研究总院北京开采所的名义给煤炭工业部部长高扬文报告,申请在我国进行综放开采试验[12-18]。同年 6 月,北京开采所、辽宁煤研所和沈阳矿务局合作,在蒲河煤矿进行综采放顶煤的试验,直到 1986 年试验成功,9 月进行了技术鉴定。在此期间,北京开采所还着手进行急斜特厚煤层水平分段综采放顶煤的试验研究,首先和萍乡矿务局合作,在高坑矿进行。后由于地质条件不符等原因,改与窑街矿务局合作,在窑街三矿进行,窑街三矿成为我国最早试验急斜水平分段放顶煤采煤法的矿井,至今仍在应用综放技术。窑街三矿胶带斜井采煤工作面,1989 年开始在急倾斜特厚易燃煤层中使用综放开采方法,连续进行了 12 年,在四采区 5423 和 5420 两个工作面已成功开采了 9 个分段,五采区 5521 工作面也开采了 5 个分段,段高为 10~12 m,采放比在 1∶3 左右。至 2000 年 8 月,综采放顶煤产量累计达到486.714万 t,占同期矿井总产量的 51.3%。综放产量在矿井年总产量的比重稳步递增,增幅由 1989 年的 26% 提高到 1999 年的 80%。工作面平均月产量达到 3.27 万 t,直接工效达 20 t/(工·日),采出率在 75.5% 左右。1999 年,四、五采区共产煤 95.07 万 t,占胶带斜井总产量的 80%。2000 年,综放产量达到矿井年产量的 80% 以上。自 2005 年开始,窑街三矿开采的煤层已全部进入急倾斜煤层开采部分,水平分段综采放顶煤成为唯一采用的采煤方法。

乌鲁木齐矿区是我国最早发展急斜特厚煤层水平分段放顶煤的矿区。1983 年,新疆煤炭科学研究所郑绍来等技术人员提出用综采放顶煤开采急倾斜煤层的设想,得到了新疆维吾尔自治区煤炭厅和科委领导的支持。同年 12 月,煤炭厅向新疆维吾尔自治区人民政府呈报了《关于申请乌鲁木齐矿区急倾斜特厚煤层采煤方法研究课题列为国家科研计划的报告》。1984 年 11 月,新疆维吾尔自治区科委正式向国家科委上报《关于将急倾斜特厚煤层采煤新工艺和新技术装备引进项目列入国家科技计划的报告》。12 月,国家科委在《关于下达一九八四年第二批技术引进计划的通知》中,以“边疆开发”项目列入引进计划,资助 350 万元,开始了乌鲁木齐矿区急倾斜特厚煤层放顶煤采煤方法的研究。1985 年,国家计委拨款 500 万元、自治区科委资助 100 万元、企业自筹 150 万元,总计 750 万元,开始了工业试验的进程。乌鲁木齐矿务局六道湾煤矿水平分层综采放顶煤采煤方法研究由乌鲁木齐矿务局、煤炭科学研究总院北京开采所、新疆煤炭科学研究所等单位合作完成[19]。1988 年,该采煤方法在六道湾煤矿 B$_{4+5+6}$ 煤层工业试验成功并经过煤炭工业部鉴定,与窑街矿务局三矿水平分层综采放顶煤等共同被列为“八五”期间煤炭工业重点推广的 100 个项目之一。

在最早推广应用水平分段综采放顶煤的矿井中,辽源矿务局梅河煤矿三井产量最高,最高年产量 62.8 万 t,最高月产量 6.85 万 t[20],这是过去采用的任何一种采煤方法都不可能达到的。试验工作面煤层倾角 45°~65°,工作面长度 74 m,水平分段高度 17 m,液压支架为 FYC400-16/28 型,工作阻力 4 000 kN,采煤机为 MDY-150 型。显然,梅河煤矿三井之所以当时成绩突出,工作面长度长(窑街三矿长度 20 m、乌鲁木齐六道湾矿长度

36 m)、水平分段高度高(窑街三矿高度 10～12 m、乌鲁木齐六道湾矿高度 10 m)、支架工作阻力较大(窑街三矿工作面阻力 2 800 kN、乌鲁木齐六道湾矿工作面阻力 3 000 kN)是主要因素。

华亭矿区也是我国最早应用和发展现代放顶煤开采技术的矿区之一。原地方国有煤矿——华亭县煤矿,20 世纪 80 年代末在厚度 51.5 m、倾角 45°煤层采用水平分段滑移顶梁支架简易放顶煤采煤法试验成功,后又发展综采放顶煤,其产量和效益居于我国急斜煤矿的前列。1992 年华亭煤矿改革为综采放顶煤,采用 ZFS2200/16/24B 型液压支架,MXP-240型采煤机,1994 年工作面年产量达到 100 万 t[21]。2001 年该矿又进行以高产高效为目的的工作面技术改革,进行了技术装备的改造,工作面单产超过 100 万 t。该矿煤层倾角 45°左右,煤层厚度 33.86～68.72 m、平均 51.15 m,试验工作面水平分段(层)高度 15 m。设计了适合华亭煤矿开采条件的四连杆重型支架,取代原有支撑力小、支架高度低、易压死、不易放顶的 ZFS2400 型轻型支架。支架为 ZFS 4000/16/26 型大插板低位放顶煤液压支架,采用四柱支撑掩护式反四连杆结构,支架工作阻力为 4 000 kN。采煤机采用 MXQ-350 型,并将截深提高到 800 mm,系统的生产能力也全面提高。由于煤层倾角为 45°左右,为了提高采出率,回收靠底板的三角煤,设计制造了专用的可放顶煤的 ZFT11000/18/28BM 型端头支架。2004 年最高工作面年产量 172.7 万 t。这是当时国内外急斜特厚煤层水平分段放顶煤的最高水平。砚北煤矿采用水平分段放顶煤,采放高度 15 m,机采高度 2.5 m,矿井日产量稳定在 13 500 t 以上,最高日产达到了 19 000 t,直接工效最高达到了 75.23 t/(工·日),取得了良好的经济效益和社会效益。

1989 年,乌鲁木齐矿区六道湾煤矿与西安矿业学院(现西安科技大学)合作,对 B_{4+5+6} 煤层进行了矿压显现和顶煤放出规律的研究,包括对不同层位顶煤深基点位移的观测。研究表明,通过提高水平分段高度,以增加工作面单位推进度的煤炭产量是可行的,由此也开始了乌鲁木齐矿区水平分段综放开采技术不断的探索与发展过程。截至“十五”末期,矿区下属各煤矿均采用水平分段放顶煤开采,段高基本保持在 15～18 m,发展方向基本朝“一井一面”的高产高效矿井模式发展。进入 2006 年,矿区内的 6 对生产矿井年产量均超过百万吨,形成了急斜煤层开采的百万吨矿井群。为了使矿区各项指标得到进一步提升,自“十一五”初期开始,乌鲁木齐矿区开始在个别煤矿,如碱沟煤矿、六道湾煤矿进行段高在 18 m 之上的“大段高”开采技术的工业性试验,并与西安科技大学合作对“大段高”开采条件下的安全开采问题进行深入研究,其中六道湾煤矿＋540～＋510 m 水平试验工作面段高已提高至30 m。因此,“大段高”开采是专门针对新疆乌鲁木齐矿区而言的,本研究是以乌鲁木齐矿区的开采实际为依托展开的研究,但是对国内外类似条件的煤层开采都有一定的借鉴意义。

1.2 发展大段高开采技术的重要性

大段高安全开采技术是新疆乌鲁木齐矿区“十一五”期间的重要研究课题之一。急斜煤层水平分段开采,受制于煤层既定的水平厚度,工作面长度是一定的。从设计技术参数方面分析,可变参数是“水平分段高度”。从发展安全高效开采角度出发,水平分段高度有一个合理的范围。顶煤作为散体矿体,无论是煤矿放顶煤(特别是急斜煤层)还是金属放矿,散体矿体都可能“成拱”而影响矿体的放出。但是,放顶煤开采顶煤的放出,不同于金属放矿或储煤煤仓的放煤,放顶煤的放出空间在不断移动,"成拱"只是暂时的。因而现场实践中,改变放煤的顺序、轮次、步距都可能影响放出效果,这是较大幅度提高水平分段高度的出发点。乌鲁木齐矿区分段放顶煤开采 20 年的科学技术研究与现场试验表明,提高工作面装备水平可以提高工作面单位推进度。而在装备水平已定情况下,加大水平分段高度,以提高单位推进度的煤炭采出率是实现急斜煤层矿井安全高效开采的关键措施之一。乌鲁木齐矿区发展大段高开采技术的重要性体现在以下三个方面。

(1) 投资上有利

大段高开采在工作面分段高度增加的同时减少了划定阶段范围内所需布置工作面的个数,从而简化了矿井的生产系统,节省了大量的巷道开挖与维护资金。对于典型的急斜煤层分段放顶煤开采(图 1-8),在阶段垂高一定的条件下,按不同的工作面分段高度,分以下三种情况进行分析。

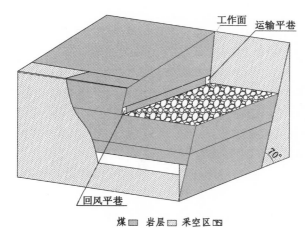

图 1-8 急斜煤层分段放顶煤开采

① 10 m 段高

取阶段垂高 120 m,工作面采高 2.5 m,并严格按《煤矿安全规程》对于放顶煤开采 1∶3 的采放比限制,则各工作面分段高度为 10 m,不计煤柱损失时可划分 12 个工作面。各工作面走向长度以 4 km 计,每个工作面布置运输与轨道各 2 条平巷,如此 12 个工作面的平巷数为 24 条,巷道掘进总长度共计 96 km。

② 20 m 段高

将段高提升至 20 m,则需布置 6 个工作面,少掘 12 条巷道,如此 6 个工作面的平巷数为 12 条,巷道掘进总长度 48 km。

③ 30 m 段高

如果经过进一步技术改进,在科学研究基础上,在安全保障前提下,将段高提升至 30 m,则只需布置 4 个工作面,相比于 10 m 段高开采,少掘 16 条巷道。如此,4 个工作面的平巷数为 8 条,巷道掘进总长度 32 km。

参照乌鲁木齐矿区各矿实际开采情况,矿区各工作面每米巷道的成巷费用基本保持在 2 500~2 700 元/m 之间,取平均值 2 600 元/m,则不同段高取值下的成巷费用对比如

表1-1所列。

表 1-1 不同段高工作面成巷费用比较

序号	分段高度/m	工作面个数/个	工作面走向长度/km	平巷数/条	巷道掘进总长度/km	成巷标准/(元/m)	成巷总费用/亿元
1	10	120/10＝12	4	24	96	2 600	2.496
2	20	120/20＝6	4	12	48	2 600	1.248
3	30	120/30＝4	4	8	32	2 600	0.832

由表1-1可知,相比于10 m段高开采,20 m段高开采可节省费用1.248亿元;相比于20 m段高开采,30 m段高开采又可节省费用0.416亿元。

(2)安全上有利

大段高开采条件下,矿井安全状况将得到极大改善。大段高开采可以使矿井生产系统进一步集中化。20世纪90年代中后期,矿区分段放顶煤开采的标准开采模式:工作面段高基本保持在18 m范围内,沿走向推进距离保持在500～800 m之间。由此造成开采及准备工作面数目多,通风系统复杂,安全监控难度大。而大段高开采在段高大幅提高的同时,要求工作面推进长度达到千米甚至四五千米水平,从而使整个矿井巷道数目及工程量大为减少,运输系统简单,便于机械化操作,实现一井一面的生产布局。另外,工作面服务年限相应延长,掘进工作面个数减少,工作面接续便利,适合于综合机械化开采,井下工作人员减少,矿井通风系统也相应简化。这些都将使矿井安全状况得到极大改善。

(3)地方经济有利

急斜煤层是由沉积矿床后期地质构造运动形成的,赋存和开采条件都比其他类型的煤层要复杂,因而一般很难形成较大的生产能力。大段高开采装备先进,可以使单位推进度顶煤的采出率大幅提高,工作面采出率提升,矿井产量大幅提高,有利于地方经济的发展。乌鲁木齐矿区是新疆维吾尔自治区发展历史最久、产量最大的煤炭生产基地,也是自治区最大的煤炭企业。在整个煤田范围内,赋存着30多层厚度不同、间距不同的急倾斜煤层,这种赋存条件在世界上也是罕见的。其中,厚度稳定并且在30 m以上的煤层通过大段高开采产量可以得到大幅提升。乌鲁木齐矿区B_{1+2}煤层,煤层厚度31.83～39.45 m,平均厚度34.84 m。B_{3+6}煤层位于B_{1+2}煤层北部,与B_{1+2}煤层间距53～62 m,煤层厚度39.85～52.43 m,平均厚度49.13 m。各煤矿具体条件还有差别,选择大段高开采工作面,一般选在煤层条件较好的区域。例如:碱沟煤矿B_{3+6}煤层厚度24.85～52.03 m,结构简单,全区赋存稳定;小红沟煤矿B_{3+6}煤层厚度42.27～50.25 m,结构简单,全区赋存稳定;大洪沟煤矿B_{3+6}煤层厚度39.85～52.3 m,结构简单,全区赋存稳定;铁厂沟煤矿45号煤层,水平分段工作面长度50 m,煤层平均倾角45°;六道湾煤矿B_{4+6}煤层厚度35.65～46.6 m,平均厚度40.19 m,由东向西有变薄的趋势,往深逐步增厚。在以上煤矿,大段高(目标提升至30 m左右)开采的成功实施,将大幅度提高煤矿的年产量。2006年底,神华新疆能源公司下属六道湾煤矿在＋510 m中央石门下山西翼B_{4+6}煤层开展200万t/a工作面现场工业性试验。该面可采走向长度640 m,煤层平均倾角63°,均厚39 m,试验分段高度30 m。最初的试验表明,工作面最高日产量达6 000 t/d,基本可以实现200万t/a的目标。大段高开采使矿区的煤炭产量得到大幅提升,同时促进了整个乌鲁木齐矿区全面应用现代化放顶煤技术的步伐。

截至 2006 年年底,在乌鲁木齐矿区约 10 000 名员工中,有 3 000 多名维吾尔族、哈萨克族、满族、蒙古族、达斡尔族、塔吉克族、俄罗斯族等少数民族员工。煤炭产量的提升有助于推动企业效益大幅度提高,有助于和谐矿的建立,并促进边疆少数民族地区经济发展,人民生活水平得到改善,为边疆少数民族地区的安定团结与和谐发展做出较大的贡献。

1.3 大段高开采的主要问题

"大段高"开采技术是在"普通段高"开采技术基础上逐步发展起来的。有了普通段高成功开采的经验,大段高开采的安全性是有一定保障基础的。当然,除了考虑普通段高开采时影响安全开采的因素外,大段高开采时还必须考虑开采自身的技术特点。大段高开采围绕围岩控制研究应关注以下三个问题:

(1)支架能否保持良好的运转特性

大段高开采条件下,支架的工作阻力是否随着段高与采深的增加而大幅增加是研究所关注的一个重要问题。如果工作阻力大幅增加,上分段工作面支架有可能不能满足下分段大段高工作面支架所需合理支护阻力的要求,必将影响其运转,并进而影响工作面推进度。

(2)是否存在及如何避免围岩大范围垮落的危险

放煤高度的增加使大段高工作面沿走向单位推进长度上裸露的岩板面积增大了,相应地单位推进长度上的自由空间也增加了,必须考虑围岩大范围垮落存在的可能性及危害性,并采取必要的措施予以防范。

(3)顶煤的采出率能否得到保证

大段高开采条件下,如何保证不同倾角煤层的顶煤体得到有效冒放也是值得深入研究的问题之一。底板三角煤的存在,有可能限制不同倾角急斜煤层的合理段高的取值范围。

1.4 急斜煤层围岩控制理论国内外研究现状

煤炭开采中围岩控制理论的研究在近水平及缓斜煤层中取得了显著的发展。20 世纪国际矿山压力研究中,最初认为支架承受其覆盖层的全部重量。但是随着开采向深部的发展,大量的观测表明支架只是承受上覆盖层重量的一小部分,因而国际矿山压力的研究重心是开采中上覆岩层形成的结构。具有代表性的有苏联 N. M. 普罗托吉雅可诺夫教授提出的"自然平衡拱"理论、K. B. 鲁宾涅特提出了"径向位移"假说、Г. H. 库兹涅佐夫提出的"铰接岩块"假说以及荷兰 A. 拉巴斯教授提出的"预成裂隙"假说等[22]。

20 世纪 60 年代,在学习和借鉴国外矿山压力假说的基础上,钱鸣高院士、李鸿昌教授提出了"砌体梁"假说[23-26],认为长壁开采采场支架所受的力之所以只是上覆岩层重量的一部分,是因为裂隙带岩层可能形成某种"大结构","砌体梁"就是这一大结构。砌体梁平衡结构看似梁,实则是一"半拱"。其失稳形式包括滑落失稳、剪切失稳、强度失稳(指咬合处强度)及几何失稳。采场支架必须能够承受砌体梁结构"平衡—失稳"作用于它的力,还需适应砌体梁结构失稳在开采空间形成的给定变形。

20 世纪 80 年代,一些学者提出综放开采技术的应用,使采场上覆岩层的活动规律及结构形式发生了较大的变化。张顶立教授认为,由于形成砌体梁稳定结构的位置远离采场,在综放工作面基本顶对采场矿压显现的作用一般不明显。直接顶的厚度可达采出厚度的2.0~2.5倍,本身可能形成"小结构"[27-28](图1-9)。煤炭科学研究总院北京开采所阎少宏高级工程师,提出高位岩层可形成宏观连续的"挤压拱"式平衡结构,其模型如图1-10所示。

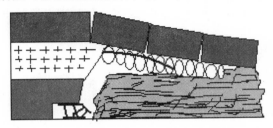

图 1-9 放顶煤工作面直接顶形成次一级结构

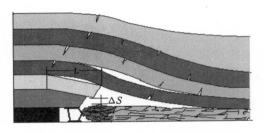

图 1-10 高位岩层形成宏观连续"挤压拱"结构

张顶立教授将长壁采场顶煤的破坏分为4个区[29](图1-11)。

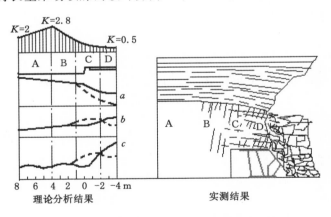

图 1-11 张顶立教授提出的顶煤破坏区

(1)完整区 A,在煤壁前方8 m左右至3~4 m。顶煤在支承压力作用下裂缝扩展,但远未发生强度破坏。

(2)破坏发展区 B,在煤壁前方3~4 m至煤壁近处。煤体已破坏,裂隙扩展,向采空区方向水平变形大于垂直变形,但仍保持相对的完整性。

(3)裂隙发育区 C,煤壁前方1 m左右到控顶区上方距煤壁2 m左右。支架卸载作用使顶煤中的裂隙进一步发育,裂隙密度增加,裂缝张开。

（4）破碎区 D，控顶区上方距煤壁 2 m 左右以外。顶煤完全破坏，"假塑性结构"失稳，顶煤丧失连续性，成为可放出的煤块。

急斜煤层围岩控制研究最初借鉴了近水平及缓斜煤层部分研究成果，并在此基础上进行了创新，到目前已有部分有价值的研究成果陆续公布，但仍需进一步深入研究。

世界上发达采煤国家中赋存并开采急斜煤层的主要是苏联。如著名的顿巴斯矿区（现属乌克兰）、库兹巴斯矿区（现属俄罗斯）都赋存有急斜煤层。由于苏联较为重视采矿科学的研究，对急斜煤层开采过程中的覆岩破坏和地表沉陷做过不少工作。

苏联学者认为[1]，开采单一急斜煤层围岩移动的基本规律如图 1-12 所示。急斜煤层长壁开采后，对层状岩层可在煤层顶底板形成不同的地带。直接顶形成的垮落带（Ⅰ区），高度为开采煤层厚度的 3～5 倍。随采空区面积的增大，基本顶开始移动并沉降在直接顶垮落的矸石上。如果基本顶岩层强度较低，移动带边界处将形成与层面大致成 60°～65° 的断裂裂隙。在基本顶岩层离层下沉的范围内，个别岩层之间将失去力的联系，从而形成卸载拱（Ⅱ区）。卸载拱外形成压力增高区——支承压力区（Ⅲ区）。回风水平上方，岩层的下沉形成不对称的盆地形（Ⅳ区）。底板的卸载带（Ⅴ区）呈不对称的抛物线形，轴线向下稍偏 10°～15°。

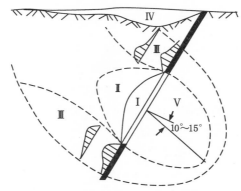

图 1-12　单一急斜煤层围岩移动基本规律示意图

Ⅰ——垮落带；Ⅱ——卸载拱；Ⅲ——支承压力区；

Ⅳ——不对称下沉盆地；Ⅴ——底板卸载带

我国是目前国际上开采急斜煤层最多的国家，研究成果相对较为丰富。特别是急斜煤层分段综放开采发展居于世界先进水平，成果更为丰富。

石平五教授认为，急斜特厚煤层分段放顶煤开采后，围岩破坏向煤层上方和顶板方向发展，顶煤和围岩破坏过程大致可分为 4 个区[30-32]（图 1-13）：① Ⅰ区为顶煤放出区，即随开采从放煤窗口放出的破碎顶煤，破坏特征成拱，放出高度取决于顶煤的可冒放性，以及采取的松动破碎措施；② Ⅱ区为沿底座滑区，靠底板未能从窗口放出的顶煤开采后沿底板下滑充填采空区；③ Ⅲ区为顶板离层破坏区，即随开采向下部水平分段发展，顶板悬露到一定面积后离层向破坏垮落区发展；④ Ⅳ区为煤岩滞后垮落区，随顶板垮落顶煤破坏同时向上发展，垮落顶板和顶煤未能回收，充填采空区。对于急斜长壁开采，基本顶沿走向存在周期性断裂（造成工作面周期来压），易于形成沿倾向的铰接结构。在这一过程中可能出现"回转下沉—反转上升"的危险性运动，使支架卸载，顶板垮落，导致灾变。石平五还提出防止大范围垮落灾变的关键环节是开展"关键区监测"[33]。

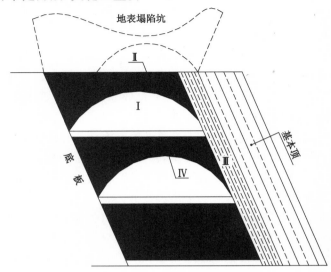

图 1-13　顶煤及围岩破坏过程分区图

Ⅰ——顶煤放出区；Ⅱ——沿底座滑区；Ⅲ——顶板离层破坏区；Ⅳ——煤岩滞后垮落区

于海涌完成博士论文期间，通过对通化道清矿急斜水平分段放顶煤工作面观测后认为[34-35]，顶煤的移动过程分为垮落前（Ⅰ）和垮落后（Ⅱ）两个阶段。第Ⅰ阶段为顶煤的移动过程，由煤壁前方 3～10 m 开始，平均为 6 m；第Ⅱ阶段为顶煤的冒放过程，又分为垮落过程、压实过程及放出过程。工作面前方以水平位移为主，后方以垂直位移为主。

黄庆享教授在对急斜水平分段放顶煤开采的研究中[36-37]，认为顶煤的位移及破坏沿纵向分为三个阶段：位移增加阶段、加速变化阶段及急变阶段。顶煤破断主要发生于工作面煤壁附近，顶煤是在悬伸一定长度后才破断的，于是建立了顶煤弹性深梁力学模型，并分析了煤体的破坏形式主要为剪切破坏，煤体发生破坏的条件为：

$$A\sin\varphi + \frac{1-\sin\varphi}{2\psi}R_C \leqslant \tau_{\max} \tag{1-1}$$

式中，φ 为顶煤内摩擦角，ψ 为连续性因子，R_C 为煤体表观单轴抗压强度，$\tau_{\max}$ 为顶煤内最大有效剪应力。

王卫军教授在急斜煤层巷道放顶煤法[38-39]顶煤的破碎过程研究中，引进"煤梁"的概念[40]，认为在顶煤下部形成了一块两端固定的煤梁，它支撑着上部顶煤和岩体的部分重量及自重，当此梁的跨度达到一定极限跨度时，在梁中部由于拉应力超过煤体的抗拉强度，而导致煤梁失稳、垮落，这一过程反复出现，直到所有顶煤垮落。煤梁的不断"形成—垮落—形成—垮落"过程，即为顶煤的破碎过程。

伍永平教授认为倾角大于 35°的走向长壁工作面开采过程中，"支架—围岩"系统的稳定性是此类煤层开采和围岩控制的关键技术基础。顶板破断岩块运动、支架或支护系统位移和底板滑移构成了三维非稳态的"R（顶板）—S（支护）—F（底板）"系统[41-43]。在工作面推进过程中，由于不同的地质和生产技术条件的不断变化，而导致构成该系统的 R，S，F 之间形成不同的运动匹配形式，从而在不同的约束和边界条件下出现不同的失稳形态和围岩灾变模式。

来兴平、孙欢、单鹏飞等认为[44],急斜特厚煤层水平分段综放开采工作面覆层垂向变形演化非对称趋势显著,顶煤与上覆残留煤矸复合形成非对称拱结构并演化为典型倾斜椭球体结构;拱角与拱顶煤岩滑落失稳,造成工作面局部压力畸变并诱发动力学灾害。

李云鹏应用梁式理论建立了急斜工作面顶板的受力力学模型[45],认为随顶板的悬空面积增加,顶板变形逐渐增大且中部偏上区域变形量趋于最大值;变形区域从顶板中部向外部扩展,在靠近梁结构支点处的顶板变形相对较小。

辽宁工程技术大学杨帆对10 m厚、平均倾角60°、采用走向长壁的急斜煤层进行相似模拟研究[46-47]后认为,急斜煤层顶板是沿煤岩层的法线方向垮落并充填采空区,垮落高度为煤层采厚的2~6倍。直接顶上端岩体受拉力和剪切力作用而沿法线方向剪断或拉断,并逐步向基本顶扩展,采场正上方未垮落覆岩形成水平横梁,对基本顶上端起支撑作用。垮落矸石充填采空区底部,对直接顶下段岩体支撑作用沿近似法线方向向采空区弯曲,从而形成"厂"形移动拱结构(图1-14)。

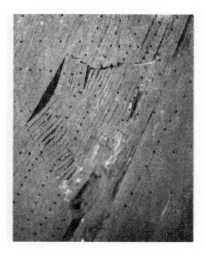

图1-14 岩层的"厂"形移动拱结构

赵伏军、李夕兵、胡柳青应用断裂力学理论建立了急斜煤层巷道放顶煤顶煤的断裂力学模型[48],得出急斜煤层巷道放顶煤较为理想的条件是倾角70°左右,厚度大于临界厚度且裂纹发育。

李永明、刘长友、黄炳香等通过相似材料模拟实验,分析了急斜煤层覆岩破断和裂隙演化的采厚效应[49]。研究表明:急斜煤层开采顶板坚硬上覆岩层存在关键层时,顶板岩梁以层状破断为主,初次破断均形成"复合破断";顶板岩梁初次破断后,覆岩裂隙向关键层及上方岩层发育,不同采厚导水裂隙均呈耳形分布;随着采厚增大,覆岩裂隙发育高度和初次破断厚度呈增大趋势。

索永录、祁小虎、刘建都等采用物理相似模拟实验研究急斜煤层浅部开采时顶板的垮落规律[50]。研究表明:浅部开采时急斜煤层的顶板不易垮落,容易出现大面积悬顶现象,工作面上方覆岩大面积垮落,易产生冲击矿压;在第一分段、第二分段采煤过程中采用强制放顶的措施可以有效削减顶板的势能。

西安矿业学院(现西安科技大学)采矿及矿山压力研究室在六道湾煤矿对急斜特厚煤层进行了围岩垮落监测,在顶煤的 5 m、10 m、15 m 三个层位上安装了 29 个测点,观测顶煤运动变化。观测表明:5 m、10 m 层位的垂直钻孔钢丝伸出,且伸出量接近,而 15 m 层位测点基本不动,认为急斜特厚煤层中存在成拱顶煤的突然性、较大范围的垮落失稳。煤炭从连续介质转化为放煤窗口可放出的散体介质的力学过程大致划为 4 个区:支承压力区内、塑性破坏区、后破坏区和完全破碎区。

朱川曲、缪协兴应用灰色决策方法中的灰色统计方法及模糊数学理论建立了急斜煤层顶煤可放性评价模型[51],顶煤按可放性分为五类:Ⅰ类(可放性好)、Ⅱ类(可放性较好)、Ⅲ类(可放性一般)、Ⅳ类(可放性较差)及Ⅴ类(可放性差)。

王家臣、张锦旺通过对急斜厚煤层综放开采顶煤采出率分布规律的研究表明[52],急斜厚煤层综放开采顶煤采出率沿煤层倾向呈"几"字形分布,顶煤放出体向工作面上端头发育趋势明显,放出体枣核状形态和煤岩分界面非对称性的相互作用导致的上下端头煤炭损失差异,是急斜厚煤层综放开采顶煤采出率呈"几"字形分布的根本原因。

宋元文[53]依据岩板理论,认为急斜煤层水平分段开采时,工作面悬露岩顶只有在推进方向和倾斜的悬长都达到各自的破断极限跨度时,才会显现基本顶来压。而且沿倾斜向下延深,每隔一个周期来压高差将出现一个周期来压分段。在周期来压分段内,工作面沿走向每隔一定距离将出现基本顶周期来压显现。从工作面顶板侧向底板侧,来压影响逐渐减弱,且有滞后现象。

鞠文君、李前等对华亭煤矿、砚北煤矿 5# 煤层(倾角 45°,平均厚度 50.51 m)进行矿压观测后认为[54],急斜特厚煤层开采矿压显现具有明显的不均匀性,这与煤层开采过程中顶板岩层移动的不均匀性和应力场分布的不均匀性密切相关。急斜特厚煤层开采矿压显现主要表现为巷道变形破坏、底鼓和动压冲击,顶板巷压力明显大于底板巷。

赵朔柱[55]认为急斜水平分段放顶煤工作面上方的顶煤和矸石属于散体介质,以拱和拱壳的形态存在,拱壳的平衡是暂时的和有条件的。随着工作面推进,拱壳会失衡。煤层开采后,悬露顶板的面积当达到极限程度时,会沿着倾向和走向破断,并沿倾斜方向形成铰接岩块结构。顶板巷主要表现为来自顶板方向的挤压变形和顶板侧煤帮的破坏,底板巷主要表现为底鼓。

李建民、章之燕对开滦赵各庄矿 2637 分段放顶煤工作面(分段高度 9.54 m,其中采高 2.0 m,放煤高度 8.54 m,采放比 1:4.27)的研究表明[56],基本顶岩层成阶段性垮落,在走向方向上,基本顶垮落步距(周期来压步距)为 16 m 左右,动压系数不大。

何国清教授等在《矿山开采沉陷学》一书中,强调在急斜煤层的开采过程中,上下盘岩层运动的特点如下:岩层性质不同,下盘岩层的运动范围在 C_1 到 C 点之间变化,而上盘岩层各分层可能产生错动,移动范围在 $(90°-\alpha)$ 内(图 1-15)。

戴华阳、王金庄认为急斜煤层开采后岩层破坏移动方式为[57]:层梁沿煤岩层法向弯曲垮落和移动,形成喇叭形的垮落裂缝带;深部岩层呈双支座梁弯曲,浅部岩层呈单支座悬臂梁弯曲,喇叭口上由于岩层的不同步弯曲,地表沿层面产生裂缝;移动边界线沿边界角向外弯曲。地表存在非连续变形[58-59],其变形的大小与弱面所处采动影响区的位置有关,移动量大的地方弱面引起的非连续变形越大。位置上离开采煤层越近,非连续变形量越大;位置越远,非连续变形量越小。戴华阳、王金庄给出不同弱面位置非连续变形计算值如表 1-2

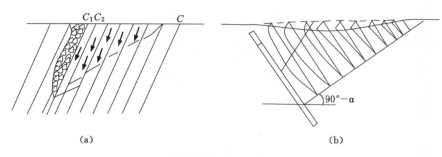

图 1-15　急斜煤层开采上下盘岩层运动特点

(a) 下盘岩层运动；(b) 上盘岩层运动

所列。

表 1-2　　　　　　　　戴华阳、王金庄给出的不同弱面位置非连续变形计算值

弱面位置 L_r/m	采动程度 C_w	最大下沉 w_{max}/mm	水平移动 u_{max}/mm	水平移动系数 b	非连续变形系数	
					K_i	K_E
—	—	106.1	62.5	0.590	1.00	1.00
50.0	0.515	135.0	75.1	0.556	2.34	4.86
100.0	0.773	100.7	59.2	0.588	6.84	9.14
200.0	0.991	107.0	62.8	0.587	16.38	12.68
300.0	0.831	102.2	59.7	0.584	10.31	5.03
438.0	0.462	106.1	62.6	0.590	2.19	5.07

崔希民、左红卫、王金安认为[60]，急斜煤层开采后，顶板岩石弯曲垮落，垮落岩石下滑，在采空区上部形成了自由空间。当垮落带高度达到一定值时，上部矿柱在重力的作用下，可能发生失稳，其力学模型如图 1-16 所示。只要矿柱与岩体间的摩擦系数 $f>0.6$，剪切安全系数 $k>1.0$，矿柱就不会滑动。当落入地表塌陷漏斗中的岩石不足以支撑上下盘时，将产生围岩的渐近崩落及倾倒破坏，塌陷漏斗进一步扩大，甚至形成地表台阶状塌陷盆地。急斜煤层开采过程中的安全矿柱尺寸设计应满足下式：

$$L_1 \geqslant \sqrt{3}\,H_m/\cos\alpha \qquad\qquad (1\text{-}2)$$

其中　L_1——安全煤柱尺寸；

　　　H_m——垮落带高度；

　　　α——煤层倾角。

以避免地表出现塌陷坑。

阎跃观等利用高分辨率地球物理勘探技术实测了大台煤矿深部开采垮落带的破坏形态和法向高度[64]，结果表明：该矿急斜煤层深部局部开采垮落带易形成梯形拱形结构，法向高度约为煤厚的 2.5 倍，急斜煤层浅部、深部全部开采，垮落带呈带状分布，法向高度增大并趋于稳定，为煤厚的 5～6 倍[61]，物探成果表明煤层顶板垮落区与煤层近似平行，呈带状分布，顶板垮落带法向高度约为煤厚的 5.6 倍。

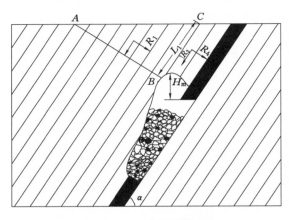

图 1-16　矿柱力学模型

庞绪峰等利用聚苯乙烯泡沫塑料板作为充填体,采取边采边充的方式,模拟了急斜煤层矸石充填开采过程,实验表明:边采边充的充填开采方式可以较好地控制顶底板的裂隙扩展和应力集中,避免了顶板的大面积垮落和底板的鼓起[62]。

1.5　研究的主要内容及技术路线

本研究主要是针对新疆乌鲁木齐矿区复杂地质条件下的急斜煤层大段高综放工作面进行的。大段高开采条件下支架能否稳定运行、围岩是否存在大范围垮落的可能性和工作面采出率如何得到保证是研究的三个主要问题,而其核心是在对工作面围岩运移特征深入了解基础上,研究不同倾角急斜煤层的合理段高取值范围以及提高围岩可控性的方式,即大段高开采的围岩控制研究。本研究属于典型的多学科交叉的基础理论研究课题,将充分采用现场实测、理论研究、物理模拟和数值模拟相结合的方法,借助弹性力学、理论力学等现代基础理论,对急斜煤层大段高综放开采过程中的围岩运移及控制技术进行基础理论性研究。

（1）大段高工作面矿压显现规律研究

由于段高的增加,大段高工作面与普通段高工作面矿压显现规律的区别值得深入研究。本书将通过现场工作面支架工作阻力实测、巷道顶底板变形监测及围岩深基点变形监测研究大段高工作面矿压显现规律,重点研究大段高开采条件下支架的运转特性,以及开采过程中围岩变形的基本特征。

（2）大段高开采条件下围岩变形规律研究

在工作面现场实测对围岩变形特征初步了解基础上,进一步采用相似模拟实验的手段研究大段高开采条件下的围岩变形规律。重点在于研究不同倾角急斜煤层对分段高度提升的适应性,特别是对于 30 m 段高极限值的适应性;研究大段高开采条件下降低底板三角煤的措施。

（3）大段高工作面合理段高取值范围研究

在掌握大段高工作面围岩运移特征基础上,从理论上分析确定不同倾角急斜煤层合理分段高度的极限取值范围,防止围岩的大范围垮落及降低含矸率。

（4）充填体作用机理研究

利用大型组合堆体立体模拟试验,研究急斜煤层分段放顶煤开采的沉陷特征,并借助充填体平面模拟试验,研究充填体作用机理,重点在于研究进一步提高围岩可控性的措施。

（5）围岩控制数值计算研究

利用 UDEC 离散元程序对典型倾角急斜煤层进行煤体开挖后围岩及地表变形破坏的动态研究,论证相似模拟及理论分析的结果,进一步论证所得结论的正确性。

研究技术路线如图 1-17 所示。

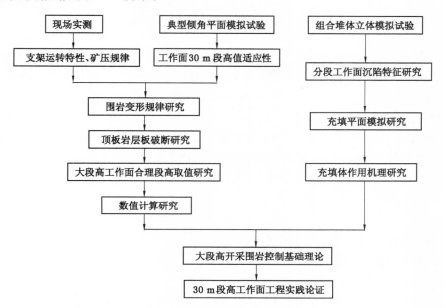

图 1-17　研究技术路线

2 急斜煤层大段高综放开采工作面 矿压显现规律研究

虽然窑街、淮南、开滦、徐州、长广、南桐、资兴、大通等20余个矿区赋存有急斜煤层,但长期致力于大段高水平分段综放开采工业性试验研究的只有乌鲁木齐矿区,这与乌鲁木齐矿区急斜煤层的赋存状况息息相关。"十二五"期间,矿区所属的神华新疆能源公司为建立年产千万吨的急斜煤层现代化生产矿区,计划在改进技术装备与深入科学研究的基础上,将工作面分段高度进一步提升至 30 m 甚至更大的高度。基于以上情况,在大段高开采条件下,借助现场矿压观测对工作面开采过程中围岩的活动规律及其控制性进行深入研究显得非常必要和有意义。

2.1 乌鲁木齐矿区概况

淮南煤田位于天山北麓,准噶尔盆地南缘,东西长 500 余千米,南北宽 20 余千米。在煤田勘探中自东向西依次划分为达坂城、水西沟、阜康、乌鲁木齐、后峡、玛纳斯、四棵树等 7 个矿区/煤产地。

乌鲁木齐矿区位于乌鲁木齐河与铁厂沟河之间,全矿区东西走向长 20 km,南北倾斜宽 2~3 km,面积 51.2 km²。矿区内自西向东分布有六道湾井田、苇湖梁井田、碱沟井田、小红沟井田、大洪沟井田和铁厂沟井田(图 2-1)。

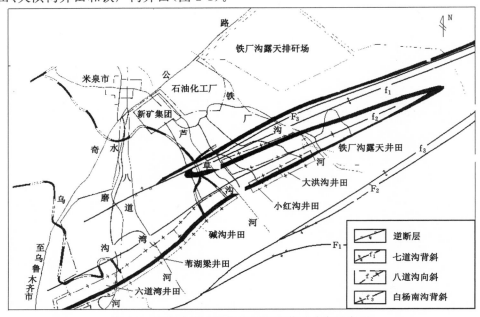

图 2-1 乌鲁木齐矿区构造纲要及井田分布示意图

2.1.1 矿区地层

矿区地层为陆相沉积地层,主要为侏罗系及第四系地层,其中侏罗系分布最广,第四系次之。侏罗系地层有下统的八道湾组和三工河组,中统的西山窑组及头屯河组,上统的齐古组。西山窑组为区内主要含煤岩系。

(1)下侏罗系三工河组(J_1s)

本组岩性以灰白色、灰绿色的细砂岩和中粗粒砂岩为主,由西向东岩性变细,泥质砂岩和泥岩增多,细砂岩多呈薄层状,本组厚度 $250\sim500$ m。

(2)中侏罗系西山窑组(J_2x)

本组厚 $900\sim1\,000$ m,与三工河组整合接触,底部以中粒砂岩和细砂岩为主,顶部细砂岩、泥砂岩及砂质泥岩互层。本组为矿区的主要含煤地层,含煤 33 层,煤层总厚度 $117.07\sim175.45$ m,其中可采 27 层,可采总厚度 $120\sim135$ m,含煤系数 $20\%\sim25\%$。

(3)中侏罗系头屯河组(J_2t)

本组由灰绿色、紫红色泥岩和泥质砂岩及砂岩组成。下部以绿色砂岩、砂质泥岩及泥质砂岩为主夹薄层紫红色泥岩条带,底部有碳质泥岩及劣煤数层,向上主要为紫红色、褐红色砂质泥岩和砂岩夹灰绿色及黄绿色薄层条带,岩性由下而上逐渐变粗,红色岩层增多,绿色岩层渐减,本组厚度 $200\sim600$ m。

(4)第四系(Q)

乌鲁木齐矿区第四系主要为黄土层和砾石层,沉积厚度 $0\sim30$ m。

2.1.2 地质构造

乌鲁木齐矿区位于博格达山复背斜西北翼,乌鲁木齐东山逆断层(F_1)以北,区内主要构造是由中生界地层构成的北东向展布的不对称线型褶皱,轴部发育区域走向压扭性逆冲断层,结构面倾向南东。区域控制性构造简述如下:

七道湾背斜(f_1):轴向北东,南翼倾角 $30°\sim60°$,北翼倾角 $52°\sim90°$。

八道湾向斜(f_2):南翼倾角 $50°\sim90°$,北翼倾角 $30°\sim60°$,枢纽向西南仰伏,芦草沟两岸地层倒转。

白杨南沟背斜(f_3):轴向北东,南翼倒转,倾角 $74°\sim86°$,北翼倾角 $70°\sim90°$。

乌鲁木齐东山逆断层(F_1):走向北东,倾向南东。二叠系向西北方向逆冲到三叠系地层之上,其间缺失地层 1 800 m。

白杨南沟逆断层(F_2):走向北东,倾向南东。三叠系向西北方向逆冲到侏罗纪煤系地层之上,其间缺失地层 $500\sim700$ m。

以上两条断层构成乌鲁木齐矿区的东南边界。

碗窑沟逆断层(F_3):发育于七道湾背斜轴部,落差近 500 m。走向北东,倾向北西。

2.1.3 煤层概况

乌鲁木齐矿区开采煤层为中侏罗统西山窑组(J_2x),共含煤 33 层,属急斜近距离煤层群,如图 2-2 所示。煤层总厚度 $117.07\sim175.45$ m,其中可采 27 层,可采总厚度 $120\sim135$ m。煤层走向 $52°\sim65°$,倾向 $322°\sim335°$,煤层倾角 $63°\sim88°$。六道湾煤矿、苇湖梁煤矿、碱沟煤矿、小红沟煤矿和大洪沟煤矿均位于八道湾向斜南翼,煤层倾角在走向上由西向东有逐步变陡的趋势。矿区西部的六道湾煤矿和苇湖梁煤矿煤层倾角 $60°\sim70°$,一般 $65°$;东部的碱沟煤矿、小红沟煤矿和大洪沟煤矿煤层倾角 $60°\sim89°$,一般 $87°$。此外,铁厂沟煤矿原设计开采方式为露天开采,煤层平均倾角 45°,设计能力 150 万 t/a。矿井开采过程中,因为项目建设存在的客观问题以及开采深度的加大,而使露天开采的难度加大。2001 年在原露天首采区对矿井实行技术改造,实现井工开采。

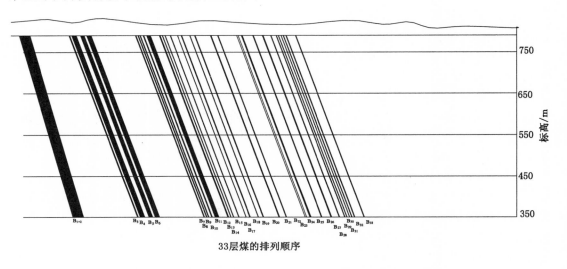

图 2-2　乌鲁木齐矿区六道湾煤矿急斜煤层群典型剖面示意图

矿区煤层均有自然发火危险性,一般发火期 3～6 个月,有记载的最短发火时间仅仅只有 28 d,煤层具有爆炸危险性。

2.2　普通段高工作面开采矿压显现基本规律

对于缓斜长壁工作面采场的矿压研究[63-69]在国内外已比较成熟,而对于急斜水平分段综采放顶煤开采系统的矿压观测在国内外进行得相对较少。与缓斜煤层长壁采场工作面其上方岩层为直接顶和基本顶不同,急斜水平分段放顶煤的短壁工作面[70]上方为垮落的矸石和残留的一些煤炭,且随水平分段工作面逐层开采向下滚落,因而不能用基本顶的周期性破断和形成结构的平衡与失稳简单地解释它的一些矿压显现现象。国内外进行矿山压力观测研究的目的,是通过对显现规律的认识,分析开采围岩破坏活动的力学过程,从而找出形成矿压显现的机理,以寻求科学的岩层控制方法和支护参数。现场矿山压力观测是认识和总结开采过程引起的围岩破坏活动力学过程,及其在工作面和支护结构物反映的基础研究方法。国内最初的几个水平分段放顶煤开采试验工作面都进行了现场矿压观测研究[71-72]。表2-1为梅河三井、平庄古山矿、乌鲁木齐六道湾矿实测的支架载荷与支架设计参数的对比,各矿井的工作面采高 2.5 m,分段高度基本保持在 10～17 m 左右(梅河三井为 17 m)。实测表明,段高保持在 10～15 m 左右的急斜水平分段放顶煤,周期性矿压显现程度不明显,增载系数一般在 1.3 以下。支架所承受的载荷也不大,实测最大载荷均未超过 2 500 kN,除平庄古山矿外,设计阻力没有得到充分利用。

表 2-1　　　　　　初期实验矿井实测支架载荷与支架设计参数比较

实测项目＼矿井架型	梅河三井 FYC400-14/28		古山矿 ZFS300-16/26		六道湾 FYC300-19/28	
	实测值/设计值	阻力比值/%	实测值/设计值	阻力比值/%	实测值/设计值	阻力比值/%
初撑力/kN	1 851/3 850	48	1 901/2 522	75	1 413/2 522	56
平均工作阻力/kN	2 122/3 920	54	2 155/3 000	72	1 502/2 942	51
循环末阻力/kN	2 415/3 920	62	2 313/3 000	77	1 820/2 942	62
支护强度	394/729	54	395/550	72	342/670	51

　　窑街三矿和乌鲁木齐六道湾矿水平分段综采放顶煤工作面矿压显现状况如表 2-2 所列。实测中,初次来压增载系数分别为 1.20 和 1.22,周期来压增载系数分别为 1.30 和 1.11,来压显现不明显。

表 2-2　　　　窑街三矿和六道湾矿综采放顶煤工作面矿压显现状况

矿名	支架架型	倾角/(°)	煤层厚/m	初次来压		周期来压	
				步距/m	增载系数	步距/m	增载系数
窑街三矿	FY4800-14/28	55	21.2	26.8	1.20	10.6	1.3
六道湾矿	FYS3000-19/28	64～71	36.1～48.1	26.7	1.22	12.0	1.11

　　普通段高工作面矿压显现基本规律如下:

　　(1) 初次来压步距一般在 27 m 左右。

　　(2) 工作面有周期来压,来压步距一般在 11 m 左右。而周期来压增载系数一般在 1.3 以下,表明周期性矿压显现程度并不明显。

　　(3) 实测最大载荷均未超过 2 500 kN,平均工作阻力比值在 59%,表明支架所承受的载荷不大。

2.3　大段高工作面开采矿压显现基本规律

　　大段高开采条件下,煤层的高效开采不是以提升支架的高度和加大采煤机滚筒直径为主要手段的,采高不可能得到大幅提升。段高的增加主要是造成了放煤高度的大幅提升,必将造成工作面单位推进度上的放煤量增加,同时使工作面单位推进距离上裸露顶板面积大幅增加。因此,大段高开采条件下的矿压显现规律与普通段高相比应有一定区别。本节将通过碱沟煤矿大段高开采的现场矿压观测,寻求大段高开采条件下矿压显现的特有规律。

　　碱沟煤矿位于乌鲁木齐东北郊 28 km,井田位于八道湾向斜南翼,井田范围西起八道湾河,东至芦草沟河,海拔在 ＋735～＋854 m 之间。井田东西走向长度 4 560 m,面积 8.233 km²。地面井口标高 ＋750.3 m,勘探深度 ＋200 m,井田范围 ＋300 m 水平以上地质储量 24 707.1 万 t。含煤地层为西山窑组,井田内含可采煤层 33 层,自南向北划分为四个煤组,以特厚煤层和厚、中厚煤层为主。其中一、二组煤为特厚煤层,三、四组煤为厚、中厚煤层,特厚煤层占可采储量的 50.2%,厚、中厚煤层占可采储量的 49.8%。煤层倾向北压南,倾角 67°～88°,一般在 87°,煤层深部倾角渐缓,赋存基本稳定。

碱沟煤矿 B_{4+6} 煤层属侏罗纪西山窑组煤层的 B_4、B_5、B_6 煤层,煤层间含两层较薄的夹矸层,基本合为一体,平均厚度为 47.1 m,属稳定煤层。B_6 煤层伪顶为泥岩和碳质泥岩,累计厚度 0.4 m,直接顶和基本顶没有明显区别,为 90 m 左右粉砂岩,硬度系数 $f=4\sim5$。B_4 煤层伪底为粉砂岩和碳质页岩,累计厚度为 1.4 m。直接底为 4 m 左右的粉砂岩,硬度 $f=4\sim5$。B_4 煤层和 B_6 煤层都有 1 m 以上的伪底,为泥岩和岩质泥岩(图 2-3)。

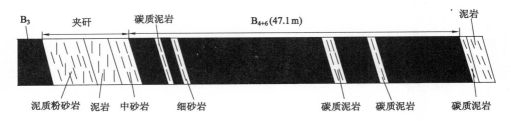

图 2-3　碱沟煤矿 B_{4+6} 煤层顶底板岩性示意图

B_{4+6} 煤层西一采区开采 3 个分层,分别为＋608 m、＋586 m 及＋564 m 水平工作面,均采用水平分段综采放顶煤开采,分段高度定为 22 m。＋608 m 水平工作面未做矿压观测,＋586 m 水平工作面在 2004 年只进行了简单的支架工作阻力观测。为满足大段高开采条件下支架的选型要求,碱沟煤矿与西安科技大学合作,于 2006 年 4 月至 7 月在＋564 m 水平工作面进行了 3 个月系统的矿压观测,不但对工作面支架进行了工作阻力监测,同时对开采过程中的围岩变化情况也进行了详细观测。

2.3.1　碱沟煤矿＋586 m 水平工作面矿压显现基本特征

碱沟煤矿西一采区 B_{4+6} 煤层＋586 m 水平工作面,采用水平分段综放开采,工作面走向长 545 m,段高 22 m,其上为西一采区 B_{4+6} 煤层＋608 m 水平工作面。＋586 m 水平工作面支架阻力观测以支架单柱观测来衡量工作面矿压显现。工作面共分上、中、下三个测站,其上端头、下端头及中部支架工作阻力曲线如图 2-4 至图 2-6 所示。由图可知,＋586 m 水平工作面在矿压观测所推进的 64 m 范围内,整个工作面共产生了 5 次明显的来压。工作面来压时各测站距切眼煤壁的距离及工作面来压步距具体如表 2-3 所列。

分析表 2-3 可知,＋586 m 水平工作面各次来压的步距分别为 9.5 m、14.9 m、14.0 m、6.7 m 和 10.0 m,来压具有较为明显的周期性,平均来压步距 12.3 m,因此＋586 m 工作面的来压显现应定义为周期来压显现,周期来压步距在 10～15 m 之间。

表 2-3　　　　　　工作面来压时各测站距切眼煤壁的距离及工作面来压步距

来压性质	各测站至切眼煤壁的距离/m				工作面来压步距/m
	上部测站	中部测站	下部测站	平均值	
第一次来压	7.0	5.5	7.9	6.8	9.5
第二次来压	14.2	15.8	18.9	16.3	14.9
第三次来压	27.5	33.5	32.5	31.2	14.0
第四次来压	45.1	45.3	45.2	45.2	6.7
第五次来压	61.0	53.5	53.4	55.9	10.0

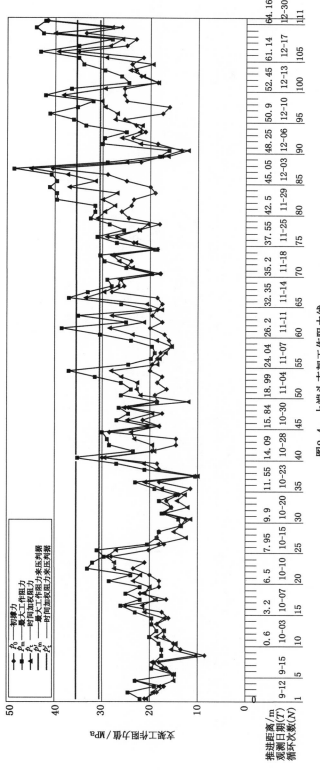

图2-4　上端头支架工作阻力线

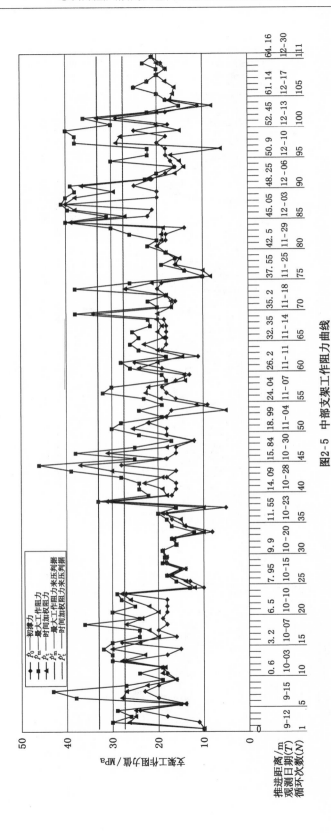

图2-5 中部支架工作阻力曲线

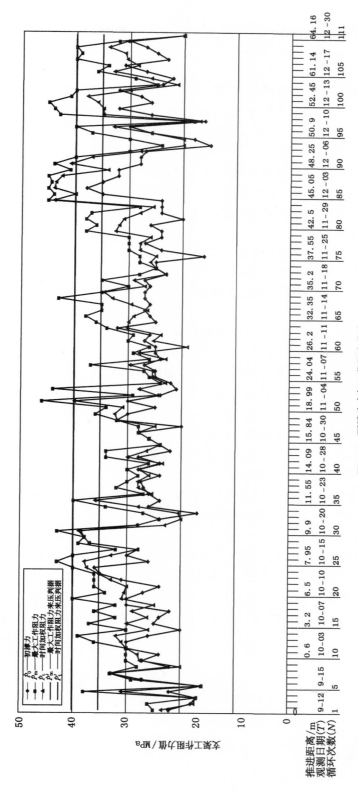

图2-6 下端头支架工作阻力曲线

上端头支架来压期间增载系数分别为:第一次推进至 14 m,增载系数为 1.33;第二次推进至 32～33 m,增载系数为 1.6;第三次推进至 50～51 m,增载系数为 1.5;第四次推进至 43～45 m,增载系数为 1.32;第五次推进至 61～62 m,增载系数为 1.49 m。在观测期间上端头支架工作面平均增载系数为 1.45。

中部支架来压期间增载系数分别为:第一次推进至 0.6 m,增载系数为 1.3;第二次推进至 14 m,增载系数为 1.5;第三次推进至 35 m,增载系数为 1.73;第四次推进至 45 m,增载系数为 1.8;第五次推进至 50～51 m,增载系数为 1.7。在观测期间中部支架工作面平均增载系数为 1.61。

下端头支架来压期间增载系数分别为:第一次推进至 6.5 m,增载系数为 1.4;第二次推进至 18.9 m,增载系数为 1.35;第三次推进至 35 m,增载系数为 1.22;第四次推进至 42.5 m,增载系数为 1.5;第五次推进至 52.5 m,增载系数为 1.4。在观测期间下端头支架工作面平均增载系数为 1.37。

+586 m 水平工作面矿压显现规律可概括如下:

(1)工作面来压具有周期性,周期来压步距在 10～15 m 之间。

(2)上、中、下三个测站周期来压时增载系数均值都大于 1.3,应定义为明显的周期来压。

2.3.2 碱沟煤矿+564 m 水平工作面矿压显现基本特征

2.3.2.1 工作面概况

碱沟煤矿西一采区 B_{4+6} 煤层+564 m 水平工作面,采用水平分段综采放顶煤开采,工作面走向长 545 m,段高 22 m,其上为西一采区 B_{4+6} 煤层+586 m 水平工作面。工作面选用 ZFS4800/18/28 型液压支架 24 副,ZFS4000/18/28 型过渡支架 1 副,共计 25 副支架。运输巷使用两排 DW28-250/100 型单体液压支柱配合一字铰接梁支护,柱距 1.0 m,排距 1.5 m。材料巷使用两排 DZ25-90/100 型单体液压支柱配合金属支架支护,柱距 1.0 m,排距 1.5 m。

工作面运输巷、材料巷互相平行沿顶底板布置,间距 39 m,长度 545 m。北巷为运输巷和回风巷,为圆弧拱形,宽 3.2 m,高 2.5 m,净断面为 7.8 m²,采用锚网、锚杆、钢带支护。安装有转载机、破碎机和可伸缩带式输送机及照明设施等。南巷为轨道巷和进风巷,采用工字钢梯形支护,上底长度 2.6 m,下底长度 3.2 m,高 2.2 m,断面 6.38 m²,正常段金属支架间距 1 m,顶板破碎段间距 0.5 m。南巷布置有移动变电站、各种控制开关、绞车、泵站等。南巷也是进风巷和供电电缆及供水管路的安装巷道。采用与两巷垂直的石门联络,开切巷布置在工作面起始线上,大体垂直煤层走向,也垂直南北巷。开切巷全长 37 m,宽 7 m,高 2.5 m,净断面 17.5 m²,采用锚网、钢带、锚锁锚杆支护,其间安装液压支架、前后刮板输送机、采煤机。

2.3.2.2 观测设计

(1)工作面矿压观测

工作面支架工作阻力监测共布置 3 个测站:下部 1# 测站(23# 支架),中部 2# 测站(12#、13#、14# 支架),上部 3# 测站(3# 支架),即布置 3 条测线对工作面支架工作阻力进行观测,如图 2-7 所示。

(2)巷道变形观测

巷道变形观测时,沿工作面推进方向对顶底板移近量及两帮变形进行观测和统计。测

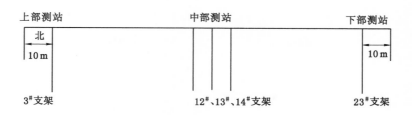

图 2-7　工作面测站布置

站布置时,考虑巷道两帮变形,一般采用双十字法布置,分别在回风巷、运输巷距离煤壁前方每隔 50 m 左右设置一处观测站(图 2-8),共设 2~3 个观测站。要求该处顶板稳定,支护完好,两帮整齐,底板平整,以便于观测。因为观测周期长,观测基点应安置牢固,一般每隔 24 h 观测一次。当巷道变形量较大时,应适当缩短观测周期,一般每隔 12 h 观测一次。

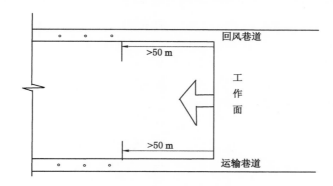

图 2-8　回采巷道观测点布置

(3)围岩深基点位移观测

围岩深基点位移观测设计时,采煤前在围岩内布置若干个观测钻孔,孔内放置特制的观测点。在采煤过程中观测测点位置的移动,从而测得测点所在岩层移动和破坏情况。

① 顶煤位移观测

在南巷(底板侧)417.3 m 处设顶煤位移监测 1# 站,测线水平夹角 48°,仰角 60°,安装 4 个测点,第一测点斜长 20 m 终孔位,第二测点斜长 15 m,第三测点斜长 10 m,第四测点斜长 5 m。在南巷 380 m 处设顶煤位移监测 2# 站作为备用测站,测线水平夹角 48°,仰角 60°,安装 4 个测点,各测点按监测层位不同在钻孔内依次布置,第一测点斜长 20 m 终孔位,第二测点斜长 15 m,第三测点斜长 10 m,第四测点斜长 5 m。具体布置如图 2-9 所示。

② 顶底板位移观测

在运输巷顶板、轨道巷底板分别布置 3 个围岩深基点监测站。

a. 北巷 1# 测站:北巷(顶板侧)1# 站距石门距离 427 m,检测巷道顶板垮落情况,水平夹角 10°,仰角 30°,安装双侧点,第一测点斜长 14 m 终孔位,第二测点斜长 13 m。

b. 北巷 2# 测站:北巷 2# 站距石门距离 425 m,检测巷道顶板垮落情况,水平夹角 12°,仰角 30°,安装双测点,第一测点斜长 27 m 终孔位,第二测点斜长 20 m。

c. 北巷 3# 测站:北巷 3# 站距石门 385 m,检测巷道顶板垮落情况,水平夹角 15°,仰角

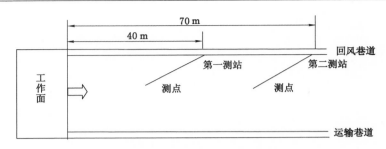

图 2-9　深基点位移观测布置图

30°,安装双测点,第一测点斜长 23 m 终孔位,第二测点斜长 12 m。

　　d. 南巷 1# 测站:南巷 1# 站距石门距离 415.3 m,检测巷道底板垮落情况,水平夹角 17°,仰角 30°,斜长 15 m。

　　e. 南巷 2# 测站:南巷 2# 站距石门距离 414.6 m,检测巷道底板垮落情况,水平夹角 25°,仰角 30°,安装双测点,第一测点斜长 30 m 终孔位,第二测点斜长 20 m。

　　f. 南巷 3# 测站:南巷 3# 站距石门距离 378 m,检测巷道底板垮落情况,水平夹角 12°,仰角 30°,安装双测点,第一测点斜长 26 m 终孔位,第二测点斜长 20 m。

　　综采工作面的主要支护设备是液压支架。随着液压支架的升柱、支撑、降架等步骤循环动作,并通过支架的工作与活动状况综合反映工作面割煤、装煤、移架、放顶等工序环节,顶板岩体运动形成的压力可通过液压支架的多种变化反映出来的。工作面支护质量也是通过液压支架的工作质量和活动状况反映出来。因此,液压支架也是综采工作面矿压显现与观测计量的一个基本单元。把液压支架作为支护质量监测对象,围绕液压支架工作循环有关数据作为监测数据记录与处理的基础是合理的。工作面支架工作阻力观测仪表采用 YPZ-60 型圆图压力自记仪,如图 2-10 所示。每架 4 个立柱各布置 1 台,共布置 4 台,整个工作面选择上部、中部、下部测站的 5 个支架共布置 20 台,这样可实现 24 h 连续记录,便于分析支架工况和类型。

图 2-10　安装在支架上的压力自记仪

2.3.2.3　观测结果

　　(1) 下部测站(23# 架)实测工作阻力如图 2-11 所示。

　　(2) 中部测站(12#、13#、14# 架)3 架平均实测工作阻力如图 2-12 所示。

　　(3) 上部测站(3# 架)实测工作阻力如图 2-13 所示。

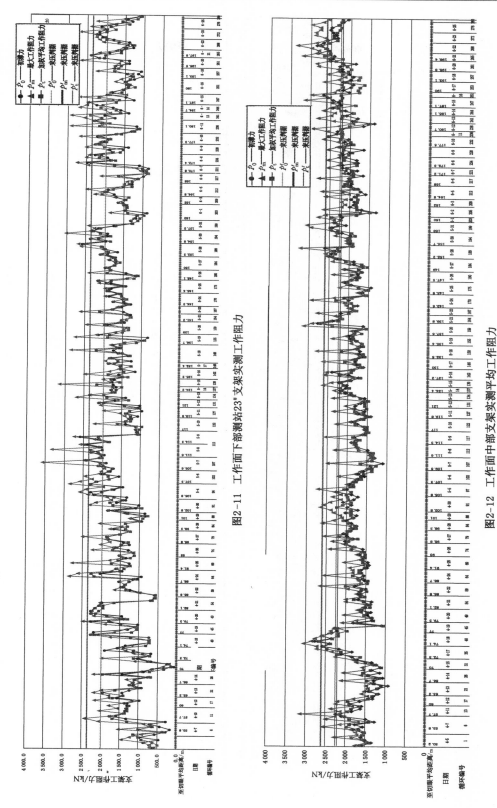

图2-11 工作面下部测站23"支架实测工作阻力

图2-12 工作面中部支架实测平均工作阻力

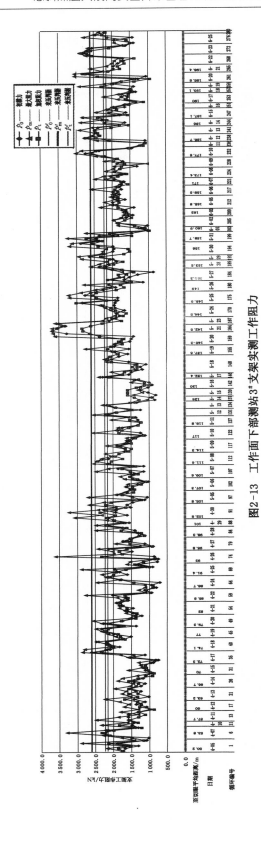

图2-13 工作面下部测站3#支架实测工作阻力

工作面支护阻力及其强度实测值如表 2-4 所列。

表 2-4   ＋564 m 综放工作面支护阻力及其强度实测值

项目	测站	支护阻力/kN						支护强度/(kN/m²)			
		平均值	整体平均值	均方差	均方差的平均值	最大值	最大值的平均值	平均值	最大值	支护阻力平均值与额定值之比/%	支护阻力最大值均值与额定值之比/%
p_0	下部	1 510.1		483.0		2 579.2					
	中部	1 877.5	1 695.8	368.8	458.5	2 847.9	3 035.9	275.7	493.6	42.8	76.7
	上部	1 699.8		523.8		3 680.7					
p_m	下部	1 794.0		565.8		3 573.3					
	中部	2 169.4	1 996.1	440.1	529.7	3 340.4	3 531.6	324.6	574.3	41.6	73.6
	上部	2 025.2		583.1		3 681.0					
p_t	下部	1 526.3		449.1		2 525.5					
	中部	1 864.5	1 707.5	334.7	404.8	2 740.4	2 758.3	277.6	448.5	——	——
	上部	1 731.6		430.5		3 009.1					

工作面观测期间支架承载状况如表 2-5 所列,来压期间支架承载状况如表 2-6 所列。

2.3.2.4 工作面支架工作阻力观测结论

观测表明,＋564 m 水平工作面推进过程中,上、中、下三个测站分别测出了 9 次、7 次和 8 次明显来压。上部测站的来压步距分别为 20.9 m、19.5 m、9.8 m、38.1 m、5.7 m、11.5 m、18.3 m、20.8 m;中部测站的来压步距分别为 16.4 m、29.3 m、35.9 m、19.9 m、29.1 m、13.1 m;下部测站的来压步距分别为 22.2 m、10.6 m、20.9 m、14.6 m、31.2 m、17.0 m、21.9 m。

各测站来压时距切眼煤壁的距离如图 2-14 所示。综合分析可知,＋564 m 水平工作面在矿压观测所推进的 150 m 范围内,整个工作面共产生了 7 次明显来压,工作面来压时各测站距切眼煤壁的距离及工作面来压步距具体如表 2-7 所列。

表 2-7   工作面来压时各测站距切眼煤壁的距离及工作面来压步距

来压性质	各测站至切眼煤壁的距离/m				工作面来压步距/m
	上部测站	中部测站	下部测站	平均值	
第一次来压	53.8	57.7	57.1	56.2	
第二次来压	74.7	74.1	79.3	76.0	19.8
第三次来压	99.1	103.4	100.4	101.0	25.0
第四次来压	142.1	139.3	125.4	135.6	34.6
第五次来压	159.3	159.2	156.6	158.4	22.8
第六次来压	177.6	188.3	173.6	179.8	21.4
第七次来压	198.4	201.4	195.5	198.4	18.6

表2-5　工作面整个观测期间支架运转特性（P-T）类型统计表

P-T类型	架号/柱别	3#支架 前南	3#支架 前北	3#支架 后南	3#支架 后北	12#支架 前南	12#支架 前北	12#支架 后南	12#支架 后北	13#支架 前南	13#支架 前北	13#支架 后南	13#支架 后北	14#支架 前南	14#支架 前北	14#支架 后南	14#支架 后北	23#支架 前南	23#支架 前北	23#支架 后南	23#支架 后北	平均
初撑	次数	39	46	93	60	29	109	117	107	37	36	61	67	85	114	156	123	61	67	118	136	83.05
	频率/%	13.59	16.31	34.96	23.9	10.25	38.11	41.49	39.05	12.94	13.43	21.48	24.01	29.51	40.57	56.12	44.89	22.68	24.72	41.11	48.92	29.90
一次增阻	次数	153	149	121	128	139	119	119	102	116	117	127	122	136	116	89	101	138	126	127	112	122.85
	频率/%	53.31	52.84	45.49	51	49.12	41.61	42.20	37.23	40.56	43.66	44.72	43.73	47.22	41.28	32.01	36.86	51.30	46.49	44.25	40.29	44.26
二次增阻	次数	71	66	36	40	76	35	36	41	83	76	71	56	47	30	28	35	49	53	32	18	48.95
	频率/%	24.74	23.4	13.53	15.94	26.86	12.24	12.77	14.96	29.02	28.36	25.00	20.07	16.32	10.68	10.07	12.77	18.22	19.56	11.15	6.47	17.61
多次增阻	次数	24	21	16	23	39	23	10	24	50	39	25	34	20	21	5	15	21	25	10	12	22.85
	频率/%	8.36	7.45	6.02	9.16	13.78	8.04	3.55	8.76	17.48	14.55	8.80	12.19	6.94	7.47	1.80	5.47	7.81	9.23	3.48	4.32	8.23
总计	次数	287	282	266	251	283	286	282	274	286	268	284	279	288	281	278	274	269	271	287	278	277.7
	频率/%	100	100	100	100	100	100	100	100	100	100	100	100	100	100	100	100	100	100	100	100	100

表2-6　工作面来压期间支架运转特性（P-T）类型统计表

P-T类型	架号/柱别	3#支架 前左	3#支架 前右	3#支架 后左	3#支架 后右	12#支架 前左	12#支架 前右	12#支架 后左	12#支架 后右	13#支架 前左	13#支架 前右	13#支架 后左	13#支架 后右	14#支架 前左	14#支架 前右	14#支架 后左	14#支架 后右	23#支架 前左	23#支架 前右	23#支架 后左	23#支架 后右	平均
初撑	次数	11	15	35	27	11	50	30	37	12	12	11	22	34	53	56	51	30	25	52	60	31.7
	频率/%	10.58	14.02	35.00	27.84	9.57	42.02	26.32	33.33	10.34	10.91	9.24	19.64	29.06	46.49	50.45	43.97	19.23	16.45	32.91	39.22	26.41
一次增阻	次数	53	62	48	51	57	48	56	42	44	49	58	56	58	46	43	44	78	74	76	73	55.8
	频率/%	50.96	57.94	48.00	52.58	49.57	40.34	49.12	37.84	37.93	44.55	48.74	50.00	49.57	40.35	38.74	37.93	50.00	48.68	48.10	47.71	46.48
二次增阻	次数	33	23	9	14	30	12	22	20	37	34	37	20	18	8	8	15	33	38	25	16	22.6
	频率/%	31.73	21.50	9.00	14.43	26.09	10.08	19.30	18.02	31.90	30.91	31.09	17.86	15.38	7.02	7.21	12.93	21.15	25.00	15.82	10.46	18.83
多次增阻	次数	7	7	8	5	17	9	6	12	23	15	13	14	7	7	4	6	15	15	5	4	9.95
	频率/%	6.73	6.54	8.00	5.15	14.78	7.56	5.26	10.81	19.83	13.64	10.92	12.50	5.98	6.14	3.60	5.17	9.62	9.87	3.16	2.61	8.29
总计	次数	104	107	100	97	115	119	114	111	116	110	119	112	117	114	111	116	156	152	158	153	120.05
	频率/%	100	100	100	100	100	100	100	100	100	100	100	100	100	100	100	100	100	100	100	100	100

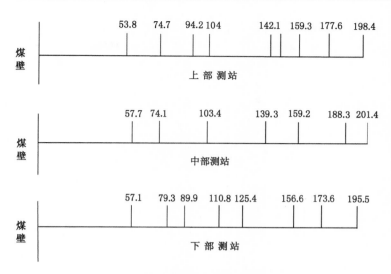

图 2-14　各测站来压时距切眼煤壁的距离

　　表 2-7 表明，+564 m 水平工作面各次来压的步距分别为 19.8 m、25 m、34.6 m、22.8 m、21.4 m、18.6 m，来压具有较为明显的周期性，平均来压步距 23.7 m。+564 m 工作面的来压显现应定义为周期来压显现，周期来压步距在 21～26 m 之间。

　　工作面上部测站来压的增载系数平均值按 p_m 计算为 1.41，按 p_t 计算为 1.31；工作面中部测站来压的增载系数平均值按 p_m 计算为 1.30，按 p_t 计算为 1.29；工作面下部测站来压的增载系数平均值按 p_m 计算为 1.55，按 p_t 计算为 1.47。工作面来压期的增载系数大于 1.30，应属于有明显的周期来压。工作面上部测站作为来压主要判据的 p'_m 值为 2 608.3 kN/架，而在频率分布中超过 2 600 kN/架的最大工作阻力只占了 16.07%，且观测中最大工作阻力的最大值小于 3 800 kN/架（表 2-8）；工作面中部测站作为来压主要判据的 p'_m 为 2 609.5 kN/架，而在频率分布中超过 2 600 kN/架的最大工作阻力只占了 16.77%，且观测中最大工作阻力的最大值小于 3 400 kN/架（表 2-9）；工作面下部测站作为来压主要判据的 p'_m 为 2 359.8 kN/架，而在频率分布中超过 2 300 kN/架的最大工作阻力只占了 23.93%，且观测中最大工作阻力的最大值小于 3 600 kN/架（表 2-10）。因此在急斜煤层的矿压观测中，增载系数并不是判断来压剧烈的唯一因素。某一处增载系数较大，正说明了急斜煤层来压时相对于来压前（支架承受载荷较小）载荷的瞬间递增率较大，来压时支架的工作阻力在排除爆破震动影响后均低于 3 800 kN/架，距最大工作阻力尚有 1 000 kN/架的差距。工作面在整个推进过程中与来压期间的最大工作阻力频率分布柱状图如图 2-15、图 2-16 所示。由图可知，最大工作阻力的频率分布基本上呈正态分布。在工作面整个推进过程中，正态分布曲线峰值位于 1 800～2 000 kN/架，其均值仅相当于额定工作阻力的 39.6%，而最大工作阻力处于 1 400～2 000 kN/架的分布频率占 72.98%。在工作面来压期间，正态分布曲线峰值较低，位于 2 200～2 400 kN/架，其均值相当于额定工作阻力的 47.9%，而最大工作阻力处于 1 800～3 000 kN/架的分布频率占 78.63%。因此，对 +564 m 水平分段放顶煤工作面的矿压观测表明，其来压显现应定义为"明显"而不是"剧烈"，且来压时支架的整体承载强度不大。同时，中部测站的指标 p'_0、p'_m、p'_t 均为 3 个测站中最大值，说明中部测站虽然

表 2-8　工作面上部测站实测支架载荷分布频率

阻力类别	组距/(kN/架)	600~800	800~1000	1000~1200	1200~1400	1400~1600	1600~1800	1800~2000	2000~2200	2200~2400	2400~2600	2600~2800	2800~3000	3000~3200	3200~3400	3400~3600	3600~3800	合计
初撑力	次数	4	15	31	33	40	42	52	19	20	7	9	3	0	2	2	1	280
	频率/%	1.43	5.36	11.07	11.79	14.29	15.00	18.57	6.79	7.14	2.50	3.21	1.07	0.00	0.71	0.71	0.36	100.00
最大阻力	次数	0	5	10	24	26	37	51	27	30	25	14	13	7	5	0	6	280
	频率/%	0.00	1.79	3.57	8.57	9.29	13.21	18.21	9.64	10.71	8.93	5.00	4.64	2.50	1.79	0.00	2.14	100.00
加权阻力	次数	0	13	16	36	49	45	46	34	23	10	5	2	1	0	0	0	280
	频率/%	0.00	4.64	5.71	12.86	17.50	16.07	16.43	12.14	8.21	3.57	1.79	0.71	0.36	0.00	0.00	0.00	100.00

表 2-9　工作面中部测站实测支架载荷分布频率

阻力类别	组距/(kN/架)	600~800	800~1000	1000~1200	1200~1400	1400~1600	1600~1800	1800~2000	2000~2200	2200~2400	2400~2600	2600~2800	2800~3000	3000~3200	3200~3400	3400~3600	3600~3800	合计
初撑力	次数	0	1	7	19	38	54	61	45	28	19	6	2	0	0	0	0	280
	频率/%	0.00	0.36	2.50	6.79	13.57	19.29	21.79	16.07	10.00	6.79	2.14	0.71	0.00	0.00	0.00	0.00	100.00
最大阻力	次数	0	0	1	4	23	38	42	37	49	39	23	16	6	2	0	0	280
	频率/%	0.00	0.00	0.36	1.43	8.21	13.57	15.00	13.21	17.50	13.93	8.21	5.71	2.14	0.71	0.00	0.00	100.00
加权阻力	次数	0	2	6	18	42	47	77	38	36	11	5	0	0	0	0	0	280
	频率/%	0.00	0.71	2.14	6.43	15.00	16.79	27.50	13.57	12.86	3.93	1.79	0.00	0.00	0.00	0.00	0.00	100.00

表 2-10　工作面下部测站实测支架载荷分布频率

阻力类别	组距/(kN/架)	0~200	200~400	400~600	600~800	800~1000	1000~1200	1200~1400	1400~1600	1600~1800	1800~2000	2000~2200	2200~2400	2400~2600	2600~2800	2800~3000	3000~3200	3200~3400	3400~3600	合计
初撑力	次数	2	3	5	12	17	29	52	40	36	37	24	18	5	0	0	0	0	0	280
	频率/%	0.71	1.07	1.79	4.29	6.07	10.36	18.57	14.29	12.86	13.21	8.57	6.43	1.79	0.00	0.00	0.00	0.00	0.00	100.00
最大阻力	次数	1	1	3	9	7	22	25	37	37	36	34	25	20	14	5	2	1	1	280
	频率/%	0.36	0.36	1.07	3.21	2.50	7.86	8.93	13.21	13.21	12.86	12.14	8.93	7.14	5.00	1.79	0.71	0.36	0.36	100.00
加权阻力	次数	2	2	4	11	16	25	53	39	42	43	32	8	3	0	0	0	0	0	280
	频率/%	0.71	0.71	1.43	3.93	5.71	8.93	18.93	13.93	15.00	15.36	11.43	2.86	1.07	0.00	0.00	0.00	0.00	0.00	100.00

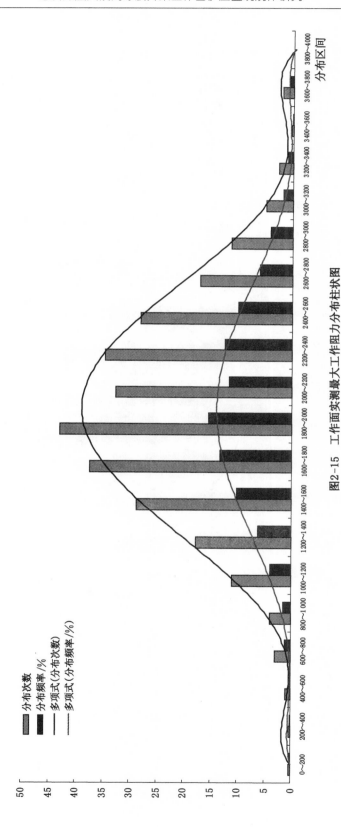

图2-15 工作面实测最大工作阻力分布柱状图

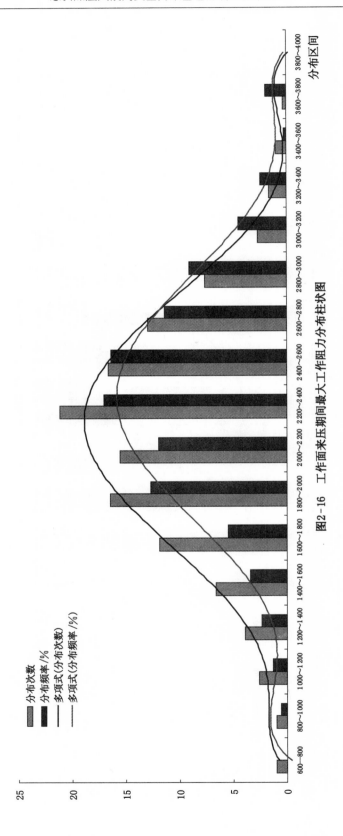

图2-16　工作面来压期间最大工作阻力分布柱状图

不如上部和下部测站的来压显现明显,但在来压过程中工作面中部比两侧承受压力的整体强度要大。

工作面支架的承载特征表明:

(1) 整个工作面实测初撑力平均值为 1 695.8 kN/架,相当于额定初撑力的 42.8%。工作面最大初撑力均没有超过额定值,最大一次出现在工作面上部,当工作面推进到 142.5 m 时,处于工作面上部第五次来压时,其值为 3 680.7 kN/架。因此由实测值来看,支架初撑力是偏低的。

(2) 整个工作面实测最大工作阻力平均值为 1 996.1 kN/架,相当于额定工作阻力的 41.6%;工作面最大工作阻力在排除顶煤体爆破影响后均没有超过额定值。说明该工作面所选支架可以充分支撑顶板,并且还有较大的富裕,可较好地消除工作面爆破带来的影响。

(3) 整个工作面加权阻力平均值为 1 707.5 kN/架,相当于额定工作阻力的 35.6%。其最大值为 3 009.1 kN/架,相当于额定工作阻力的 62.7%,出现在上部测站,当工作面推进到 146.6 m 时,处于第六次来压时。由此看来,此支架在该综放面的应用有较大富裕。

(4) 整个工作面实测支护强度平均值 p_0、p_m、p_t 分别为 275.7 kN/m²、324.6 kN/m²、277.6 kN/m²,与设计支护强度 0.68～0.7 MPa 相比有较大差距,这说明支架支护能力未充分发挥作用。但 p_0/p_m 已达到 84.94%,比额定值 82.46% 高 2.48%,说明实际支护强度对顶板管理还是有好处的。

(5) 工作面推进过程中,整个观测期间与来压期间支架运载特性对比如表 2-11 所列。整个观测期间与来压期间,支架处于初撑和一次增阻的状态分别占 74.16% 和 72.89%,而二次增阻与多次增阻分别占 25.84% 和 27.12%。特别是一次增阻在采煤工作面支架运转特性类型中所占比率最高,分别达到了 44.26% 和 46.48%,这表明支架在该采煤工作面使用的运转性能是良好的。

表 2-11   整个观测期间与来压期间支架运载特性对比表

观测性质	运转特性及其所占比例/%			
	初撑	一次增阻	二次增阻	多次增阻
整个观测期间	29.90	44.26	17.61	8.23
来压期间	26.41	46.48	18.83	8.29

(6) 在来压期间,初撑状态比整个观测期间少了 3.49%,而一次增阻多了 2.22%。说明来压与非来压期间支架工作状态变化不大。

2.3.2.5 回采巷道观测及结论

+564 m 水平工作面回采巷道观测中,北巷为带式输送机巷,且垂直于工作面,作为运输和回风,巷道为圆弧拱形支护,宽 3.2 m,高 2.5 m,净断面为 7.8 m²,采用锚网、锚杆、钢带支护。南巷为进风巷,布置有供电电缆及供水管路。此巷道采用工字钢梯形支护,上底长度 2.6 m,下底长度 3.2 m,高 2.2 m,断面 6.38 m²,正常段金属支架间距 1 m,顶板破碎段间距 0.5 m。回采巷道顶底板变形监测采用顶底板动态仪,如图 2-17 所示。

运输平巷及回风平巷顶底板及两帮变形监测具体如下:

(1) 运输平巷 1# 测站顶板及两帮变形增值曲线如图 2-18(a)所示。由图可看出,自煤

图 2-17　回采巷道顶底板动态仪实拍

壁前方 44.5 m 开始,巷道即处于缓慢变形阶段。当测站位于煤壁前方 13.5 m 开始,巷道高度呈现快速变形阶段。而宽度自测站位于煤壁前方 10 m 范围内开始出现加速增长。整体上巷道高度的变化量大于宽度变化量。

(2) 运输平巷 2# 测站顶板及两帮变形增值曲线如图 2-18(b)所示。图中监测曲线表明,自煤壁前方 68.4 m 开始,巷道即处于缓慢变形阶段。当测站位于煤壁前方 13.6 m 开始,巷道高度呈现快速变形阶段。而宽度自测站位于煤壁前方 6.4 m 范围内开始出现加速增长。巷道高度变化量大于宽度变化量的趋势与 1# 测站一致。

(3) 运输平巷 3# 测站顶板及两帮变形增值曲线如图 2-18(c)所示。图中监测曲线表明,自煤壁前方 86.5 m 开始,巷道即处于缓慢变形阶段。当测站位于煤壁前方 11.3 m 开始,巷道高度呈现快速变形阶段。至观测结束,测站位于工作面煤壁前方 2.4 m 时,巷道高度的最大变化量达到 130 mm。巷道高度变化量大于宽度变化量的趋势没有改变。

(4) 回风平巷 1# 测站顶板及两帮变形增值曲线如图 2-18(d)所示。受转载机的影响,煤壁前方 20 m 范围内的变化量没有监测到。图中监测曲线表明,自煤壁前方 37.5 m 开始,巷道即处于缓慢变形阶段。回风平巷巷道高度变化量大于宽度变化量的特点与运输平巷是一致的。

(5) 回风平巷 2# 测站顶板及两帮变形增值曲线如图 2-18(e)所示。图中监测曲线表明,自煤壁前方 65.1 m 处开始,至煤壁前方 20 m 范围内,巷道均处于缓慢变形阶段。巷道高度变化量大于宽度变化量。

(6) 回风平巷 3# 测站顶板及两帮变形增值曲线如图 2-18(f)所示。图中监测曲线表明,自煤壁前方 86.1 m 处开始,巷道即处于缓慢变形阶段。巷道高度变化量仍大于宽度变化量。

对工作面推进过程中回采巷道顶底板及两帮的变形监测整体分析表明:

(1) 从煤壁前方 20 m 范围内开始,巷道受采动影响的程度逐渐加强,特别是进入 10 m 范围内,围岩活动程度明显加快,总体上巷道顶底板变形量大于两帮变形量。如运输平巷 2# 测站在工作面煤壁前方 3.15 m 时,巷道顶底板变形量累计达 80 mm,两帮变形量为 65 mm;运输平巷 3# 测站在工作面煤壁前方 2.4 m 时,巷道顶底板变形量累计达 130 mm,两帮变形量为 45 mm。因此工作面超前支护的合理范围应在煤壁前方 15～20 m 范围内。

(2) 自工作面煤壁前方 64.7 m(平均值)开始,回采巷道即开始存在缓慢的顶底板及两帮的变形。因此为减少巷道维护的费用,适当加大推进度是非常必要的。

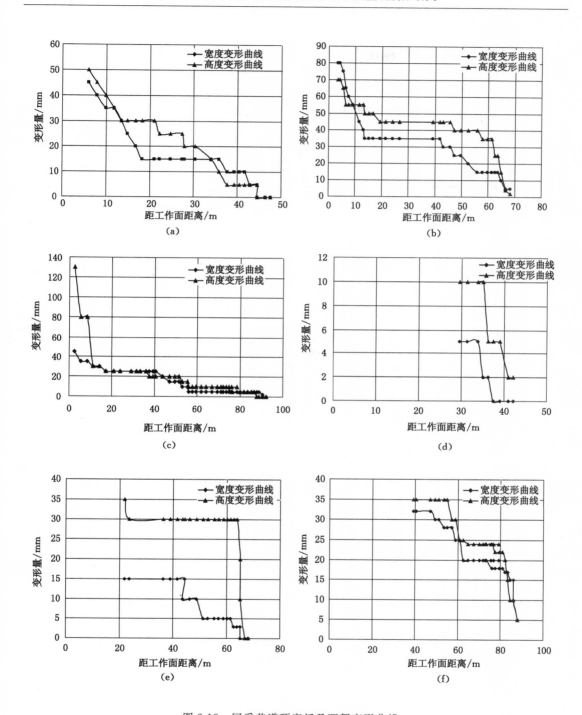

图 2-18　回采巷道顶底板及两帮变形曲线

（a）运输平巷 1# 测站变形增值曲线；（b）运输平巷 2# 测站变形增值曲线；

（c）运输平巷 3# 测站变形增值曲线；（d）回风平巷 1# 测站变形增值曲线；

（e）回风平巷 2# 测站变形增值曲线；（f）回风平巷 3# 测站变形增值曲线

巷道底鼓监测结果如下：

（1）运输平巷 1# 测站底鼓变形及移近速率曲线如图 2-19（a）所示。

（2）运输平巷 2# 测站底鼓变形及移近速率曲线如图 2-19（b）所示。

（3）运输平巷 3# 测站底鼓变形及移近速率曲线如图 2-19（c）所示。

（4）回风平巷 3# 测站底鼓变形及移近速率曲线如图 2-19（d）所示。

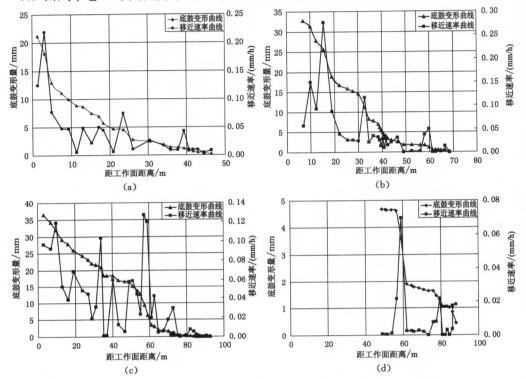

图 2-19　回采巷道底鼓变形及移近速率曲线

（a）运输平巷 1# 测站监测曲线；（b）运输平巷 2# 测站监测曲线；

（c）运输平巷 3# 测站监测曲线；（d）回风平巷 3# 测站监测曲线

对工作面推进过程中回采巷道底鼓变形监测表明：

（1）回采巷道存在底鼓现象，但底鼓量较小，如在运输平巷 3# 测站在工作面煤壁前方 3.2 m 时，底鼓量仅为 3.65 mm。

（2）随着工作面朝测站逐步推进，回采巷道测点处的底鼓量呈现逐步增长的趋势。进入工作面煤壁前方 10 m 范围开始，底鼓量呈现加速增长趋势。

（3）靠近煤层底板侧的回风平巷的底鼓量大于顶板侧运输平巷的底鼓量。

2.3.2.6　围岩深基点位移观测及结论

围岩深基点位移观测采用多点位移计进行（图 2-20、图 2-21），当煤岩发生移动时，带动钢丝基点移动，通过跟踪钢丝的传递，产生的位移可被记录下来。

围岩深基点位移观测如下：

（1）顶板岩层 1# 测站布置 2 个测点，设定测点线长分别为 13 m 和 14 m。测线水平夹角 10°，仰角 30°，则测点距煤层顶板的高度分别为 1.96 m 和 2.11 m。当工作面推至测点位

图 2-20 顶板岩层 1# 测站多点位移计实拍

图 2-21 顶煤体 1# 测站多点位移计实拍

置时,钻孔中安设的测点位于煤壁后方 11.09 m 和 11.94 m 的采空区位置。工作面推进过程中各测线移近量曲线如图 2-22(a)所示。由图可知,当工作面推进到 1# 测站时观测数据急剧减小,表明该层位顶板岩层已垮落,说明煤壁后方 11.09 m 和 11.94 m 的位置且位于煤层顶板 2.0 m 左右范围内的顶板岩层发生垮落。垮落后观测数据又增大是由于顶板继续垮落把测量仪器头拉紧。观测中当测站位于工作面前方 20 m 开始,即当测点位于煤壁前方 10 m 左右时,测线的移近量开始加剧,当移近量超过 3 cm 时,顶板岩层即发生垮落,表明距煤层顶板 2.0 m 范围内的顶板岩层在煤壁前后方 20 m 范围内变形量快速增加,垮落极限为煤壁后方 12 m 处。

(2)顶板岩层 2# 测站布置 2 个测点,设定测点线长分别为 20 m 和 27 m。测线水平夹角 12°,仰角 30°,测点距煤层顶板的高度分别为 3.6 m 和 4.86 m。当工作面推至 2# 测站位置时,钻孔中安设的测点位于煤壁后方 16.94 m 和 22.87 m 的采空区位置。工作面推进过程中各测线移近量曲线如图 2-22(b)所示。由图可知,20 m 测线的测站自距工作面煤壁 12.3 m 开始至观测结束保持恒定值,即当测点位于采空区后保持稳定,表明该处的岩层很可能受到了某个临时结构的支承作用。27 m 测线当工作面推至 2# 测站时,观测数据急剧减小,表明位于煤壁后方 22.87 m 的采空区处且距煤层顶板 4.86 m 的顶板岩层发生垮落。观测中当测站位于工作面前方 22 m 开始,即当测点位于煤壁后方 0.87 m 时,测线的移近量开始加剧,当移近量超过 3.2 cm 时,顶板岩层即发生垮落,表明距煤层顶板 5 m 范围内的顶板岩层在煤壁后方 1~23 m 范围内变形量快速增加,垮落极限为煤壁后方 23 m 处。

（3）顶板岩层 3# 测站布置 2 个测点,设定测点线长分别为 12 m 和 23 m,测线水平夹角 15°,仰角 30°,则测点距煤层顶板的高度分别为 2.69 m 和 5.16 m。当工作面推至测点位置时,钻孔中安设的测点位于煤壁后方 10.04 m 和 19.24 m 的采空区位置。工作面推进过程中各测线移近量如图 2-22(c)所示。分析曲线图可知,当测站位于工作面前方 9.5 m 开始,即当 12 m 测线测点(距煤层顶板高度 2.69 m)位于采空区后方 0.54 m,23 m 测线测点(距煤层顶板的高度 5.16 m)位于采空区后方 9.74 m 开始,测线的移近量开始加剧。至观测结束时,即当 12 m 测线测点位于采空区后方 14.54 m,23 m 测线测点(距煤层顶板的高度 5.16 m)位于采空区后方 23.74 m 时,测点的位移量仍处于加速阶段。表明距煤层顶板 3 m 范围内的顶板岩层在煤壁后方 0.5~15 m 范围内位移处于急剧增长阶段;距煤层顶板 5 m 左右范围内的顶板岩层在煤壁后方 9.74~23.74 m 范围内位移处于急剧增长阶段,这与 27 m 测线的分析基本一致。

（4）底板岩层 1# 测站布置 1 条测线,设定测线长度为 15 m。测线水平夹角 17°,仰角 30°,则测点距煤层底板的高度为 3.8 m,当工作面推至测点位置时,钻孔中安设的测点位于煤壁后方 12.42 m 的采空区位置。工作面推进中各测线移近量如图 2-22(d)所示,表明距煤层底板高度为 3.8 m 的测点,从位于煤壁前方 1.98 m 开始,至测点位于煤壁后方 17.8 m 处为止,测点处岩层的位移变化量保持快速增长趋势,说明距煤层底板高度 3.8 m 的底板岩层在位于煤壁后方 13 m 范围内未发生垮落。

（5）底板岩层 2# 测站布置 2 个测点,设定测点线长分别为 20 m 和 30 m。测线水平夹角 12°,仰角 30°,则测点距煤层底板的高度分别为 3.6 m 和 4.68 m,当工作面推至测点位置时,钻孔中安设的测点分别位于煤壁后方 16.94 m 和 22.03 m 的采空区位置。各测线移近量如图 2-22(e)所示,表明距煤层底板高度为 3.6 m 的测点,从位于煤壁后方 14.14 m 开始,至测点位于煤壁后方 19.94 m 止,测点处岩层的位移变化量保持快速增长趋势,说明距煤层底板高度 3.6 m 的底板岩层在位于煤壁后方 20 m 范围内不会发生垮落。距煤层底板高度为 4.68 m 的测点,从位于煤壁后方 19.23 m 开始,至测点位于煤壁后方 25.03 m 止,测点处岩层的位移变化量保持快速增长趋势,说明距煤层底板高度 4.68 m 的底板岩层在位于煤壁后方 25 m 范围内不会发生垮落。

（6）底板岩层 3# 测站布置 2 个测点,设定测点线长分别为 20 m 和 26 m。测线水平夹角 25°,仰角 30°,则测点距煤层底板的高度分别为 7.32 m 和 10.98 m,当工作面推至测点位置时,钻孔中安设的测点分别位于煤壁后方 15.7 m 和 23.55 m 的采空区位置。工作面推进过程中各测线移近量如图 2-22(f)所示,由图可知,距煤层底板高度分别为 7.32 m 和 10.98 m 测点处的岩层在工作面煤壁后方 12.3 m 和 20.15 m 范围内是保持稳定的。

（7）顶煤体中 1# 测站布置 4 个测点,设定测点线长分别为 5 m、10 m、15 m 和 20 m。测线水平夹角 48°,仰角 60°,则测点距南巷煤帮测站位置的高度分别为 4.33 m、8.66 m、12.99 m 和 17.32 m;距南巷煤帮帮壁的垂直距离分别为 1.86 m、3.72 m、5.57 m 和 7.43 m;距南巷煤帮测站朝采空区侧的水平距离分别为 1.67 m、3.35 m、5.02 m 和 6.69 m。工作面推进过程中各测线移近量如图 2-23 所示。由图可知,5 m 测线的测点从位于工作面煤壁前方 23.73 m 处位移开始变化,至工作面煤壁前方 10.93 m 过程中变形呈较快增长趋

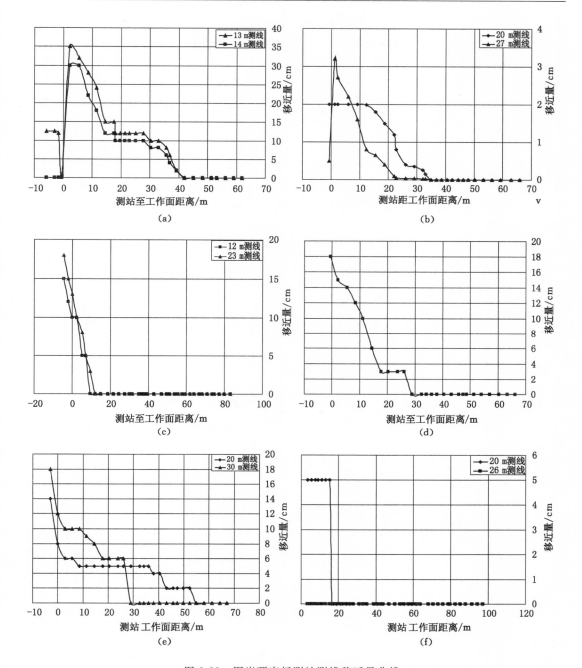

图 2-22　围岩顶底板测站测线移近量曲线

（a）顶板岩层 1# 测站测线移近量；（b）顶板岩层 2# 测站测线移近量；

（c）顶板岩层 3# 测站测线移近量；（d）底板岩层 1# 测站测线变形量；

（e）底板岩层 2# 测站测线移近量；（f）底板岩层 3# 测站测线移近量

势；至工作面煤壁前方 7.83 m 过程中测点处煤体发生初次破坏；至工作面煤壁前方 3.33 m
过程中测点处煤体呈破坏加剧状态；至工作面煤壁前方 1.53 m 过程中测点处煤体完全垮
落。10 m 测线的测点从位于工作面煤壁前方 48.65 m 处位移开始变化，至工作面煤壁前方

22.05 m 过程中变形呈缓慢增长趋势;至工作面煤壁前方 6.15 m 过程中变形呈较快增长趋势;至工作面煤壁前方 6.15 m 过程中测点处煤体发生初次破坏;至工作面煤壁前方 1.65 m 过程中测点处煤体呈破坏加剧状态;至工作面煤壁后方 0.15 m 过程中测点处煤体完全垮落。15 m 测线的测点从位于工作面煤壁前方 30.38 m 处位移开始变化,至工作面煤壁前方 20.38 m 过程中变形呈缓慢增长趋势;至工作面煤壁前方 7.58 m 过程中变形呈较快增长趋势;至工作面煤壁前方 4.48 m 过程中测点处煤体发生初次破坏;至工作面煤壁后方 20 cm 过程中测点处煤体呈破坏加剧状态;至工作面煤壁后方 1.82 m 过程中测点处煤体完全垮落。20 m 测线的测点从位于工作面煤壁前方 54.61 m 处位移开始变化,至工作面煤壁前方 18.71 m 过程中变形呈缓慢增长趋势;至工作面煤壁前方 5.91 m 过程中变形呈较快增长趋势;至工作面煤壁前方 2.81 m 过程中测点处煤体发生初次破坏;至工作面煤壁后方 1.69 m 过程中测点处煤体呈破坏加剧状态;至工作面煤壁后方 3.49 m 过程中测点处煤体完全垮落。

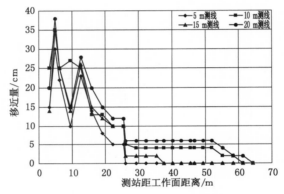

图 2-23　顶煤体中 1# 测站测线移近量

对围岩深基点变形监测表明:

(1) 顶板岩层从位于工作面煤壁前方约 10 m 处位置变形开始加剧,进入采空区后变形量持续增加直到部分岩层垮落。顶板不同层位的岩层在工作面推进过程中的变形程度不同。距煤层顶板 5 m 范围内的顶板岩层在煤壁后方 1~23 m 范围内变形量快速增加,垮落极限为煤壁后方 23 m 处,这与工作面支架工作阻力监测中周期来压步距保持在 21~26 m 范围基本一致。

(2) 急斜煤层底板岩层相对于顶板岩层要稳定。底板不同层位的岩层在工作面推进过程中的变形程度不同。距煤层底板高度 3.8 m 的底板岩层在位于煤壁后方 13 m 范围内变形加剧但并未发生垮落;距煤层底板高度 4.68 m 的底板岩层在位于煤壁后方 19~25 m 范围内变形加剧但并不会发生垮落;距煤层底板的高度为 7.32 m 和 10.98 m 测点处的岩层,分别在工作面煤壁后方 12.3 m 和 20.15 m 范围内保持稳定。

(3) 顶煤体中不同层位的煤体初次垮落与完全垮落时的位置不同。层位越高的煤体初次垮落时在煤壁前方距煤壁的距离越近,完全垮落时在煤壁后方距煤壁的距离越远(5 m 测线的测点至工作面煤壁前方 1.53 m 时煤体完全垮落)。

(4) +564 m 水平工作面顶煤体的变形破坏沿走向方向可分为五个阶段:一是变形缓慢增长阶段,位于工作面煤壁前方 21~45 m 的范围;二是变形快速增长阶段,位于工作面煤壁前方 8～21 m 的范围;三是初始破坏阶段,位于工作面煤壁前方 5～8 m 的范围;四是破坏加剧阶段,位于工作面煤壁后方 1 m 至工作面煤壁前方 5 m 的范围;五是煤体完全垮落阶段,位于工作面煤壁后方 4 m 至工作面煤壁后方 1 m 的范围。

(5) 工作面沿走向推进过程中,不同高度范围内的顶煤体完全垮落时距煤壁距离不同。高度 2.5～5 m 的顶煤体在距煤壁前方 1.53～3.33 m 范围内垮落;高度 5～10 m 的顶煤体在距煤壁-0.15～1.65 m 范围内垮落;高度 10～15 m 的顶煤体在距煤壁后方 0.2～1.82 m 范围内垮落;高度 15～22 m 的顶煤体在距煤壁后方 1.69～3.49 m 范围内垮落。

2.3.2.7　+564 m 水平大段高开采工作面矿压显现特征

(1) 工作面来压表现出较明显的周期性,该特征是急斜煤层放顶煤“短工作面”开采条件下结构体动态发展的结果。由于煤层赋存稳定,开采进度合理,因而表现为具有较为明显的周期性,周期来压步距在 21～26 m 之间。

(2) 观测的来压增载系数中,工作面顶底板侧的来压显现比中部明显,但整体上分析,来压过程中工作面中部比两侧承受载荷的强度要大,这是由于非来压期中部载荷明显大于下部,而来压是围岩整体结构失稳运动的结果。

(3) 来压显现与围岩中存在的结构密切相关,该结构本质上是朝着浅部与走向不断扩展的一个动态结构。该结构的稳定性与结构向浅部方向移进的距离和走向上推进的距离有关。结构沿走向稳定推进的距离在 21～26 m 之间,超出此范围易发生结构的周期性失稳,从而导致工作面周期性的来压。

(4) 顶板岩层从位于工作面煤壁前方约 10 m 处变形开始加剧,距煤层顶板 5 m 范围内的顶板岩层在煤壁后方 23 m 范围内活动剧烈,容易垮落,这与工作面支架工作阻力监测中周期来压步距保持在 21～26 m 范围基本一致。

(5) 顶煤体中不同层位的煤体初次垮落与完全垮落的位置不同。层位越高的煤体初次垮落时在煤壁前方距煤壁的距离越近,完全垮落时在煤壁后方距煤壁的距离越远(5 m 测线的测点至工作面煤壁前方 1.53 m 时煤体完全垮落)。

(6) +564 m 工作面顶煤体的变形破坏沿走向可分为五个阶段:一是变形缓慢增长阶段,位于工作面煤壁前方 21～45 m 的范围;二是变形快速增长阶段,位于工作面煤壁前方 8～21 m 的范围;三是初始破坏阶段,位于工作面煤壁前方 5～8 m 的范围;四是破坏加剧阶段,位于工作面煤壁后方 1 m 至工作面煤壁前方 5 m 的范围;五是煤体完全垮落阶段,位于工作面煤壁后方 4 m 至工作面煤壁后方 1 m 的范围。工作面沿走向推进过程中,不同高度范围内的顶煤体完全垮落时距煤壁距离不同。

(7) 从煤壁前方 20 m 范围内开始,巷道受采动影响的程度逐渐加大,特别是进入 10 m 范围内,围岩活动程度明显加快,总体上巷道顶底板变形量大于两帮变形量。随着工作面朝测站逐步推进,回采巷道测点处的底鼓量呈现逐步增长的趋势。进入工作面煤壁前方 10 m 范围开始,底鼓量呈现加速增长趋势。

2.3.3　大段高工作面矿压显现规律

碱沟煤矿+586 m 和+564 m 水平工作面段高保持在 22 m 左右。现场矿压观测结果表明大段高工作面矿压显现基本特征如下:

(1) 大段高开采条件下,工作面沿走向具有周期性来压,且显现程度明显,因此大段高工作面应定义为具有明显周期性矿压显现的工作面。

（2）大段高开采，虽然工作面矿压显现的程度明显，但＋564 m 水平工作面实测最大工作阻力平均值及时间加权阻力平均值均低于 2 000 kN/架，支架的工作阻力并没有随着采深的增加而大幅增加。表明在大段高开采下，工作面支架会受到其上方临时结构的保护作用，承受的载荷并不会大幅增加，而且一次增阻在采煤工作面支架运转特性类型中所占比率最高，表明支架运转性能较好。

（3）大段高开采，随着开采深度的增加，周期来压步距呈现增大的趋势。说明随着开采向深部水平延续，垮落的煤矸体及顶板岩层在顶底板挤压下在走向较长距离上易形成暂时稳定的承载结构，对工作面支架起保护作用。

（4）观测的来压增载系数中，工作面顶底板侧的来压显现比中部明显，但整体上来压过程中工作面中部比两侧承受载荷的强度要大，这是由于非来压期中部载荷明显大于下部，而来压是围岩整体结构失稳运动的结果。

（5）顶煤体的变形破坏沿走向可分为五个阶段：一是变形缓慢增长阶段；二是变形快速增长阶段；三是初始破坏阶段；四是破坏加剧阶段；五是煤体完全垮落阶段。顶煤体中不同层位的煤体初次垮落与完全垮落的位置不同。层位越高的煤体初次破坏时在煤壁前方距煤壁的距离越近，完全垮落时在煤壁后方距煤壁的距离越远。

（6）工作面沿走向推进过程中，不同高度范围内的顶煤体完全垮落时距煤壁距离不同，从而使支架在走向方向上分区域承受顶煤体完全破坏后的压力，降低了支架所承受的载荷。

（7）急斜煤层底板岩层相对于顶板岩层要稳定。顶板岩层一般从位于工作面煤壁前方10 m 处变形开始加剧，进入采空区后顶板不同层位的岩层在工作面推进过程中的变形破坏程度不同，但变形量均持续增加，岩层垮落由顶板下位岩层向上位岩层扩展，垮落区域位于煤壁后方采空区内，因此可以大幅降低大段高开采支架的来压强度，对其稳定性非常有利。

2.4　本章小结

（1）急斜煤层开采，对于普通段高工作面，初次来压步距一般在 27 m 左右。

工作面有周期来压，来压步距一般在 11 m 左右，而周期来压增载系数一般在 1.3 以下，表明周期性矿压显现程度并不明显，支架所承受的载荷不大。

（2）大段高开采条件下，工作面沿走向具有周期性的来压，且显现程度明显，因此大段高工作面应定义为具有明显周期性矿压显现的工作面。大段高工作面支架会受到其上方临时结构的保护作用，承受的载荷并不会大幅增加，而且一次增阻在采煤工作面支架运转特性类型中所占比率最高，表明支架运转性能较好。

（3）大段高开采条件下，随着开采深度的增加，周期来压步距呈现增大的趋势。说明随着开采向深部水平延续，垮落的煤矸体及顶板岩层在顶底板挤压下在走向较长距离上易形成暂时稳定的承载结构，对工作面支架起保护作用。

（4）大段高开采条件下，顶煤体的变形破坏沿走向可分为五个阶段：一是变形缓慢增长阶段；二是变形快速增长阶段；三是初始破坏阶段；四是破坏加剧阶段；五是煤体完全垮落阶段。顶煤体中不同层位的煤体初次垮落与完全垮落的位置不同。层位越高的煤体初次破坏时在煤壁前方距煤壁的距离越近，完全垮落时在煤壁后方距煤壁的距离越远。

3 急斜煤层大段高工作面开采相似材料模拟实验研究

相似材料模拟实验方法最早的应用在 18 世纪末 19 世纪初。著名地质学家、地质构造模拟实验的先驱 James Hall(1761~1832)最早用模拟模型实验再现了各种构造形态的形成过程,包括用叠层湿黏土作褶皱模拟[73]。我国地质力学的创始人李四光教授早在 1929 年就进行了弧形构造的模拟实验研究。

在矿山开采研究中,相似材料模拟实验是研究矿山压力及围岩运动的有效方法之一。苏联早在 20 世纪 50 年代初就利用相似材料模拟实验研究矿山开采和矿山岩层控制的方法。库兹涅佐夫提出的采场矿压"铰接岩块"假说,就是通过相似材料模拟实验做出的。历经半个世纪,这一实验方法一直是采矿工程实验研究的主要实验方法,并且实验和测试技术都在不断发展。需要指出的是,相似材料模拟实验方法在岩土工程的几乎所有领域都有不同程度的应用,而且在有的领域如水利工程的应用水平明显提高,近 20 年,我国几乎所有的大型水电工程都进行了相似材料模拟实验研究。

相似材料模拟实验方法的实质是用与煤岩力学性质相似的材料,按原型与模型间所需的相似准则做成模型,然后在模型中开拓巷道或进行回采,观察顶板岩层及围岩的变形、位移及破坏情况以及地表的沉陷情况,并通过实验观察和研究工程围岩体的变形、移动和破坏等力学现象,以及作用于支持结构上的力,据此分析原型中所发生的情况。

相似材料模拟实验方法按照模型的力学结构,可分为平面模型和立体模型,平面模型只是实验研究原型的某一个剖面;立体模型是实验研究工程原型的某一个区域。平面模型又分为平面应力模型和平面应变模型,对于矿山巷道和长壁采场,其实质是平面应变。相似材料模型按其相似程度不同分为两类:一是定性模型,主要目的是通过模型去定性地判断原型中发生某种现象的本质或机理;二是定量模型,要求主要的物理量都尽量满足相似常数与相似判据。由于此种模型所需材料多,花费时间多,因此在制作这种模型前最好先进行定性模拟。

相似材料模拟实验的优点在于可依据特定的条件,对模拟的问题做简化后的重点研究,对一些最初难以定量研究的问题可通过定性研究了解其基本特征。其缺点在于如果模型简化不当,会导致模型与原型相比可比性较差,甚至产生错误结论,而且由于模拟的模型尺寸一般不能取得较大,模拟实验的边界效应很难确定。

相似材料模拟实验的相似材料应满足其主要力学性质与模拟的岩层或结构相似,实验过程中材料力学性能稳定,不易受外界条件的影响,且制作方便,凝固时间短。矿山工程相似材料模拟实验所选用的材料由骨料、黏结料和添加剂组成。骨料大都采用河沙,黏结料采用石膏或石蜡,国外也有采用树脂材料。添加剂主要是为装置模型工艺需要而加入的缓凝剂、增强剂等。材料配比的准确是保证模拟实验动力相似的基本条件,装置模型前必须选择各类岩层的模拟材料配比,每更换一次材料(骨料或黏结料)都应进行配比的验证实验。

我国煤炭系统矿山压力模拟实验研究始于20世纪60年代初期,当时从苏联学成归国的一批采矿学者在煤炭科学研究总院北京开采所建立了矿山压力实验室,建造了平面相似材料模拟实验架。北京矿业学院(现中国矿业大学)在同一时期也建立了矿山压力实验室,其中就有平面相似模拟实验架。1962年,西安矿业学院(现西安科技大学)采矿系在刘听成教授的推动下,筹建了矿山压力实验室,并开始进行相似模拟实验研究,建造5 m平面应力模型架。应该说,西安科技大学是我国发展矿山压力实验研究最早的高等学校之一。

在相似模拟实验装置设计研究中,矿山压力的模拟实验基本上是平面应力模型,并不能反映长壁采场开采围岩状态的力学本质。因而,科学的发展必然是研究和制作三维立体模型或平面应变模型。山东矿业学院(现山东科技大学)最早制作了一台小型的三维立体模型实验架,中国矿业大学制作了平面应变模型架。1991年,为了研究乌鲁木齐矿区六道湾煤矿急斜煤层水平分段放顶煤开采围岩破坏特征,在西安矿业学院矿山压力实验室制作了一台小型三维立体模型实验架,成功进行了实验。1990年在开始建设新的矿山压力实验室时,西安矿业学院着手建造一个大型三维立体模型实验装置。1991年建成了组合堆体模拟实验装置,这是我国矿山压力模拟实验的第一台大型的三维立体模型实验台。此后,太原理工大学和山东科技大学也建造了大型的三维立体模型实验台。在实验基础上,西安科技大学还构建了不同类型的大型三维立体模型实验台。

3.1 相似理论基本原理

相似模拟实验原理依照相似理论,可概括为以下三个定律:

(1)相似第一定律——相似正定理[74]

该定理是指,对于两个相似的力学系统,在任意力学过程中,它们对于长度、时间、力及质量等基本物理量应当满足几何相似、运动相似、动力相似。

几何相似:

$$a_1 = \frac{l_p}{l_m} \tag{3-1}$$

$$a_A = a_1^2 = \frac{l_p^2}{l_m^2} \tag{3-2}$$

$$a_v = a_1^3 = \frac{l_p^3}{l_m^3} \tag{3-3}$$

运动相似:

$$a_t = \frac{t_p}{t_m} \tag{3-4}$$

动力相似:

$$a_m = \frac{M_p}{M_m} \tag{3-5}$$

式中　l, t, M——长度、时间、质量;

　　　a_1——长度相似常数;

　　　a_A——面积相似常数;

a_v——体积相似常数；

a_t——时间相似常数；

a_m——质量相似常数。

其中，下标 p 代表原型，下标 m 代表模型。

（2）相似第二定律——π 定律

π 定律认为："约束两个相似现象的基本物理方程可以用量纲分析的方法转换成用相似判据 π 方程表达的新方程。"两个相似系统的 π 方程必须相同。

（3）相似第三定律——相似逆定理

该定理认为，只有具有相同的单值条件和相同的主导相似判据时，现象才互相相似。

其单值条件包括：

① 原型和模型的几何条件相似。

② 在所研究的过程中具有显著意义的物理常数成比例。

③ 两个系统的初始状态相似，例如岩体的结构特征，层理、节理、断层、洞穴的分布状况，水文地质情况等。

④ 在研究期间两个系统的初始边界条件相似，例如是平面应力问题还是平面应变问题，先加载后开孔还是先开孔后加载等。

主导相似判据是指在系统中具有重要意义的物理常数和几何性质所组成的判据。

3.2 实验基本条件

相似模拟实验的成功依赖于两个基本条件：一是实验设施能够较好地模拟原始煤层的赋存条件；二是实验配比参数可靠。

由于急斜煤层的倾角在 45°～90°之间变化，模型的填装比较困难。最初对于急斜煤层的模拟，一些学者提出将模型架回转一定角度（图 3-1），最大的问题是模型上有标示的两个区域在重力加载时与真实情况不符。为此，在 20 世纪 80 年代初期，西安矿业学院石平五教授设计制作了急斜煤层的专用平面模拟实验架（图 3-2），并利用该架对急斜煤层矿压显现规律进行了研究[75]。2004 年以来，为满足急斜煤层大段高开采降低实验强度及进行大量对比性实验的要求，作者参与了导师"高精度小型化模拟实验室"的建设。图 3-3（a）为已建

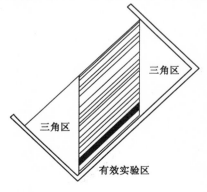

图 3-1 回转降低了有效实验范围

图 3-2 急斜煤层专用模拟实验架

成的高精度模拟实验室一角；图 3-3（b）为急斜可旋转平面应力架，共三架，可进行对比实验；图 3-3（c）为急斜煤层顶煤冒放模拟实验架，可模拟倾角 45°～90°变化的急斜煤层放顶煤开采。

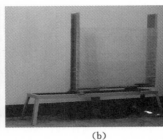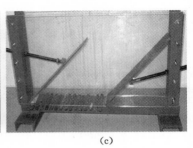

（a）　　　　　　　　　　（b）　　　　　　　　　　（c）

图 3-3　小型模拟实验架
（a）高精模拟实验室一角；（b）可旋转平面应力架；（c）顶煤放出模拟实验架

在配比方面，西安科技大学岩层控制实验室根据多年的经验，以岩石的物理力学性质为依据，在经验上进行配比的同时，考虑到矿山岩体的复杂性，认为相似材料模拟实验的检验标准是其实验规律与工程原型相一致。

3.3　力学参数确定过程

3.3.1　标准试件的制备

乌鲁木齐矿区内自西向东分布有六道湾井田、苇湖梁井田、碱沟井田、小红沟井田、大洪沟井田和铁厂沟井田。由于各矿井田同属一个煤系，因此在含煤地层各岩层力学参数确定时，取矿区 B_{1+2} 煤层及其顶底板岩层岩性为典型研究对象，其他各煤层及其顶底板岩层岩性依据各矿井实际情况进行调整。

B_{1+2} 煤层倾角为 60°～74°，煤层厚度 29.60 m，真厚度 27.75 m，其中 B_1 煤层真厚度 15.17 m，B_2 煤层真厚度 10.31 m。B_{1+2} 中间分别夹有 0.25 m、1.40 m、0.20 m 三层夹矸。

实验所选煤岩样来自新疆乌鲁木齐市苇湖梁煤矿。由于标准试件的制备对参数确定起着决定性作用，因此按国际岩石力学学会（ISRM）推荐标准，并根据西安科技大学实验室实际情况，试件将制备成直径 50 mm，高 100 mm 的圆柱形标准试件。试件采用自动取芯机、箱式切割机及磨光机进行制备。

（1）柱状试件的粗制

如图 3-4 所示，首先将大块煤岩样固定于自动取芯机的工作台上，在熟悉取芯机操作与控制后，开始取样。依次从外到里取样，且每次所取试样的间距不得过大，目的是尽可能避免样本浪费，用大小一定的样品来取出较多的试件。

（2）柱状试件不规则部分的切割

为了实验的方便，应对柱状试件不规则部分进行处理，所以这一环节将把柱状试件放入箱式切割机中进行切割，切去其不规则部分，以便于试件能够在万能试验机上进行实验。

在箱式切割机中进行切割以前，应先将试件固定于切割台上，注意固定时应给试件和切割台上的横梁之间加入垫层，目的是防止试件的损伤。之后关闭切割机进煤窗口，开启机器,切割刀头将会缓慢运动(切忌运动不能过快,以免破坏试件),所有试件切割完毕,它将会自动倒退到其出发的位置。

(3)柱状试件端面打磨

已经进行了切割的试件还不能直接上万能试验机的工作台,因为其端面在切割后还会有坑洼、槽痕等,尽管从表面上看影响不大,但在进行力学实验时,缺失部分会影响试件的受力状态,因而在上工作台前应对试件端面进行磨光处理。

在进行打磨前,应该对磨光机的工作方式进行熟悉,其工作台可以沿着自身的轨道做往复运动,带有砂轮的部分也可以在垂直于工作台的方向上进行运动,两者的运动方式很直观。把试件在工作台上固定好后,将砂轮缓慢与试件端面接近(间距≤2 mm)。先开启砂轮,而后再开启工作台(两者应有短暂的时间间隔),打磨正式开始,直至端面光滑,停止打磨。至此,实验所用试件制作完毕,制备好的标准试件如图3-5所示。

图 3-4　SC200 自动取芯机　　　　　图 3-5　标准试件

3.3.2　实验仪器设备

试件制备后,在万能试验机(图3-6)上进行试件的压缩、拉伸等实验。

图 3-6　万能试验机

实验中所用千分表是测定微小位移变形仪器,它可以精确到 0.001 mm。使用前应先检查其是否完好,是否灵敏。磁性表座由矿压实验室提供,其目的是用它本身所具有的磁性来吸附在试验机的表面,即与试验机连为一体,进一步将千分表固定于表座上。千分表与磁性表座如图3-7所示。实验中用数字式游标卡尺测量试件直径和高度,精确度达 0.01 mm。

图 3-7　千分表与磁性表座

3.3.3　试验数据的获取

以苇湖梁煤矿 B_{1+2} 煤层所取煤样为典型岩样来说明岩石力学参数的获取过程。其他岩层的力学参数将依此过程直接给出，在此不在复述。

实验在送检煤样中取 4 组样本，每组样本取 3 个标准试件，编号分别为 1-1、1-2、1-3、2-1、2-2、2-3、3-1、3-2、3-3、4-1、4-2、4-3。

（1）强度极限

煤属脆性材料，具有脆性材料特性，即抗拉强度低，塑性性能差，抗压能力强。在万能试验机上实验时，其应力与应变关系，经计算机的分析，可画出其应力-应变曲线。图 3-8 给出了 1-3、2-3、3-3、4-3 试件的应力-应变曲线，通过观察曲线发现各组曲线形状符合脆性材料在压缩时所表现出来的情况，即没有明显的屈服阶段，破坏非常迅速。进行压裂实验时（图

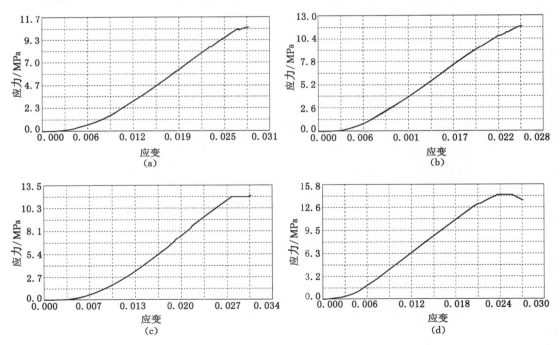

图 3-8　个别试件的应力-应变曲线

（a）1-3 试件；（b）2-3 试件；（c）3-3 试件；（d）4-3 试件

3-9)，计算机自动记录了煤样破坏时所受的最大载荷，在横截面积变化很小的情况下，可以计算出煤样破坏时的应力，也就是它的强度极限。各组试件的平均强度极限如表 3-1 所列。

(a)

(b)

图 3-9　试件压裂实验

表 3-1　　　　　　　　　各组煤样强度极限

编号	最大实验力/N	横截面积/mm²	强度极限/(N/mm²)	平均强度极限/(N/mm²)
1-1	24 559.100	1 892.67	12.976	
1-2	20 119.801	1 894.99	10.617	13.697
1-3	33 200.199	1 897.30	17.499	
2-1	14 228.699	1 890.36	7.527	
2-2	38 759.898	1 910.45	20.288	13.196
2-3	22 400.500	1 902.71	11.773	
3-1	21 906.400	1 898.08	11.541	
3-2	24 622.400	1 894.22	12.999	12.280
3-3	23 239.900	1 889.59	12.299	
4-1	30 329.900	1 897.30	15.986	
4-2	14 475.000	1 891.13	7.654	12.658
4-3	27 107.701	1 891.13	14.334	

由表 3-1 求出所取煤样的强度极限（平均）为 12.958 N/mm²。

（2）弹性模量 E

弹性模量计算时，对煤样所施加的载荷 F 和煤样的尺寸均已知，并且计算机自动记录了轴向变形，运用公式可将弹性模量求解出来：

$$E = \frac{F \cdot L}{(\Delta L) \cdot S} \tag{3-6}$$

式中　F——实验力，N；

　　　L——原始长度，mm；

　　　ΔL——变形量，mm；

S——横截面积,mm^2。

根据实际需要,分别在 3 kN、6 kN、9 kN、12 kN、15 kN、18 kN、21 kN、24 kN、27 kN、30 kN、33 kN 和 36 kN 处测量其各参量,并从其中抽出一组最接近的数值进行平均,得到各标本的弹性模量 E,其值如表 3-2 所列。

表 3-2						弹性模量计算值					
编号	1-1	1-2	1-3	2-1	2-2	2-3	3-1	3-2	3-3	4-1	4-2	4-3
E/GPa	1.005	0.640	0.786	0.739	1.187	0.645	1.010	0.932	0.668	0.890	0.630	1.046

由表 3-2 得煤样弹性模量 E 值(均值)为 0.848 GPa。

(3) 泊松比 μ

对于泊松比的计算,可以运用下式计算:

$$\mu = \left| \frac{\varepsilon'}{\varepsilon} \right| = \left| \frac{横向应变}{轴向应变} \right| \tag{3-7}$$

各试件的泊松比 μ 值如表 3-3 所列。

表 3-3						泊松比计算值					
编号	1-1	1-2	1-3	2-1	2-2	2-3	3-1	3-2	3-3	4-1	4-2	4-3
μ	0.347	0.297	0.268	0.275	0.243	0.251	0.203	0.245	0.390	0.237	0.294	0.345

由表 3-3 得煤样泊松比 μ(均值)为 0.283。

3.4　倾角 45°煤层开采实验研究

模拟实验以乌鲁木齐矿区铁厂沟煤矿为例。铁厂沟煤矿所在井田范围内地层为陆相沉积地层,主要为侏罗系及第四系地层,其中侏罗系分布最广,第四系次之。侏罗系地层有下统的八道湾组和三工河组,中统的西山窑组及头屯河组,上统的齐古组。西山窑组为区内主要含煤岩系。矿井主采 45# 煤层为稳定的巨厚煤层,煤层厚度由西向东逐渐增厚,规律明显,结构由简单到复杂,含矸 1~5 层,单层矸石厚度较小,在 0.5 m 以内;回采区域煤层厚度 33.2 m,水平厚度 54 m;煤层走向 NW247°,煤层倾角南压北 45°,倾向 NE157°。煤层属单斜构造,煤层厚度较大,煤层中有 7~13 层小于 0.3 m 的夹矸,回采范围内无大的褶曲和断层。

矿井原设计开采方式为露天开采,生产能力 150 万 t/a。2001 年,在原露天首采区对矿井实行技术改造,实现井工开采。矿井生产能力 30 万 t/a,主要环节生产能力 60 万 t/a,采用急斜水平分段放顶煤开采。2006 年工作面段高提升至 18 m,当年年产量达 130.87 万 t,创矿井历史最高年产量记录。为探讨倾角 45°煤层提高段高以增加产量的可能性,模拟实验段高提至 30 m,重点研究段高增加后围岩变化的演化规律。

3.4.1　模型填装设计

模拟实验地点选在西安科技大学高精度相似模拟实验室。本次实验在高精度小型急斜可旋转平面应力架上进行。按前面岩石力学参数的确定过程以及借鉴原新疆煤矿设计院所提供的资料,取模拟矿区的煤岩物理力学参数如表 3-4 所列。

表 3-4 铁厂沟煤矿 45# 煤层煤岩物理力学参数

岩　性	视密度 /(N/m³)	弹性模量/GPa	内聚力/MPa	内摩擦角 /(°)	泊松比	抗压强度/MPa
粉砂岩	24 100	9.8	2.6	36	0.22	32.86
粉细砂岩	24 500	11.8	3.8	39	0.19	36.78
中砂岩	24 300	9.54	2.5	35	0.25	26.96
砂质泥岩	23 700	6.56	1.6	31	0.27	19.78
细粗砂岩	24 200	8.56	2.2	34	0.26	24.67
灰质泥岩	23 100	0.87	0.8	21	0.36	6.75
煤	14 000	0.95	1.1	30	0.29	13.54
泥岩	23 800	2.0	1.4	32	0.28	16.56
中粒砂岩	24 300	8.34	2.2	35	0.26	25.89
粗砂岩	24 300	8.0	2.1	34	0.27	23.54

　　模型相似比的选择以岩石抗压强度、抗拉强度、密度、几何条件为主,在满足上述参数相似的同时,应使模型与原型的边界条件及初始条件相似。根据相似理论、岩石力学参数、实验架规格和模拟条件,相似参数定为:几何相似常数 $a_L = 300$,密度相似常数 $a_Y = 1.37$,应力相似常数 $a = a_L \times a_Y = 300 \times 1.37 = 411$。模型设计高度 90 cm,长 100 cm,宽 12 cm,可以模拟高度 270 m,长度 300 m 的开采范围,模型填装如图 3-10 所示。模型材料以石英砂作为骨料,石膏、碳酸钙作为胶结材料,和水按一定比例配制而成,分层铺设于模型架中,层与层之间撒入云母粉模拟层面。模型填装尺寸、顺序及材料配比如表 3-5 所列。配比中粉细砂岩取 737,即表示石英砂占 7/8;石膏、碳酸钙共占 1/8,其中石膏占 3/10,碳酸钙占 7/10。

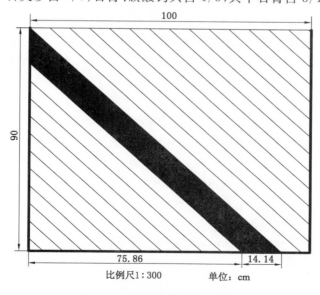

图 3-10　模型填装尺寸示意图

　　由于模拟煤层平均倾角 45°,直接进行模型填装非常困难。因此,填装时先将模型翻转45°,水平填装各分层,分层厚度 1～2 cm。待模型填装完毕后再将模型水平放置,抽出部分宽度 10 cm 的有机玻璃板,待模型晾干后即可做实验。

表 3-5 岩层顶底板岩性及配比

岩层类别	岩性描述	厚度/m	配比	骨胶比	石膏/大白粉	配料/kg 石英砂	石膏	碳酸钙	粉煤灰
基本顶	粉砂岩	24	828	8/1	2/8	9.6	0.48	1.92	
	粉细砂岩	18	828	8/1	2/8	7.2	0.36	1.80	
	中砂岩	21	837	8/1	3/7	8.4	0.63	1.47	
	砂质泥岩	5.4	928	9/1	2/8	2.43	0.08	0.32	
直接顶	细粗砂岩	4.5	837	8/1	3/7	1.8	0.09	0.21	
	灰质泥岩	3.0	837	8/1	3/7	1.2	0.06	0.14	
煤层	煤	30	20:1:5:20	40/6	1/5	6.5	0.33	1.65	6.5
底板	泥岩	3.0	928	9/1	2/8	1.2	0.04	0.16	
	中粒砂岩	4.8	937	9/1	3/7	1.8	0.08	0.18	
	粗砂岩	42	837	8/1	3/7	16.8	1.26	2.94	

3.4.2 实验现象及分析

模型模拟地面标高为 +800 m,模拟开采工作面分段高度 30 m。首采分段工作面上部标高为 +721 m,采高 2.5 m。模拟在 120 m 垂高范围内,共模拟 4 个分段工作面开采。模拟实验为保证与水平分段放顶煤开采的相似性,采用有计划地由浅至深逐步开挖。模型填装完毕后如图 3-11(a)所示。

首分段工作面开采后,顶煤体在矿山压力作用下破碎垮落,呈现拱式垮落体系的特征,如图 3-11(b)所示。随着拱式体系的上移,直接顶向采空区侧膨胀变形,引起直接顶与基本顶沿层面的离层。离层随着顶煤的垮落逐渐加剧。当拱顶上移至距首分段工作面上部标高(+721 m)6 m 左右时,直接顶岩层受拉破坏后在自重作用下垮落并堆积在采空区底部靠顶板侧[图 3-11(c)]。

二分段工作面开采过程中,可明显看出顶煤在矿山压力作用下以拱的形式垮落破坏,拱的上移过程即为顶煤的垮落过程。靠底板侧煤体由于煤层底板的支承作用,不同于靠顶板侧煤体的悬空状态,其破坏及垮落受到一定的抑制,成为不易垮落的三角煤[图 3-11(d)]。随着顶煤体的垮落,顶板岩层离层加剧。当拱在上移过程中不足以支承顶底板的挤压作用时,基本顶垮落,工作面产生矿压显现,上部垮落角 70°,下部垮落角 65°,工作面产生永久残煤损失[图 3-11(e)]。岩层破坏过程同时表明基本顶岩层的破断是拉裂隙产生并沿走向发展的过程。岩层受上方载荷作用产生离层过程中,其上支承端(朝顶板侧)及中间部分(靠采空区侧)有细小的拉裂纹产生。岩层断裂后并没有直接垮落,而是形成一"铰接"结构。当岩层垮落后,断裂部位基本上位于离层岩层上方固支端及岩层的中间部分,其方向与工作面推进方向一致。采空区底部靠顶板侧破碎垮落岩石堆积在最初垮落的直接顶岩石上,岩层的破坏呈现出板破断的特征。顶板岩层破坏后的整体垮落形态为一不等高的平底拱形。基本顶中存在一拱形结构。由于拱结构的存在,拱所承担的上覆层荷载由上下拱脚处承担,将引起上下拱脚处支承压力的升高。拱内岩层在应力释放过程中向采空区卸载变形,暴露岩板

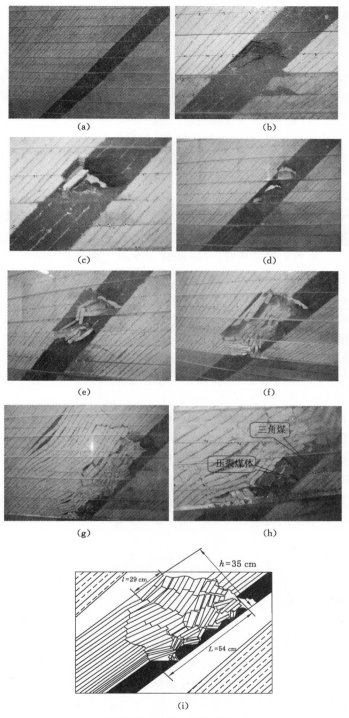

图 3-11　45°煤层分段工作面开采围岩破坏过程

（a）模型正视图；（b）顶煤的拱形破坏；（c）直接顶垮落；

（d）三角煤的形成；（e）基本顶初次垮落；（f）基本顶二次垮落；

（g）围岩大范围围垮落形态；（h）受压剪破坏煤体；（i）围岩垮落图

承受的上覆层荷载是由作用在其上方的拱内岩层传递的。因此分段开采后形成拱脚横跨采空区上下端的不等高卸载拱。而且当基本顶垮落后，一部分三角煤被垮落矸石压实，成为损失三角残煤。损失煤量占 30 m 段高范围内整体煤量的 1/5 左右。

三分段开采后，由于煤体开采部分斜长的增加，卸载拱下拱脚下移。当卸载拱下拱脚下移后，顶煤体所受拱内岩体的压力作用将增大，因此第三分段顶煤体的垮落相对于一、二分段要容易。当煤体中的拱结构在上移过程中不足以支承拱压时，基本顶再次垮落，岩层垮落程度较二分段开采时剧烈，工作面产生矿压显现，上部及下部垮落角角度变小。卸载拱相对于二分段开采时的卸载拱跨长增加，拱高增大，拱顶上移。同时，由于顶煤体容易垮落，三角煤的损失相比于上分段有所减少［图 3-11(f)］。

四分段开采过程中，在上覆岩层压力作用下，顶煤体垮落相对容易。但随着煤体中拱的上移，基本顶将产生大范围垮落［图 3-11(g)］。此分段开采顶煤体中拱的最终上移距离相比于前三个分段要小，最终导致顶煤体中 8 m 左右的煤体在顶板巨大压力作用下受压剪作用破碎后伴随大量的垮落岩层而垮落，无法实现顶煤的有效放出。而未压裂的三角煤成为永久残煤损失［图 3-11(h)］，围岩垮落整体如图 3-11(i)所示。

3.4.3 实验结论

通过对 45°煤层围岩变形破坏的相似模拟实验研究，得出主要结论如下：

（1）小型模拟架采用石英砂作为骨料，石膏、碳酸钙作为胶结材料，其配比能满足相似条件的需要，实验结果是可取的。

（2）对于倾角 45°的急斜煤层，三角煤损失是抑制大段高开采的主要原因之一。

（3）45°急斜煤层由于岩层受到较大的法向力作用，顶板在开采过程中变形破坏严重。下方工作面在大段高开采过程中，随着顶煤体中拱结构的上移，最终造成一大部分顶煤体在顶板岩层压力作用下瞬间破碎垮落，并被大量的垮落岩石包围覆盖，该部分煤体不能采出，工作面采出率大幅下降，使大段高开采在该类倾角煤层开采的有效程度大为降低。

（4）45°急斜煤层大段高开采时，开采工作面所在段高内的采空区基本由本分段范围内的顶板垮落岩层占据，上分段采空区的垮落煤矸体不易沿槽形采空体向下方采空区滑移，造成围岩变形破坏的影响范围较大。

（5）45°急斜煤层大段高开采中，随着分段工作面的下移，顶板岩层将形成大范围垮落，该类煤层不适合于段高提升至 30 m 的大段高开采。

3.5 倾角 65°煤层开采实验研究

实验研究以乌鲁木齐矿区六道湾井田开采为例。六道湾井田地面标高在 +780～+850 m 之间，平均 +810 m。实验选择二组煤进行实验，它由三层合并构成，自下而上命名为 B4、B5、B6 煤层，统称为 B4+6 煤层，煤层结构简单、稳定，变化不大，属稳定煤层。该煤层与 B3 煤层相距 4.8～6.6 m，煤层厚度为 35.65～46.6 m，平均厚度 40.19 m，由东向西有变薄的趋势，往深逐步增厚，内含夹矸 3～8 层，厚度为 0.07～2.5 m。煤层伪顶为碳质泥岩(0.1～0.5 m)，直接顶板为粉砂岩，直接底板为泥岩或砂质泥岩，基本底为粉砂岩或细砂岩。

六道湾煤矿矿井开拓方式采用立井阶段石门开拓，矿井共划分为 4 个水平，阶段高度约为 100 m，分别为：+650 m 水平、+540 m 水平、+430 m 水平、+300 m 水平，其中 +650 m 水平已采完,如表 3-6 所列。

表 3-6   矿井水平阶段划分

水平名称	运输回风水平标高/m	阶段高度/m	备注
第一水平	＋650～＋750	100	已采完
第二水平	＋540～＋650	120	已采完
第三水平	＋430～＋540	120	深部生产水平
第四水平	＋300～＋430	130	深部未采水平

六道湾煤矿经过半个多世纪的地下开采,生产水平已由浅部水平转至深部＋540 m 开采水平。经过近半个世纪的地下开采,六道湾煤矿已形成超过 3 km²,即 4 500 多亩的大片塌陷区,特别是南部两组急斜特厚煤层开采形成的条带状深塌陷坑,严重制约着乌鲁木齐市区内的发展。为此,六道湾煤矿在没有进行水平延伸的情况下,提前对下水平煤体进行了大段高放顶煤开采。工作面分段高度由水平标高＋540 m 的 15～17 m 进一步增加至＋510～＋540 m 分段工作面的 30 m 段高。为研究大段高的可行性和大段高开采下围岩破坏发展的规律,以及与普通段高(15 m)开采下围岩破坏发展的不同之处,有必要对 B_{4+6} 煤层进行相似模拟实验,以期对不同段高取值下围岩破坏发展的全过程有一个全面深入的了解。

3.5.1 模型填装设计

模型在西安科技大学自行设计的急斜煤层专用模拟实验架上进行。模型设计尺寸为长×宽×高＝250 cm×20 cm×200 cm,可模拟 45°～90°范围内任意倾角煤层的模拟开采。模型几何相似比取 1：300。模型设计分段高度在＋540 m 标高之上的工作面取 15 m 段高,在＋540 m 标高之下的工作面取 30 m 段高。B_{4+6} 煤层厚度取 40 m,倾角平均为 65°,与 B_3 平均间距 5 m。B_5 与 B_6 平均间距 3 m,B_4 与 B_5 平均间距 0.5 m,与 B_7 平均间距离 96 m。其中 B_3 平均厚度 5 m,B_4 平均厚度 5 m,B_5 平均厚度 19 m,B_6 平均厚度 13 m。B_7 平均厚度 3 m(厚度及间距均为水平值)。模型填装如图 3-12 所示。以前面岩石力学参数的确定过程

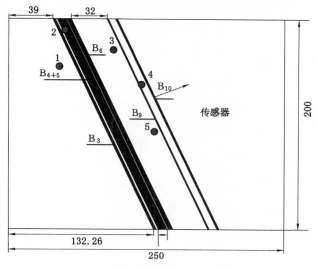

图 3-12 模型填装示意图(比例尺 1：300,单位:cm)

以及原新疆煤矿设计院所提供的资料,取模拟矿区的煤岩物理力学参数如表 3-7 所列。

表 3-7 　　　　　　　　　六道湾煤矿 B_{4+6} 煤层煤岩物理力学参数

岩　性	视密度/(N/m³)	弹性模量/GPa	内聚力/MPa	内摩擦角/(°)	泊松比	抗压强度/MPa
砂岩	25 200	10.42	3.2	36	0.22	35.53
碳质泥岩	23 200	7.54	1.5	32	0.28	17.34
B_{4+5}煤层	14 000	0.93	1.2	30	0.29	13.13
碳质页岩	23 500	2.32	1.0	31	0.31	12.45
B_6煤层	14 500	1.13	1.4	32	0.27	14.75
砂质泥岩	23 700	4.56	1.2	29	0.29	15.78
粉砂岩	24 300	11.5	3.6	37	0.21	38.56

B_{4+6} 煤层直接顶为砂质泥岩,厚度 $1\sim3$ m,配比为 $9:2:8$;基本顶为粉砂岩,配比 $8:2:8$;直接底为碳质泥岩,厚度 1 m,配比取 $9:3:7$;基本底为砂岩,配比取 $8:2:8$;若每次填装水平高度 1 cm(面积为 200 cm²,厚度 20 cm),配比取 $9:2:8$,视密度 1 600 kg/m³ 时,砂子 5.76 kg,石膏 0.128 kg,大白粉 0.512 kg;配比取 $8:2:8$,视密度 1 600 kg/m³ 时,砂子 5.69 kg,石膏 0.142 kg,大白粉 0.568 kg。模型填装顺序如表 3-8 所列。

表 3-8 　　　　　　　　　　模拟填装顺序(自模型顶至底)

序号	岩性	水平厚度/m	配比	骨胶比	序号	岩性	水平厚度/m	配比	骨胶比
1	粉砂岩	176.22	728	7/1	7	B_6	12.9	20:1:5:20	40/6
2	B_{10}煤层	4.8	20:1:5:20	40/6	8	砂质泥岩	3.0	928	9/1
3	砂质泥岩	21.0	928	9/1	9	B_{4+5}	24.0	20:1:5:20	40/6
4	B_9煤层	3.0	20:1:5:20	40/6	10	碳质泥岩	5.0	937	9/1
5	粉砂岩	94.0	728	7/1	11	B_3	5.0	20:1:5:20	40/6
6	砂质泥岩	2.0	928	9/1	12	砂岩	397.0	828	8/1

3.5.2　围岩变形破坏监测设计

模拟实验借助声发射检测仪对围岩变形破坏的过程进行实时检测。在自然界中,声发射(acoustic emission,AE)是普遍存在的一种物理现象。声发射作为研究材料变形破坏过程中积蓄起来的应变能所释放声音传播的一项技术,是对物体内破坏能量释放而输出声波的研究。20 世纪 50 年代德国凯撒(Kaiser)最早在铜、锌、铝、铅、锡、黄铜、铸铁和钢等金属以及合金在形变过程中发现有声发射现象[76-79]。20 世纪 70 年代,杜内根(Dunegan)等人开展了现代声发射仪器的研制,现代声发射仪器的研制成功为声发射技术从实验室的材料研究阶段走向在生产现场监视大型构件的结构完整性阶段创造了条件。声发射技术发明以来,最初主要用于对材料内部结构、缺陷或潜在缺陷运动变化过程进行监测。1963 年,古德曼(Goodman)证实岩石也具有 Kaiser 效应,从而为测量岩石应力提供了一种新方法,随后该方法逐渐扩展到矿山岩体力学的过程研究。

岩体作为非均质固体材料,在变形破坏过程中会产生一系列声发射信号。岩石的受力状态以及岩石的结构特征通过声发射可以反映,而地层中的应力可通过声发射 Kaiser 效应[80-84]表现。研究表明,岩石结构影响岩石的力学性质,岩石破坏的规律可以通过岩石破坏过程中产生的声发射携带着的大量岩石变形破坏的信息来反映[85-87]。声发射信号的强弱与岩体特征及受力状态有关。在岩体结构受力破坏的不同时段,其声发射信号的强弱程度是不相同的。对岩体的声发射过程进行监测分析可以预测岩体的稳定性,这也正是岩体稳定性监测的物理基础。

在地下开采中,当煤体开采后,临空的顶底板岩层内部将伴随裂隙萌生、扩展及断裂的过程,其中会产生声发射现象[88-93]。研究岩石破坏过程的声发射前兆特征、声发射参数与岩石破裂之间的关系,可以为煤层开采过程中的岩移特征研究提供依据。

在岩体垮落声发射预测预报中,通常用到的监测参数包括以下几种:

(1)总事件:单位时间内仪器检测到的声发射事件累计次数,反映声发射频率,是岩体出现破坏时的重要标志。

(2)大事件:单位时间内超过一定幅度的声发射次数,大事件占总事件的比例预示了岩体内部变形和破坏的趋势。

(3)能率:单位时间内仪器检测到的声发射能量的相对累计值,反映声发射能量,是岩体破坏速度和大小变化程度的重要标志。

(4)累计能量:在某一特定时间间隔内所有事件的声发射能的和。

(5)声发射幅度:在任一时间内所记录到每一事件的最大振幅。

(6)声发射能量:在任一时间内事件振幅的平方。

模拟实验中,声发射数据采集通过电子仪器,从声源发出的弹性波被置于物体表面的传感器接收后转换为电信号,经信号放大器处理后,首先由滤波器去除背景噪声等无效信号,然后对有效信号放大后经计算机处理形成各种声发射信号参数。声发射传感器布置如图3-12所示,共布置 1~4 号 4 个传感器,而 5 号位置为 3 号传感器所在区域岩体破坏后的下移位置。

3.5.3 实验过程及现象

模拟井田地面标高 + 810 m。实验共模拟三个水平的开采,其中第一水平(+650~+750 m)分为七个分段开采,段高分别为 15 m、15 m、15 m、15 m、15 m、15 m 和 10 m;第二水平(+540~+650 m)分为七个分段开采,段高分别为 20 m、15 m、15 m、15 m、15 m、15 m 和 15 m;第三水平(+430~+540 m)为深部水平开采,划分为四个分段,段高分别为 30 m、30 m、30 m 和 20 m。由于现场浅部(地表下 60 m 范围内)煤体经受了小煤矿的乱采,有大量的煤矿积水,模拟开挖前一天对露头处煤体进行了注水,当水体完全渗透第一开采水平时,注水停止,开始第一水平开采。

第一水平阶段高度 100 m。首分段开采后,顶板岩层观测无明显变化,围岩稳定;二分段开采过程中,直接顶岩层向采空区膨胀变形,部分岩层垮落并堆积在工作面下方未采煤体顶部,如图 3-13(a)所示;第三分段开采后,直接顶岩层持续垮落发展至基本顶岩层。

至第四分段开采时,基本顶岩层的垮落持续沿顶板岩层法向方向扩展。开采完毕后,测其上部垮落角 70°,下部垮落角 45°,垮落高度(沿岩层垂直方向)距煤层顶板 6.9 m,如图3-13(b)所示;第五分段开采后,观测到基本顶岩层产生离层现象,离层裂隙距煤层顶板10.5 m,如图 3-13(c)所示;第六分段开采过程中,五分段开采时形成的离层岩层垮落,破坏继续朝基本顶上位岩层发展,在距煤层顶板 16.5 m 处产生新的离层岩层,如图 3-13(d)所示,离层岩层局部放大如图 3-13(e)所示;第七分段开采后,上分段开采时产生的离层岩层垮落,垮落高度距煤层顶板 18 m,上部垮落角 70°,下部垮落角 55°。顶板的垮落呈现非对称性特征,即顶板岩层的下方断裂位置并非位于第七分段的下部水平标高处,而是接近第六分段的上部水平标高位置,如图 3-13(f)所示。

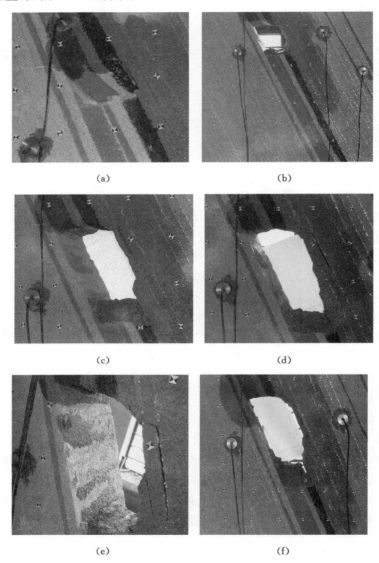

图 3-13　第一水平开采岩层变形破坏过程
(a) 直接顶垮落;(b)基本顶下位岩层垮落;(c)基本顶岩层离层;
(d) 离层向上位岩层扩展;(e)离层岩层局部放大;(f)基本顶非对称性垮落

第二水平阶段高度 110 m,分七个分段开采。首分段开采过程中,距煤层顶板 24 m 处产生新的离层岩层,至开采结束时,离层间隙最大间距 0.9 cm,长 58.5 m,如图 3-14(a)所示。第二分段开采后,上分段开采时的离层间隙扩展并垮落,岩层表现出明显的板破断特征。顶板岩体垮落后呈平底拱形,拱形平底距煤层顶板25.5 m,沿倾斜(层理)方向的垮落长度为31.2 m。地表浅部由于小煤矿开采所留置的60 m煤柱体成为平底拱形的上支承端,受临空岩体挤压后呈拱形垮落,拱顶垮落高度15.3 m。距煤层顶板31.5 m处产生离层,如图3-14(b)所示。第三分段开采过程中,距煤层顶板31.5 m处发生离层的岩层以板破断形式垮落,同时距煤层顶板36 m处产生新的离层。预留煤柱体受顶底板挤压破碎后持续垮落,拱顶向地表浅部方向发展,拱顶高度25.5 m。整体来看,围岩垮落后的非对称平底拱形的形态已非常明显,拱的平底并非位于开采区域的中间部分,而是向地表浅部偏移,平底沿倾斜(层理)方向的垮落长度为34.7 m。围岩破坏在垂直方向上朝地表浅部方向发展,在顶板侧垂直于岩层层理方向发展,如图3-14(c)所示。第四分段开采过程中,第三分段开采时产生的岩层离层间隙扩展,同时在其上位岩层中又产生2条离层间隙,距煤层顶板分别为45 m和51 m,说明四分段开采过程中,围岩破坏加剧,如图3-14(d)所示,离层局部放大如图3-14(e)所示。第五分段开采过程中,离层岩层在自重作用及采动影响下,其间隙逐渐扩展,岩层最终垮落。顶板拱形平底距煤层顶板90 m(沿垂直岩层方向),如图3-14(f)所示。顶板岩层垮落后,在收口处对顶板岩层形成较强的支承,如图3-14(g)所示。开采后期,预留煤柱体受顶底板挤压后破碎加剧并垮落,地表形成深槽形塌陷坑。塌陷坑位于地表覆盖顶底板间102 m长范围,距地表最深处115 m,如图3-14(h)所示。第六分段开采后,深槽形塌陷坑内垮落岩体朝六分段开采后形成的采空区下移,下移通道正好占据六分段采出的煤体部分。第七分段开采后,塌陷坑内垮落岩体进一步沿煤体采出后形成的通道下移,致使靠顶板侧岩体朝采空区的运动受到抑制。同时地表塌陷范围进一步扩大,在顶板侧延伸至B_9煤层,如图3-14(i)所示。由图3-14(i)可明显看出,岩体采空部分在垮落过程中产生了阶梯状收口。地表垮落后,收口处阶梯受到了垮落体的支承作用,收口之下的第六、七分段开采后,其顶板侧临空的岩层受到了沿槽形采空区下移岩块的支承作用,其运动受到抑制,顶板岩层稳定性得到暂时的延续。

第二水平开采过程中,3号传感器所监测到的总事件与时间的变化关系如图3-15所示。由图可知,在27~28 h之间所监测到的声发射总事件(最大值)值呈现突然的增长趋势。该时间间隔正好为第二水平第四分段工作面开采过程。该工作面开采过程中,岩层破坏加剧,说明岩层破坏时伴随着能量的急剧释放。

第三水平阶段高度110 m,首分段工作面段高增至30 m。开采过程中,由于收口处顶板岩层受到了槽形塌陷坑内岩块的支承作用,该处岩层的离层回转受到抑制。首分段开采后的槽形采空区由收口处开始被塌陷坑内岩块沿槽形采空体下移充填,岩层的回转运动受到抑制;第二至第四分段开采过程中,塌陷坑内垮落体持续沿各分段工作面开采后形成的槽形采空体下移,对顶板岩层形成充填支承作用,使得大段高开采时避免了顶板大范围垮落的危险,大段高开采首先在岩层控制方面得到了可靠保障。第二分段开采后围岩垮落状态如图3-16(a)所示,第四分段开采后围岩垮落状态如图3-16(b)所示。同时,地表塌陷坑范围进一步扩大,顶板最大垮落处距原煤层顶板111 m(沿垂直岩层方向),最深处距地表123 m,地表槽形塌陷向喇叭口形塌陷转变,如图3-16(c)所示。

3.5.4　实验结论

模拟实验表明,倾角65°的急斜煤层进行大段高开采是可行的。实验得出主要结论

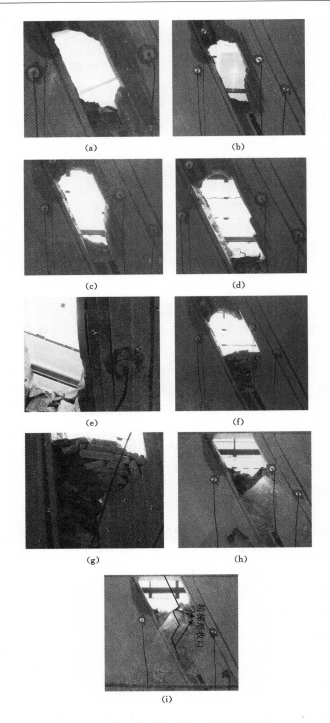

图 3-14　第二水平开采岩层变形破坏过程

(a) 基本顶岩层离层扩展；(b) 二分段采后围岩垮落形态；(c) 三分段采后围岩垮落形态；

(d) 四分段开采中围岩破坏加剧；(e) 离层局部放大；(f) 五分段开采中离层岩层垮落；

(g) 垮落岩层在收口处的支承；(h) 五分段采后地表槽形塌陷；(i) 采后围岩及地表垮落形态

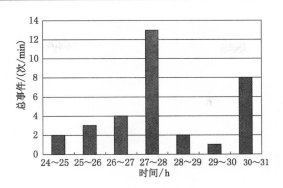

图 3-15　声发射总事件-时间关系

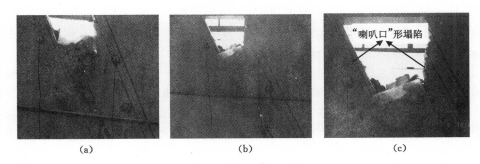

图 3-16　三水平开采完毕后围岩及地表变化情况

(a) 二水平采后围岩垮落形态；(b) 三水平采后围岩垮落形态；(c) 地表槽形至喇叭口形塌陷

如下：

(1) 急斜煤层开采初期，顶板岩层垮落形态呈非对称平底拱形。平底向地表浅部方向偏移，岩层破断时呈现板破断特征。

(2) 随着开采向下分段进行，顶板垮落范围增大，地表预留煤柱体破碎垮落后地表形成塌陷坑。塌陷坑浅部形态呈槽形，深部岩层顶板侧产生阶梯形收口；顶板垮落过程中的阶梯形收口是相对移动的。在地表形成大面积深槽形塌陷坑前，阶梯形收口并不能得到顶板垮落岩块的有效支撑，阶梯形收口向深部水平下移；当地表形成大面积深槽形塌陷坑后，巨大的垮落煤岩体将形成对收口处岩层的有效支承，收口之下的分段放顶煤工作面的顶板岩层将受到沿煤体开采后形成的槽形采空区下移的岩块的支承作用，其稳定性得到暂时延续。而收口处的顶板岩层在得到塌陷坑内垮落体的有效支撑后，有助于防止地表塌陷坑面积的进一步扩大。

(3) 阶梯形收口之下的分段工作面，即便是大段高工作面，只要段高所在范围内顶板岩层能保持稳定，开采后上方采空区域的岩块就能沿下分段工作面开采后形成的槽形采空区下移充填，对顶板岩层形成有效支承，从而在岩层控制方面保证了急斜煤层大段高开采岩层的稳定性。

(4) 倾角 65° 急斜煤层，地表最初垮落后形成底部为阶梯形收口的深槽形塌陷坑。后期开采中，由于收口作用，深槽形塌陷坑向深部采空区的移动受到抑制，收口之上靠顶板侧岩层受采动及风化影响向塌陷坑垮落，从而使深槽形塌陷坑向喇叭口形塌陷坑转变。

（5）收口处岩块对顶板岩层的支承作用，由于下分段开采过程中岩块向槽形采空区的不断下移，强度随之降低，收口处岩层将垮落，塌陷坑面积将进一步扩大。

（6）从倾向方向来看，地表产生沉陷的广度与深度都将随着分段工作面向下部水平延伸而增大。但实验表明沉降的幅度随着分段工作面向下部水平延伸呈现逐步减小的趋势。

（7）倾角 65°急斜煤层，顶板岩层一旦失去阶梯形收口处垮落体的支撑作用，塌陷坑靠顶板侧岩层仍然面临大范围垮落的危险。

3.6　倾角 84°煤层开采实验研究

模拟实验以乌鲁木齐矿区碱沟煤矿开采为例。碱沟煤矿井田位于乌鲁木齐矿区中部，东西走向长 4 560 m。井田东起芦草沟河床，与小红沟煤矿相邻，西部边界为苇湖梁煤矿；南起 B$_8$ 煤层露头线以南 200 m，北止 B$_{34}$ 煤层露头线以北 500 m，南北宽 1 805 m。井田面积 8.23 km^2，海拔在 ＋735～＋854 m 之间。

如图 3-17 所示，实验选取西一采区 ＋650 m 水平西一石门的 B$_{18}$、B$_{19}$ 和 B$_{20}$ 煤层。B$_{19}$ 和 B$_{20}$ 煤层总厚度 10.8～11 m，平均厚 10.9 m，其中 B$_{19}$ 煤层厚 5.0 m，B$_{20}$ 煤层厚 5.9 m，煤层倾角 83°～85°，平均 84°。煤层赋存稳定，节理发育，性脆局部较破碎。B$_{20}$ 煤层顶板有一层约 0.2 m 的灰黑色碳质泥岩伪顶，松软易垮落，其上基本顶为 80 m 中砂岩和细砂岩。B$_{19}$ 和 B$_{20}$ 煤层之间为厚度 1.25～1.35 m 泥岩，B$_{19}$ 煤层底板与 B$_{18}$ 煤层间隔 1.5 m 为碳质页岩。

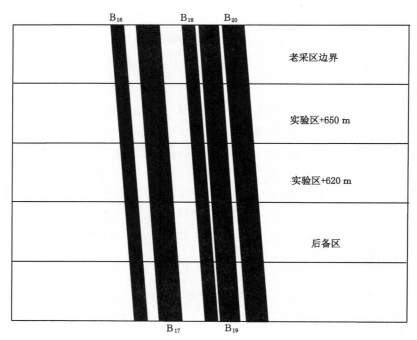

图 3-17　实验模型建议装置方案

3.6.1　模型填装

模拟实验在西安科技大学岩层控制重点实验室进行。按前面岩石力学参数的确定过程以及原新疆煤矿设计院所提供资料,取模拟矿区的煤岩物理力学参数如表 3-9 所列。模型几何比取 1:50。模拟材料配比:煤 20:1:5:20;中砂岩 646;细砂岩 637;砂质页岩 737;碳质页岩 828。实验长度比取 1:300,模型填装如图 3-17 所示,各层填装顺序如表 3-10 所列。

表 3-9　　　　　　　　　　碱沟煤矿 B_{19}、B_{20} 煤层煤岩物理力学参数

岩　性	视密度/(N/m³)	弹性模量/GPa	内聚力/MPa	内摩擦角/(°)	泊松比	抗压强度/MPa
中砂岩	24 300	9.54	2.7	37	0.24	31.96
B_{16}煤层	14 000	0.95	1.1	30	0.29	13.54
砂质页岩	22 700	5.89	1.4	33	0.26	17.78
B_{17}煤层	14 000	0.99	1.3	30	0.30	13.23
细砂岩	24 800	13.8	4.3	41	0.17	41.78
B_{18}煤层	14 000	0.97	1.2	30	0.28	13.63
砂质页岩	22 900	5.94	1.3	33	0.27	17.48
B_{19}煤层	14 000	0.98	1.2	31	0.29	13.67
砂质页岩	22 900	5.94	1.3	33	0.27	17.48
B_{20}煤层	14 000	1.01	1.3	32	0.29	14.12
碳质页岩	23 500	6.32	1.4	34	0.26	18.45
中砂岩(顶)	24 100	9.23	2.5	34	0.25	29.45

表 3-10　　　　　　　　　　模拟填装顺序(自顶至底)

序号	岩性	水平厚度/m	配比	骨胶比	序号	岩性	水平厚度/m	配比	骨胶比
1	中砂岩	80	646	6/1	7	B_{18}煤层	4.25	20:1:5:20	40/6
2	碳质页岩	0.2	828	8/1	8	细砂岩	5.15	637	6/1
3	B_{20}煤层	5.9	20:1:5:20	40/6	9	B_{17}煤层	6.05	20:1:5:20	40/6
4	砂质页岩	1.25	737	7/1	10	砂质页岩	2.95	737	7/1
5	B_{19}煤层	5.0	20:1:5:20	40/6	11	B_{16}煤层	2.65	20:1:5:20	40/6
6	砂质页岩	1.5	737	7/1	12	中砂岩	3.0	646	6/1

3.6.2　实验现象及分析

模型填装完毕后如图 3-18(a)所示,实验为大段高开采。首先对 +650 m 水平 B_{19} 和 B_{20} 煤层进行联合开采,然后单独开采 B_{18} 煤层。对于 +670 m 水平以上的煤,按照现场实际已被小煤矿开采所破坏而做了技术处理。如图 3-18(b)所示,+650 m 水平 B_{19} 和 B_{20} 煤层联合开采过程中,+670 m 水平以上所残留煤柱体受采动影响很快向采空区垮落,地表形成深槽形塌陷坑。塌陷坑受地表影响区域在 B_{19} 和 B_{20} 煤层水平厚度范围内,范围为垂直于走向 13.15 m 内,塌陷坑内靠顶板侧岩层 10 m 范围内有细微裂隙产生,但岩层基本上能保持稳定。

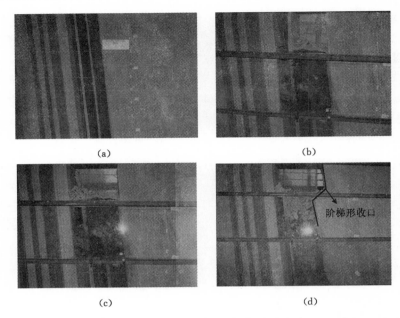

图 3-18　开采过程围岩及地表变化概况

（a）模型填装完毕正视图；（b）B_{19} 与 B_{20} 煤层开采后的深槽形塌陷；

（c）B_{18} 煤层开采后塌陷范围增大；（d）＋620 m 水平 B_{19} 与 B_{20} 煤层开采后围岩状况

B_{18} 煤层单独开采过程中，其＋670 m 水平以上所残留煤柱体及夹矸受采动影响强度减弱，并向塌陷坑内垮落，塌陷坑面积进一步扩大[图 3-18(c)]。

＋620 m 水平 B_{19} 和 B_{20} 煤层联合开采过程中[图 3-18(d)]，煤体采出后的空间得到了塌陷坑内垮落煤矸体沿槽形采空体下移时的有效充填，顶底板的运动受到抑制，稳定性提高。由于塌陷坑内垮落煤矸体的下移，塌陷坑内临空的顶板侧岩层以悬臂梁式折断，塌陷坑面积增大，塌陷范围为垂直于走向 24.2 m 内。同时在顶板侧产生阶梯形收口，收口之下的分段放顶煤工作面的顶板岩层将受到沿煤体开采后形成的槽形采空区下移的岩块的支承作用，其稳定性得到延续。

3.6.3　实验结论

由模拟实验所得主要结论如下：

（1）倾角 84°急斜煤层，由于下方工作面开采后的顶板侧岩层能持续得到上方采空区煤矸体的有效支承，因此此类煤层采用大段高开采在岩层控制方面来说是有保障的。

（2）倾角 84°急斜煤层初期开采时，地表影响范围主要在开采煤层水平厚度范围内。后期开采中，如果收口处顶板岩层不能得到有效支承，地表影响范围将逐步增大。特别是随着分段工作面的下移，当塌陷坑内靠顶板侧岩层的临空面增加到一定程度时，仍然存在顶板岩层大范围垮落的危险。

3.7　顶煤体结构及三角煤可控性研究

煤层作为一种复杂的地质构造体，在漫长的地质发展过程中，因受成岩作用和不同时期不同构造运动的影响,在煤岩体中必然存在着复杂的构造遗迹,因此煤体中将存在层理和其他节理裂隙面,统称为原生裂隙。放顶煤开采过程中,顶煤体受采动影响后又可能增加采动裂隙。这些分布在顶煤体中成因各异、种类不同的弱面将顶煤体分割成具有不同几何形状和不同尺度的空间镶嵌块体。顶煤块体在未暴露之前,受底部煤体的支撑处于静力平衡状态。随着开采过程中下方煤体的采出及支架的前移,总有一部分块体暴露在采空区空间的临空面上。受自重作用、支承压力作用以及支架的反复支撑,边界面上的块体将首先沿某一结构面滑动从而失去原有的静力平衡状态,其失稳又会引起周围块体的连锁反应后造成顶煤体的不断破碎垮落。从总体上讲,放顶煤开采过程中顶煤运移可分为两个基本过程,一是顶煤松动、破坏及垮落的过程。在下方煤体采出后,上方顶煤处于顶底板的夹持作用下,顶煤在矿山压力及自重作用下破坏并垮落。二是顶煤放出过程,当支架放煤口打开后,已破碎的顶煤靠自重作用流入放煤口,其运动形式呈现出散体介质[94-97]特征。

3.7.1 顶煤破碎块度分析

顶煤体在矿山压力作用下,其破碎的块度由下至上逐渐增大,即下位顶煤在矿山压力和自重作用下,以及受到支架反复支撑作用,其破碎的块度要比上位顶煤的块度小。本次模拟借鉴铁厂沟煤矿+688 m水平45#煤层综放工作面(段高18.5 m)开采过程中顶煤的块度分布。通过对工作面隔架分布的5个测站的观测,该工作面上(15~20 m)、中上(5~10 m)、中下(5~10 m)、下(≤5 m)4个层位顶煤的破碎块度如表3-11所列。

表 3-11 　　　　　　　　　　　不同层位顶煤块度均值 　　　　　　　　　　单位:cm

层　位	测站 1	测站 2	测站 3	测站 4	测站 5	均值
下	5	16	20	32	10	16.6
中下	27	32	46	35	49	37.8
中上	35	47	58	68	50	51.6
上	55	75	68	86	95	75.8

3.7.2 模拟设计

如图3-19所示,模拟实验专门制作了急斜煤层顶煤放出模拟的实验架。模型架尺寸设计为长×宽×高=815 mm×488 mm×100 mm,其前后安装固定有机玻璃板。模拟顶底板的两钢板通过调节螺柱可从45°~90°变化,底部开有长条口并覆有可通过抽送的钢片以模拟放顶煤支架放煤。模拟实验中考虑煤体中黏结力差异性影响,将填装两个对比实验模型。

模拟实验工作面分段高度20 m,几何比取1:100。模拟材料采用粉煤灰、石英砂、巴厘石和石膏粉。石英砂及巴厘石作为骨料,粉煤灰用于模拟煤体颜色,石膏粉作为胶结物,四者加水混合后填入模型,石膏粉的不同填加量将影响模拟煤体的黏结力高低。顶煤体中不同层位的煤体块度由巴厘石的尺寸级配决定,如表3-12所列。

表 3-12 　　　　　　　　　　　不同层位巴厘石尺寸级配 　　　　　　　　　　单位:mm

层位	下	中下	中上	上
尺寸级配	1.5~2.5	2.5~4.5	4.5~6.5	6.5~8.5

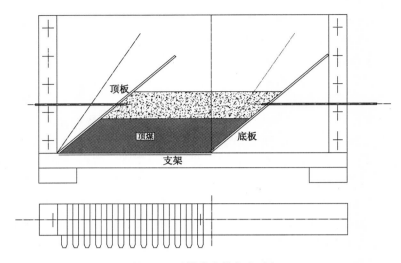

图 3-19　顶煤放出模拟实验架

　　1#模型模拟顶煤体中整个煤体的黏结力是一致的,即填装的单个分层的配比及强度是一致的;2#模型模拟顶煤体中靠底板侧煤体黏结力远小于靠顶板侧煤体黏结力,即填装的单个分层的强度远弱于该分层其他部分,主要观察煤体底板强度变化后三角煤的变化情况。模型填装高度 25 cm,其中顶煤高度 20 cm,分 4 个层位填装,其上方矸体高度 5 cm。

3.7.3　实验现象

3.7.3.1　1#模型实验

　　(1) 1#模型实验过程

　　1#模型填装完毕后,如图 3-20(a)所示。模拟顶煤放出时采用隔架放煤方式。第一轮放煤过程中煤体在放煤口上方呈小范围内的拱形垮落,拱脚落在相应的支架上,如图 3-20(b)所示。第二轮放煤初期[图 3-20(c)],拱脚向顶底板侧移动,拱的范围加大,拱顶向顶煤体上方移动。第二轮放煤末期[图 3-20(d)],拱脚扩展至顶底板侧,拱高达到 8.5 m。第四轮放煤初期,煤体在拱顶上方发生了整体性切落,切落区域呈弧形,切落角 70°。第四轮放煤中期,工作面上方采空区岩块沿放煤过程中煤体切落后形成的弧形间隙滑落[图 3-20(e)],形成底板侧弧形切口的三角煤。第五轮放煤中期,如图 3-20(f)所示,弧形切落区域的弧形切口逐渐演变成直线形,形成底板侧直角形三角煤。

　　(2) 1#模型实验结论

　　顶煤的垮落破坏过程是拱式平衡体系不断被新的拱式平衡体系取代,并且不断向上位顶煤上移的过程。当顶煤的拱式垮落体系发展到煤层的顶底板时,即形成了横跨顶底板岩层的一个暂时平衡的结构,上部顶煤中存在的结构实质上是一拱结构,其最终失稳是必然的,称之为临时平衡拱,低位拱失稳后将被上位拱所取代,拱结构最终将破坏。结构破坏后,1#模型底板侧最终有接近顶煤体 2/7 煤量的直角形三角煤无法放出,工作面采出率可能达不到 60%。

3.7.3.2　2#模型实验

　　(1) 2#模型实验过程

　　2#模型第一轮放煤完毕后煤体垮落情况与 1#模型类似,煤体在放煤口上方呈小范围

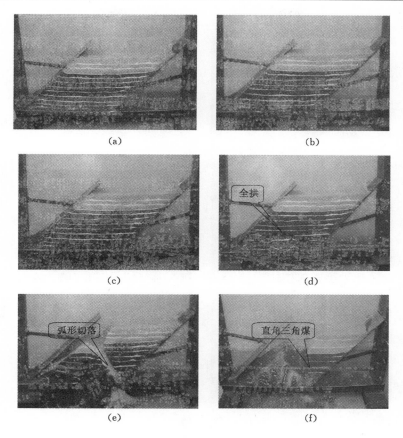

图 3-20　1♯模型实验放煤过程

(a) 采前模型;(b) 第一轮放煤结束;(c) 第二轮放煤初期;

(d) 第二轮放煤末期;(e) 第四轮放煤中期;(f) 第五轮放煤中期

拱形垮落,拱脚落在相应的支架上[图 3-21(a)]。第二轮放煤过程中,拱脚向顶底板侧移动,拱的范围加大,拱顶向顶煤体上方移动。至放煤结束[图 3-21(b)],形成横跨顶底板侧的拱形垮落区域,拱高 5 m。第四轮放煤初期[图 3-15(c)],煤体中裂隙发育明显,煤体呈大块状垮落,至第四轮放煤结束[图 3-21(d)],顶煤的垮落由拱形向半拱形发展。第五轮放煤过程中[图 3-21(e)],煤体在半拱右上方发生了切落,切落角 45°,形成底板侧弧形三角煤体。工作面上方采空区岩块最先沿煤体切落后形成的弧形间隙滑落。第六轮放煤完毕后如图 3-21(e)所示,底板侧弧形三角煤演变为直角三角煤,且不能放出。

(2) 2♯模型实验结论

顶煤的垮落破坏最初发展为横跨顶底板岩层的一个暂时平衡的结构,即临时平衡拱,该拱为全拱。后期放煤过程中,顶煤垮落形态由全拱向半拱转化。半拱结构破坏后,2♯模型底板侧最终有接近顶煤体 1/7 煤量的直角三角煤无法放出,工作面采出率可能超过 75%。因此在靠底板侧煤体经弱化处理后,垮落拱靠底板侧拱脚得到有效上移,底板侧煤体与垮落拱的弧形切落点上移,损失的三角煤体相比于 1♯模型减少 1/7 左右,但无法实现三角煤的完全有效放出。

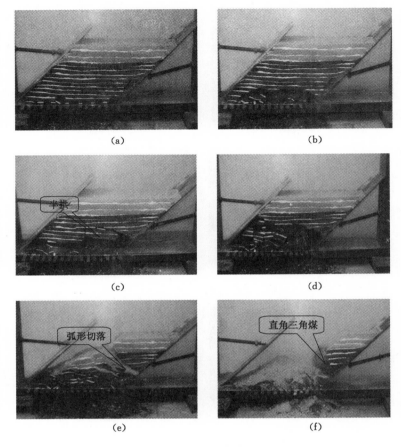

图 3-21 2[#]模型实验放煤过程

（a）第一轮放煤末期；（b）第二轮放煤结束；（c）第四轮放煤初期；
（d）第四轮放煤结束；（e）第五轮放煤中期；（f）第六轮放煤完毕

3.7.4 实验结论

由放顶煤实验可得出的主要结论如下：

（1）顶煤的垮落破坏过程是旧的拱式平衡体系不断被新的拱式平衡体系取代，并且不断向上位顶煤上移的过程，称为临时平衡拱。低位拱失稳后将被上位拱所取代，拱结构最终会破坏。

（2）预先对底板侧煤体进行强度弱化处理，使顶煤垮落拱形态由全拱形向半拱形扩展，将有助于减少底板侧三角煤损失。

（3）倾角接近急斜煤层下临界角（45°）的急斜煤层，三角煤损失带来的影响无法有效去除，对大段高开采的影响较为严重。

3.8 顶煤放出实验

3.8.1 物理模拟放煤实验的相似条件

根据相似理论，如果现场放煤和实验室模拟放煤两个系统相似，应满足以下 3 个条件：

（1）两个系统相互对应的几何尺寸的比值和物理量的比值为一常数。如以 L 表示原型某处尺寸，以 L_m 表示模型相对应的尺寸，以 K 表示原型物理量，K_m 表示模型相对应的物理量，则原型和模型的对应位置相似常数相等：

$$C_1 = \frac{L_1}{L_{m1}} = \frac{L_2}{L_{m2}} = \cdots = \frac{L}{L_m} \tag{3-8}$$

$$C_k = \frac{K_1}{K_{m1}} = \frac{K_2}{K_{m2}} = \cdots = \frac{K}{K_m} \tag{3-9}$$

（2）各相似常数之间要遵守一定的关系，这一关系是由反映该系统的物理方程式表示的。

（3）起始条件和边界条件相似。

3.8.2　自重放煤模型实验的相似条件

（1）有关相似常数或模拟比是一常量。

放煤是顶煤介质借助重力作用流出的过程，影响该过程的因素有几何尺寸 L、松散体的外力 F、正应力 σ、剪应力 τ、内聚力 c、内摩擦角 φ、外摩擦角 φ_w、松散物料的视密度 γ 或密度 ρ、质量 m、顶煤块体运动速度 v、加速度 a、位移 s 和时间 t。由相似常数可得如下关系：

$$\begin{cases} L = C_1 L_m, F = C_F F_m \\ m = C_m m_m, \rho = C_\rho \rho_m \\ \gamma = C_\gamma \gamma_m, \sigma = C_\sigma \sigma_m \\ \tau = C_\tau \tau_m, c = C_c c_m \end{cases} \tag{3-10}$$

$$v = C_v v_m, a = C_a a_m, t = C_t t_m$$

$$\varphi = C_\varphi \varphi_m, \varphi_w = C_{\varphi w} \varphi_{wm}$$

（2）推导相似常数关系式。

在确定的运动条件下，顶煤介质的运动状态方程为：

① 运动方程（第一、第二运动方程）：

$$X - \frac{1}{\rho}\left[\frac{\partial \sigma_x}{\partial x} + \frac{\partial \tau_{xy}}{\partial y}\right] = \frac{\partial v_x}{\partial t} + v_x \frac{\partial v_x}{\partial x} + v_y \frac{\partial v_x}{\partial y} \tag{3-11}$$

$$Y - \frac{1}{\rho}\left[\frac{\partial \tau_{xy}}{\partial x} + \frac{\sigma_y}{\partial y}\right] = \frac{\partial v_y}{\partial t} + v_x \frac{\partial v_y}{\partial x} + v_y \frac{\partial v_y}{\partial y} \tag{3-12}$$

② 由松散介质的极限平衡推导得第三方程：

$$(\sigma_x - \sigma_y)^2 + 4\tau_{xy}^2 = \sin^2\varphi (\sigma_x + \sigma_y + 2c\cot\varphi)^2 \tag{3-13}$$

式（3-11）～式（3-13）对模型同样适用，有：

$$\begin{cases} X_m - \frac{1}{\rho_m}\left[\frac{\partial \sigma_{xm}}{\partial x_m} + \frac{\partial \tau_{xym}}{\partial y_m}\right] = \frac{\partial v_{xm}}{\partial t_m} + v_{xm} \frac{\partial v_{xm}}{\partial x_m} + v_{ym} \frac{\partial v_{xm}}{\partial y_m} \\ Y_m - \frac{1}{\rho_m}\left[\frac{\partial \tau_{xym}}{\partial x_m} + \frac{\sigma_{ym}}{\partial y_m}\right] = \frac{\partial v_{ym}}{\partial t_m} + v_{xm} \frac{\partial v_{ym}}{\partial x_m} + v_{ym} \frac{\partial v_y}{\partial y_m} \\ (\sigma_{xm} - \sigma_{ym})^2 + 4\tau_{xym}^2 = \sin^2\varphi_m (\sigma_{xm} + \sigma_{ym} + 2c_m\cot\varphi_m)^2 \end{cases} \tag{3-14}$$

将式（3-3）代入原型的方程式（3-11）～式（3-13），并和式（3-14）比较系数得：

$$\begin{cases} \frac{C_\sigma}{C_a C_\rho C_1} = 1, \frac{C_v}{C_a C_1} = 1, C_\varphi = 1 \\ \frac{C_v^2}{C_a C_1} = 1, \frac{C_\tau}{C_\sigma} = 1, \frac{C_c}{C_\sigma} = 1 \end{cases} \tag{3-15}$$

自重放煤实验中,重力加速度相同,所以

$$C_a = 1 \tag{3-16}$$

$$C_\gamma = \frac{\rho g}{\rho_m g} = C_\rho \tag{3-17}$$

由式(3-15)的关系得:

$$\frac{C_\sigma}{C_a C_\rho C_l} = \frac{C_\sigma}{C_\rho C_l} = \frac{C_\sigma}{C_\gamma C_l} = 1 \tag{3-18}$$

将原型与模型的物理量代入式(3-18),加以转换求得相似判据:

$$\frac{C_\sigma}{C_\gamma C_l} = 1 \tag{3-19}$$

$$\frac{\sigma_\rho}{\gamma_\rho l_\rho} = \frac{\sigma_m}{\gamma_m l_m} = 常数 \tag{3-20}$$

由式(3-15)和式(3-18)可得重力放煤相似关系式:

$$C_\sigma = C_\tau = C_c = C_\gamma C_l \tag{3-21}$$

由式(3-15)两个含有速度相似常数的关系式,得重力放煤相似关系式为:

$$C_v = C_t = \sqrt{C_l} \tag{3-22}$$

加上式(3-15)中关系式得:

$$C_\varphi = 1 \tag{3-23}$$

由式(3-21)~(3-23)构成放煤模型实验的相似关系式。

（3）为保证边界条件相似,放煤实验台两端的放煤口不放煤。

3.8.3 实验设备及材料

实验采用自行设计的散体材料相似模拟实验架和急斜煤层顶煤放出专用模拟实验架进行。散体材料相似模拟实验架如图 3-22 所示。模拟实验架尺寸为 1 000 mm×120 mm×840 mm;底部有可抽钢条,宽度为 20 mm×20 mm,可以模拟放煤支架;模型架一侧装有一大块有机玻璃板,其尺寸为 1 080 mm×700 mm×10 mm,便于实验现象的观测及实验数据的测定,另一侧是 7 小块有机玻璃板,其尺寸为 1 080 mm×100 mm×10 mm,便于装料;模型架放置于一个带轴的平台上,可以使模型架有 0°~90°的旋转空间。

图 3-22　散体放出相似模拟实验架

模拟顶煤材料选用石英砂或细煤粉。

试验测试采用高像素高清晰度数码相机拍照,将所拍照片导入 AutoCAD,把相片摆正缩放到实际大小即可在 AutoCAD 中精确测量标志点的位移及标志层的形态。

3.8.4 无边界约束条件放煤实验设计

实验用散体放出相似模拟实验架研究在工作面中部支架(即无边界约束条件)其上的顶煤放出规律。

实验采用几何模拟比 $C_l = 120$,即 $1:120$ 的模型。模拟放出顶煤高度为 30 m,则模型高度为 25 cm,时间相似比为 $C_t = C_l^{1/2} = 11$。

每铺 5 cm 的石英砂后,再铺一层黑色的煤粉(作为标志层),铺完 25 cm 厚度的模拟顶煤后,再在其上方铺设一定厚度的煤粉(作为上覆岩层)。

3.8.5 有边界约束条件放煤实验设计

实验用急斜水平分段放顶煤相似模拟实验架研究煤层倾角分别为 45°、70°情况下,顶底板处(即有边界约束条件)单一放煤口下的顶煤放出规律。

实验采用几何模拟比 $C_l = 60$,即 $1:60$ 的模型。模拟放出顶煤高度为 30 m,则模型高度为 50 cm,时间相似比为 $C_t = C_l^{1/2} = 7.75$。

为准确地描绘出顶煤在放出过程中的空间形态,铺设模型时每铺 10 cm 厚度的细粒度石英砂后,再铺设一层黑色煤粉作为标志层。45°煤层标志层编号为 $M_1 \sim M_5$;70°煤层标志层编号为 $N_1 \sim N_5$。铺设好的模型示意图如图 3-23 所示。

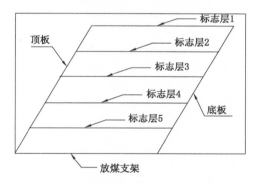

图 3-23 边界约束条件放煤模型示意图

3.8.6 无边界约束条件下单一放煤口顶煤放出实验

顶煤放出过程如图 3-24 所示。在第一次放煤后,放煤口上方一定范围内的标志层 1 与标志层 2 下沉,形成降落漏斗,放出煤量 48 g;第二次放煤后,标志层 1 与标志层 2 继续下沉,标志层 1 的下端已达到标志层 2 的水平面上,放出煤量 145 g;第三次放出煤量为 541 g,第四次放出煤量为 1 225 g。放出的散体由上方矸石充填。将下面几张图像导入 AutoCAD 中,按实际大小在 AutoCAD 中进行缩放,以下降的标志层的最下端为端点画椭圆,使其如下图白线所示,正好拟合标志层下端曲线。求算出所画椭圆体积与实际放出量相比,误差在许可范围内。故而可以用此方法描绘放出体形状。

由实验得出每一次放出椭球体的参数,如表 3-13 所列。

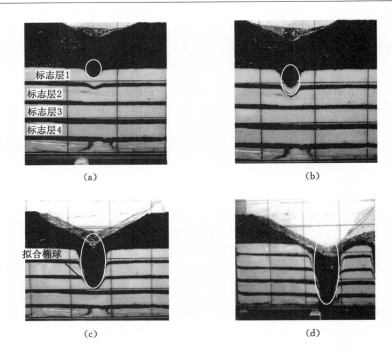

图 3-24　顶煤放出过程

表 3-13　　　　　　　　　　　　　　　　放 出 椭 球 体 参 数

放煤次数	椭球长轴 a/cm	椭球短轴 b/cm	放出椭球 高 h/cm	$1-\varepsilon^2$	放出椭球体 质量(理论值)/g	放出散体质 量(实验值)/g
第一次	2.261	1.288	4.522	0.338	43.4	48
第二次	4.09	1.74	8.18	0.181	137.5	145
第三次	8.16	2.46	16.32	0.061	548.8	541
第四次	11.94	3.01	23.88	0.064	1 209.3	1 225

　　将每一次放出体曲线放在同一坐标下,如图 3-25 所示,即为放出顶煤的移动图像。放出椭球在 XOY 平面上的母线方程为:

$$\frac{(x-a)^2}{a^2}+\frac{y^2}{b^2}=1$$

即:
$$y^2=b^2(1-\frac{x^2-2ax+a^2}{a^2})=(1-\varepsilon^2)(2ax-x^2)$$

　　放出椭球体偏心率与放出高度关系如图 3-26 所示。由图可以得出:放出体高度的变化要比宽度变化快得多,其宽高比值与放出体高度呈幂函数关系,即放出体偏心率在理想松散介质放出过程中与放出体高度呈幂函数关系,即:

$$1-\varepsilon^2=mh^{-n}$$

3.8.7　煤层倾角 45°条件下单一放煤口放煤实验

　　在靠近顶板处把第四号支架(距顶板 20 mm)打开,顶煤在重力的作用下沿着放煤口放出。首先最上面标志层 M_1 距顶板 4 cm 的一段呈漏斗状凹下,漏斗状不对称,表现为靠顶

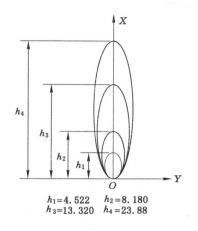

$h_1 = 4.522$　$h_2 = 8.180$
$h_3 = 13.320$　$h_4 = 23.88$

图 3-25　顶煤放出椭球关系

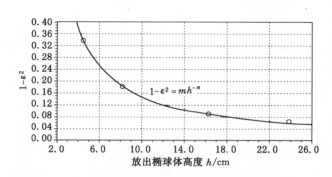

$1 - \varepsilon^2 = mh^{-n}$

放出椭球体高度 h/cm

图 3-26　放出椭球体偏心率与放出高度关系

板处发展慢,远离顶板处发展快的趋势;随着 M_1 标志层中一段的下降,标志层 M_2 的一段也开始呈漏斗状凹下,发展趋势同 M_1 标志层,与此相似 M_3、M_4、M_5 标志层随着顶煤的逐渐放出也呈漏斗状下降,最后每一标志层的最低点都从放煤口放出,从而形成左右两条边界,即煤岩分界线。顶煤放出情况如图 3-27 所示。从图 3-27 可以看出,放煤结束后在靠近顶板处有一三角煤无法放出,其位于放出口左端漏斗曲线与顶板包围的地方。放出口右端漏斗曲线在放出口轴线与顶板相交点以上基本是一条直线,该直线与顶板正好平行。该直线所在平面也就是下一个放煤口进行放煤时顶煤流出的边界条件,因其强度远不如顶板强度,所以会垮落并且随着煤体一起放出。因现场放煤时本着见矸关门的原则,所以会把上面大量的煤体损失掉,故而此种条件下采用见矸关门原则是不经济的。

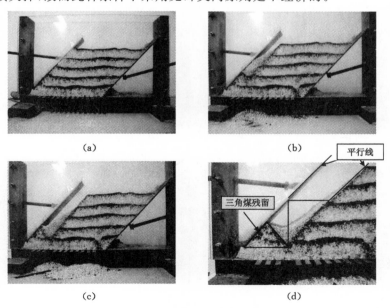

图 3-27　45°倾角煤层靠近顶板一侧放煤
(a) 第一次放煤;(b) 第二次放煤;(c) 第三次放煤;(d) 第四次放煤

在靠近底板处打开放煤口的放煤过程如图 3-28 所示。此次放煤过程可看作是在倾角为 135°情况下单口放煤规律的研究。由图可知,在最初放煤时,标志层自上向下弯曲下沉,形成下降漏斗,漏斗曲线发育完整。这说明在最初放煤时,煤层底板处的支架放煤不受底板的影响,其放出规律与在无边界条件下顶煤放出规律一样。当放煤结束后,在靠近底板处有大量的三角煤残留,就是漏斗曲线右端与顶板所围的部分,由图可看出放出漏斗曲线右端近似为一条直线。

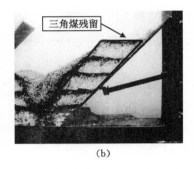

(a)　　　　　　　　　　　　　(b)

图 3-28　45°倾角煤层靠近底板一侧放煤

(a) 最初放煤;(b) 放煤结束

故而在煤层倾角为 45°的情况下,顶煤放出后在顶板与底板处都有三角煤无法放出,底板处三角煤较多。

3.8.8　煤层倾角 70°条件下单一放煤口放煤实验

煤层倾角 70°条件下的顶煤放出过程如图 3-29 所示,可以看到其放煤过程与 45°条件下的顶煤放出规律一样,只是残留的三角煤少一些。在底板处的放煤可看成是在边界条件110°条件下的顶煤放出。放煤规律与 135°条件下放煤规律一样,即与无边界约束条件下放煤规律一样,仍有三角煤残留,只是残留明显减少(图 3-30)。

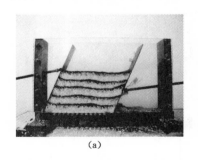

(a)　　　　　　　　　　　　　(b)

图 3-29　70°倾角煤层靠近顶板一侧放煤

(a) 放煤初始状态;(b) 放煤结束状态

3.8.9　实验结论

(1) 无边界约束条件下顶煤放出规律满足椭球体放出理论。

(2) 放出煤体高度的变化要比宽度变化快得多,其宽高比值与放出体高度呈幂函数关系。

(3) 急斜放顶煤靠近顶板处放煤时,煤岩分界线发育不对称,靠近顶板一侧发育慢,当其发育最高点遇到顶板边界时即停止发育,其与顶板所围部分即是残留的三角煤;而远离顶

图 3-30　70°倾角煤层靠近底板一侧放煤

板一侧发育快,其在放煤口轴线与顶板相交点以上发育成一条直线,该直线恰好与顶板平行,该直线所在的面即是下一放煤口打开进行放煤时的一个边界条件,该面的矸石会随着下部煤体一起放出,如采用见矸关门原则,就会使放煤口上位的顶煤无法放出。

3.9　本章小结

本章通过对典型倾角急斜煤层的相似模拟实验,对大段高开采情况下的围岩及地表变形特征进行了深入分析研究,取得了相关具有现实意义的重要结论,主要包括以下几点:

(1)在急斜煤层大段高开采过程中,同普通段高煤体开采一样,顶煤体以垮落拱的形式破坏。顶煤的垮落破坏过程是旧的拱式平衡体系不断被新的拱式平衡体系取代,并且不断向上位顶煤上移的过程,该拱为临时平衡拱。低位拱失稳后将被上位拱所取代,拱结构最终会破坏。

(2)倾角 45°急斜煤层,三角煤损失带来的影响无法有效去除,大段高开采时的影响更为严重。此类煤层由于岩层受到较大的法向力作用,顶板在开采过程中变形破坏严重。下方工作面在大段高开采过程中,随着顶煤体中"跨层拱"结构的上移,最终造成一大部分顶煤体在顶板岩层压力作用下瞬间破碎垮落,并被大量的垮落岩石覆盖,部分煤体不能采出,使大段高开采在倾角 45°急斜煤层开采的有效程度上大为降低。同时,开采过程中开采工作面所在段高内的采空区由本分段范围内的顶板垮落岩层占据,上分段采空区的垮落煤矸体不易沿槽形采空体向下方采空区滑移,造成围岩变形破坏的影响范围较大。因此,倾角 45°急斜煤层并不适合于段高提升至 30 m 大段高开采。

(3)倾角 65°急斜煤层,初期开采过程中顶板侧岩层将产生阶梯形收口。当地表形成大面积深槽形塌陷坑后,巨大的垮落煤岩体将形成对收口处岩层的有效支承,收口之下的分段放顶煤工作面的顶板岩层将受到沿煤体开采后形成的槽形采空区下移的岩块的支承作用,其稳定性得到延续。而收口处的顶板岩层在得到塌陷坑内垮落体的有效支撑后,有助于防止地表塌陷坑面积的进一步扩大。阶梯形收口之下的分段工作面,即便是大段高工作面,只要段高所在范围内顶板岩层能保持稳定,开采后上方采空区域的岩块就能沿下分段工作面开采后形成的槽形采空区下移充填,对顶板岩层形成有效支承,从而在岩层控制方面保证了急斜煤层大段高开采岩层的稳定性。因此,倾角 65°急斜煤层适合于大段高开采。同时,后期开采中,由于收口作用,深槽形塌陷坑向深部采空区的移动受到抑制,收口之上靠顶板侧岩层受采动及风化影响向塌陷坑垮落,从而使深槽形塌陷坑向喇叭口形塌陷坑转变。

（4）倾角 84°急斜煤层，由于残留煤柱体所受切向分力远大于法向分力，首分段开采过程中就容易在地表形成深槽形塌陷坑，而在地表再次破坏后会在顶板侧产生阶梯形收口。收口处煤矸体对顶板的支承作用有助于抑制塌陷坑面积的扩大。同时，收口处煤矸体沿着槽形采空体下移后能保持对顶板岩层的有效支承，有助于顶板的稳定性。因此，倾角 84°急斜煤层适合 30 m 大段高开采。

（5）由模拟实验可知，倾角 65°和 84°的急斜煤层均适合于 30 m 大段高开采，可以避免工作面开采过程中顶板大范围垮落。随着分段工作面的下移，阶梯形收口处的顶板岩层将最终失去垮落体的支承作用，当岩层的临空面积达到一定程度时，塌陷坑内的顶板岩层存在大范围垮落的危险。

（6）大段高开采过程中，为降低底板侧三角煤的损失，提高工作面采出率，应降低底板侧煤体的强度，从而使顶煤体在垮落过程中底板侧拱脚上移，垮落拱由全拱向半拱形式发展。

（7）急斜放顶煤靠近顶板处放煤时，放出煤体高度的变化要比宽度变化快得多，其宽高比值与放出体高度呈幂函数关系。煤岩分界线发育不对称，靠近顶板一侧发育慢，当其发育最高点遇到顶板边界时即停止发育，其与顶板所围部分即是残留的三角煤；而远离顶板一侧发育快，其在放煤口轴线与顶板相交点以上发育成一条直线，该直线恰好与顶板平行，该直线所在的面即是下一放煤口打开进行放煤时的一个边界条件，该面的矸石会随着下部煤体一起放出，如采用见矸关门原则，就会使这个放煤口上位的顶煤无法放出。

4 大段高开采合理分段高度确定

乌鲁木齐矿区急斜煤层的开采经过 50 多年的发展,在应用及淘汰多种开采方法后,现已全部采用先进的水平分段放顶煤开采。急斜煤层水平分段综放开采技术的基本技术特征:在开采阶段内沿垂直方向划分为若干个开采分段,自上而下逐分段开采。在分段的底部,垂直于煤层的走向,沿水平方向布置采煤工作面。一般靠顶板侧布置回风平巷,靠底板侧布置运输平巷,形成完整的通风回路。开采系统和缓斜煤层长壁放顶煤工作面一致,唯工作面长度受到煤层厚度的限制,最大为煤层的水平厚度,属于"短工作面"开采[98-102]。工作面安装放顶煤液压支架[103-105],采用采煤机开采水平分段下部,采高一般控制在 2.0～3.0 m之间。其上方顶煤依靠矿山压力的作用和破煤手段,使其成为散体介质,在支架后方的放煤口予以回收。乌鲁木齐矿区水平分段的高度平均在 18 m 左右,自 2008 年开始,各矿基本上已进入第三、第四水平开采,图 4-1 为乌鲁木齐矿区各矿开采水平情况。由于矿区为典型的急斜煤层开采,煤层倾角在 45°～90°范围内变化,因此应针对不同的煤层倾角选取大段高开采条件下合理的分段高度。

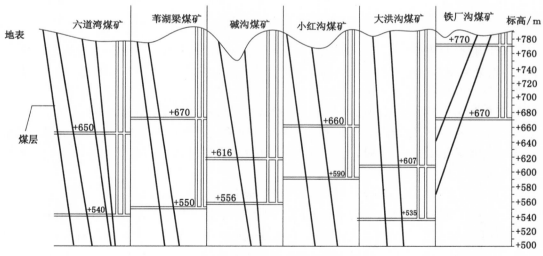

图 4-1 乌鲁木齐矿区各矿开采水平情况

通过现场矿压观测表明,急斜煤层大段高放顶煤工作面开采中支架工作阻力并没有显著提高。而相似模拟实验表明,倾角较大的急斜煤层(一般在 55°以上)进行大段高开采在岩层控制领域完全有安全保障,该保障是建立在合理分段高度基础上的。合理的工作面分段高度应保证,开采过程中上分段采空区内堆积并受挤压的破碎矸石向正在推进工作面所形成的槽形采空区下移前,该工作面顶板岩层保持较好的稳定性,不至于发生大面积顶板破断情况,从而增加含矸率甚至造成一大部分煤体无法采出。为研究深部开采工作面合理的分段高度,有必要对急斜煤层开采初期地表浅部预留受损煤柱体(原始煤体),即地表没有形成沉陷时的情况进行研究。

4.1 开采初期顶板破断研究

乌鲁木齐矿区急斜煤层浅部分段放顶煤开采初期,地表浅部存在预留受损煤柱体。工作面分段高度一般在 $10 \sim 18$ m 之间。由于受工作面布置形式的影响,基本顶沿倾斜的悬露顶板长度与顶板破断前的走向长度相比较通常比较短。同时,由于煤层倾角较大(大于 $45°$),基本顶及其上覆岩体重力沿层面法线方向的分力较小,使得基本顶沿走向破断的极限跨度较大。开切眼后工作面沿走向水平推进过程中,暴露顶板近似看作一狭长矩形。设矩形板四边固定,面积设为 $2a \times 2b$,受法向载荷 $q_1 = q\cos \alpha$ 及切向载荷 $q_2 = q\sin \alpha$ 共同作用(图 4-2)。

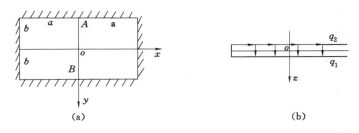

图 4-2　基本顶破断力学模型

(a) 沿板长方向;(b) 沿板厚方向

弹性力学中,将两个平行面和垂直于这两个平行面的柱面围成的物体称为板,并按板的结构特点分为薄板与厚板。两个板面之间的距离 t 称为板的厚度,而平分厚度 t 的平面称为板的中面。如果板的厚度 t 远小于板的中面最小尺寸 $l = 2b$(小于 $l/8$ 至 $l/5$),即可定义为薄板,否则称为厚板。苏联的加列尔津院士即认为当岩板的厚度 t 与板的中面最小尺寸 l 满足 $t/l \leqslant 1/5$ 时,即可用薄板方式处理。而苏联列宁格勒矿业学院科学家鲍里索夫教授研究认为,当岩板满足 $t/l \leqslant 1/3$ 时,也可用薄板方式处理。因此将岩板作为薄板研究的范围可适当放宽。

岩层在通常情况下为脆性材料,其强度特征满足抗拉强度<抗剪强度<抗压强度。急斜煤层作为后期经历剧烈地质构造运动的沉积岩层,岩层的厚度相对是有限的,而开采过程中裸露的顶板岩层的面积较大,满足作为薄板研究的基本条件。假定岩板的材质是均匀、连续、各相同性的,薄板承受法向载荷 q_1 的作用可用弹性薄板小挠度理论[105]来进行分析,即变形前位于薄板中面法线上的各点,变形后仍位于弹性曲面的同一法线上,法线上各点间的距离不变。且与其他应力分量相比,垂直于中面的应力分量 σ_z 可忽略不计;薄板承受的切向载荷 q_2 可认为沿薄板厚度均匀分布,按平面应力问题进行计算。薄板在整个上覆层载荷作用下的应力通过应力叠加来完成。

4.1.1 法向载荷 q_1 作用下拉应力分析[106]

急斜煤层浅部开采初期,可将岩层看作四边处于固支状态的薄板,其边界条件为:

$$(\omega)_{x=\pm a} = 0, (\omega)_{x=\pm b} = 0 \tag{4-1}$$

$$\left(\frac{\partial \omega}{\partial x}\right)_{x=\pm a} = 0, \left(\frac{\partial \omega}{\partial y}\right)_{y=\pm b} = 0 \tag{4-2}$$

在法向载荷 q_1 作用下，薄板发生挠曲，由边界条件设板的挠度函数为：

$$\omega = C_1 (x^2 - a^2)^2 (y^2 - b^2)^2 \tag{4-3}$$

板的形变势能为：

$$U = \frac{D}{2} \iint (\nabla^2 \omega)^2 \mathrm{d}x \mathrm{d}y \tag{4-4}$$

求解式(4-4)得：

$$U = 8DC_1^2 \int_{-a}^{a} \int_{-b}^{b} \left[(y^2 - b^2)^2 (3x^2 - a^2) + (x^2 - a^2)^2 (3y^2 - b^2) \right]^2 \mathrm{d}x \mathrm{d}y$$

$$= \frac{256 \times 126}{35 \times 45} DC_1^2 a^5 b^5 \left(b^4 + \frac{4}{7} a^2 b^2 + a^4\right) \tag{4-5}$$

法向载荷 q_1 的势能为：

$$H = -\iint q_1 \omega \mathrm{d}x \mathrm{d}y = -\int_{-a}^{a} \int_{-b}^{b} q_1 C_1 (x^2 - a^2)^2 (y^2 - b^2)^2 \mathrm{d}x \mathrm{d}y$$

$$= -\frac{256}{225} q_1 C_1 a^5 b^5 \tag{4-6}$$

板的总势能为：

$$\prod = U + H \tag{4-7}$$

根据最小势能原理，薄板的真实位移函数 ω 应使 $\prod$ 为最小值，即应使 $\prod$ 的一阶变分为零，即：

$$\frac{\mathrm{d}\prod}{\mathrm{d}C_1} = 0 \tag{4-8}$$

将式(4-5)～式(4-7)代入式(4-8)得：

$$C_1 = \frac{7q_1}{128D\left(a^4 + \frac{4}{7} a^2 b^2 + b^4\right)} \tag{4-9}$$

将 C_1 代入式(4-3)得挠度表达式：

$$\omega = \frac{7q_1 (x^2 - a^2)^2 (y^2 - b^2)^2}{128D\left(a^4 + \frac{4}{7} a^2 b^2 + b^4\right)} \tag{4-10}$$

其中，D 为抗弯刚度，$D = \frac{Et^3}{12(1 - \mu^2)}$，$t$ 为板厚，μ 为泊松比。

薄板沿 y 轴方向的应力分量可表示为：

$$\sigma_y = -\frac{Ez}{1 - \mu^2} \left(\frac{\partial^2 \omega}{\partial y^2} + \mu \frac{\partial^2 \omega}{\partial x^2}\right) \tag{4-11}$$

将式(4-10)代入式(4-11)得：

$$\sigma_y = -\frac{21zq\cos\alpha}{8t^3 \left(a^4 + \frac{4}{7} a^2 b^2 + b^4\right)} \left[(x^2 - a^2)^2 (3y^2 - b^2) + \mu (y^2 - b^2)^2 (3x^2 - a^2) \right]$$

$$\tag{4-12}$$

对于薄板下表面（朝采空区侧），在 $x=0$，$y=0$，$z=\dfrac{t}{2}$ 处产生最大拉应力，沿 y 轴方向，代入式（4-11）得：

$$\sigma_{yamax} = \frac{21a^2b^2q\cos\alpha(a^2+\mu b^2)}{16t^2\left(a^4+b^4+\dfrac{4}{7}a^2b^2\right)} \tag{4-13}$$

对于薄板上表面（背向采空区侧），在 $x=0$，$y=\pm b$，$z=-\dfrac{t}{2}$ 处产生最大拉应力，沿 y 轴方向，其值为：

$$\sigma_{ybmax} = \frac{21a^4b^2q\cos\alpha}{8t^2\left(a^4+b^4+\dfrac{4}{7}a^2b^2\right)} \tag{4-14}$$

4.1.2　切向载荷 q_2 作用下拉应力分析[106]

在切向载荷 q_2 作用下，薄板上半部分受拉，下半部分受压，属于平面应力问题，可用位移变分法进行求解，设薄板位移表达式为：

$$\begin{cases} u = \left(1-\dfrac{x^2}{a^2}\right)\left(1-\dfrac{y^2}{b^2}\right)\dfrac{xy}{ab}A_1 \\[3mm] v = \left(1-\dfrac{x^2}{a^2}\right)\left(1-\dfrac{y^2}{b^2}\right)B_1 \end{cases} \tag{4-15}$$

板的形变势能为：

$$U = \frac{E}{2(1-\mu^2)}\iint\left[\left(\frac{\partial u}{\partial x}\right)^2+\left(\frac{\partial v}{\partial y}\right)^2+2\mu\frac{\partial u}{\partial x}\frac{\partial v}{\partial y}+\frac{1-\mu}{2}\left(\frac{\partial v}{\partial x}+\frac{\partial u}{\partial y}\right)^2\right]\mathrm{d}x\mathrm{d}y \tag{4-16}$$

应用瑞兹法可得：

$$\begin{cases} \dfrac{\partial U}{\partial A_1} = 0 \\[3mm] \dfrac{\partial U}{\partial B_1} = \displaystyle\int_{-a}^{a}\int_{-b}^{b}\frac{q\sin\alpha}{t}\left(1-\frac{x^2}{a^2}\right)\left(1-\frac{y^2}{b^2}\right)\mathrm{d}x\mathrm{d}y \end{cases} \tag{4-17}$$

将式（4-14）、式（4-15）代入式（4-16）得：

$$B_1 = \frac{5a^2b^2q\sin\alpha(1-\mu^2)(2b^2+a^2-\mu a^2)}{8Et\left[2a^2b^2+(1-\mu)(a^4+b^4)+\dfrac{1}{2}a^2b^2(1-\mu)^2-\dfrac{7}{120}a^2b^2(1+\mu)^2\right]} \tag{4-18}$$

$$A_1 = \frac{7ab(1+\mu)}{12b^2+6a^2(1-\mu)}B_1 \tag{4-19}$$

薄板沿 y 轴方向的应力分量可表示为：

$$\sigma_y = \frac{E}{1-\mu^2}\left(\frac{\partial v}{\partial y}+\mu\frac{\partial u}{\partial x}\right) \tag{4-20}$$

薄板上部边界中点，即 $x=0$，$y=-b$ 处产生最大拉应力，其值为：

$$\sigma_{ycmax} = \frac{5a^2bq\sin\alpha(2b^2+a^2-\mu a^2)}{4t\left[2a^2b^2+(1-\mu)(a^4+b^4)+\dfrac{1}{2}a^2b^2(1-\mu)^2-\dfrac{7}{120}a^2b^2(1+\mu)^2\right]} \tag{4-21}$$

薄板下部边界中点，即 $x=0$，$y=b$ 处产生最大压应力，其值为：

$$\sigma_{ydmax} = - \frac{5a^2 bq\sin\alpha(2b^2 + a^2 - \mu a^2)}{4t\left[2a^2 b^2 + (1-\mu)(a^4 + b^4) + \frac{1}{2}a^2 b^2(1-\mu)^2 - \frac{7}{120}a^2 b^2(1+\mu)^2\right]}$$

(4-22)

4.1.3　法向载荷 q_1 与切向载荷 q_2 共同作用下合应力分析

对于薄板上表面,在 q_1,q_2 共同作用下,位于 $x=0$,$y=-b$,$z=-\frac{t}{2}$ 处产生最大拉应力,设 $\frac{a}{b}=k$,则其值为:

$$\sigma_{ymax1} = \sigma_{ybmax} + \sigma_{ycmax}$$
$$= \frac{21k^4 b^2 q\cos\alpha}{8t^2(1+k^4+\frac{4}{7}k^2)} + \frac{5k^2 bq\sin\alpha(2+k^2-\mu k^2)}{4t\left[2k^2+(1-\mu)(1+k^4)+\frac{1}{2}k^2(1-\mu)^2-\frac{7}{120}k^2(1+\mu)^2\right]}$$

(4-23)

位于 $x=0$,$y=b$,$z=-\frac{t}{2}$ 处产生的拉应力为:

$$\sigma_{ymax2} = \sigma_{ybmax} + \sigma_{ydmax}$$
$$= \frac{21k^4 b^2 q\cos\alpha}{8t^2(1+k^4+\frac{4}{7}k^2)} - \frac{5k^2 bq\sin\alpha(2+k^2-\mu k^2)}{4t\left[2k^2+(1-\mu)(1+k^4)+\frac{1}{2}k^2(1-\mu)^2-\frac{7}{120}k^2(1+\mu)^2\right]}$$

(4-24)

对于薄板下表面,在 q_1,q_2 共同作用下,位于 $x=0$,$y=0$,$z=\frac{t}{2}$ 处产生最大拉应力,其值为:

$$\sigma_{ymax3} = \sigma_{yamax} = \frac{21k^2 b^2 q\cos\alpha(k^2+\mu)}{16t^2(1+k^4+\frac{4}{7}k^2)}$$

(4-25)

分析式(4-23)~式(4-25)可知,薄板上下表面所受最大拉应力具有以下一些基本特征:

(1) 与上覆层载荷 q 成正比,q 值的增大将使岩板容易受拉破坏,岩板的稳定程度降低。

(2) 与 b 成正比,$h=b\sin\alpha$,h 为薄板垂高,即与 h 成正比,因此增加分段高度或随着采空区沿倾向长度的增加,顶板岩层的稳定性降低。

(3) 与 α 成反比,即随着倾角的增大,顶板岩层的稳定性增强。

(4) 与岩层薄板的长短边之比 k 值成递增关系,但随着 k 值增大,其增加率呈逐渐减小趋势。

4.1.4　薄板破断特征分析

由于岩石的强度特征为 $\sigma_拉 < \sigma_剪 < \sigma_压$,所以岩板在法向载荷 q_1 与切向载荷 q_2 共同作用下,其破坏主要由倾向受拉引起。比较 σ_{ymax1}、σ_{ymax2} 及 σ_{ymax3} 可知,当 $a>b$,$\alpha>45°$ 时,满足 $\sigma_{ymax1}>\sigma_{ymax3}>\sigma_{ymax2}$,因此岩板的破坏顺序为:首先在薄板上支承端上表面中点处产生拉裂裂隙,裂隙沿边界向角部发展;随后在薄板下表面中部产生拉裂,裂隙沿工作面方向发展;最后在薄板下支承端上表面中点处产生拉裂,裂隙沿边界向角部发展,这与相似模拟实验的结果也是一致的。

据此,可以 $\sigma_{ymax1} \geq \sigma_s$(岩板的极限抗拉强度)作为岩板初次破断的判别标准,其表达式为：

$$AN + MB \geqslant MN\sigma_s \tag{4-26}$$

其中：

$$A = 21k^4 b^2 q\cos\alpha, B = 5k^2 bq\sin\alpha(2 + k^2 - \mu k^2), M = 8t^2\left(1 + k^4 + \frac{4}{7}k^2\right)$$

$$N = 4t\left[2k^2 + (1-\mu)(1+k^4) + \frac{1}{2}k^2(1-\mu)^2 - \frac{7}{120}k^2(1+\mu)^2\right]$$

4.2 顶板结构研究

通过现场矿压观测表明，急斜煤层大段高工作面开采过程中，支架的工作阻力并没有随着采深的增加而大幅递增，如碱沟煤矿+564 m(地表标高+800 m)水平工作面实测最大工作阻力平均值及时间加权平均阻力值均低于2 000 kN/架。说明在大段高开采条件下，工作面支架会受到其上方临时结构的保护作用，承受的载荷并不会大幅增加。

大段高工作面的相似模拟实验表明，基本顶岩层中存在一"不等高卸载拱"结构，借助基本顶岩层的垮落形态判断，其拱顶朝整个岩体的浅部方向偏移。正是"卸载拱"的存在，工作面开采后的裸露岩板只是承受"卸载拱"内的岩层荷载，顶板的稳定性得到大幅提高，因此对于该结构的研究非常必要。

4.2.1 结构模型的建立

从工作面推进的走向长度上看，在周期来压范围内，工作面实质上是受一沿走向的拱壳结构的保护，其截面为一拱结构。

当地表浅部原始煤柱体未完全垮落时，由于拱结构的存在，拱所承担的上覆层荷载由上下拱脚处承担。上拱脚作用在地表浅部原始煤柱体上，下拱脚作用在工作面下方尚未开采的煤体上。当地表浅部原始煤柱体完全垮落后，地表形成塌陷区域，此时承担上覆层荷载的上拱脚作用在顶板侧梯形收口处受挤压的垮落煤矸体和垮落的顶板岩块上，下拱脚仍作用在工作面下方尚未开采的煤体上。无论何种情况，都必将引起上下拱脚处支承压力的升高。拱内岩层在应力释放过程中向采空区卸载变形，暴露岩板承受的上覆层荷载是由作用在其上方的拱内岩层传递的，因此分段开采后形成拱脚横跨采空区上下端的"不等高卸载拱"，并且拱顶向地表浅部方向偏移，其力学模型如图4-3所示。以下以地表浅部原始煤柱体未完全垮落时的情况进行分析。

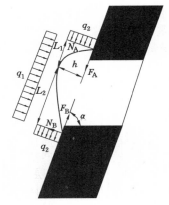

图 4-3 卸载拱模型

设拱高为 h，拱所跨斜长为 S，下拱脚至拱顶沿岩层倾向的斜长为 L_2，上拱脚至拱顶沿岩层倾向的斜长为 L_1，煤层倾角为 α。拱上方受荷载 q 作用，其沿岩层法向的荷载分量为 $q_1 = q\cos\alpha$，沿岩层倾向的荷载分量为 $q_2 = q\sin\alpha$。上支撑端支撑反力 $N_A = q_1 L_1$，下支撑端支撑反力 $N_B = q_1 L_2$。

令 $L_1/L_2 = K$，对 B 点起矩，并令合力距为零，则：

$$\frac{q_1 S^2}{2} - q_2 h^2 - q_1 L_1 S = 0 \tag{4-27}$$

$S = L_1 + L_2$，令 $\Delta S = L_2 - L_1$ 为拱顶偏移距，则 ΔS 可表示为：

$$\Delta S = L_2 - L_1 = L_2(1 - K) \tag{4-28}$$

联立式(4-27)和式(4-28)可得：

$$\Delta S = \frac{2h^2 \tan \alpha}{L_2(1 + K)} = \frac{2h^2 \tan \alpha}{S} \tag{4-29}$$

将式(4-29)变形得拱垮比 λ 为：

$$\lambda = \frac{h}{S} = \sqrt{\frac{1 - K}{2(1 + K)\tan \alpha}} \tag{4-30}$$

由式(4-30)可知，影响拱跨比 λ 值的基本因素为 α 和 K。为研究 α 和 K 对 λ 值的影响关系，按不同的 α 和 K 的取值列出对应的 λ 值，如表4-1所列。通过表4-1绘出 λ 值随 α 的变化规律如图4-4所示，λ 值随 K 的变化规律如图4-5所示。

表 4-1 α 和 K 对 λ 值的影响关系

K \ α	45°	50°	55°	60°	65°	70°	75°	80°	85°	88°
0.1	0.640	0.586	0.535	0.486	0.437	0.386	0.331	0.269	0.189	0.120
0.2	0.577	0.529	0.483	0.439	0.394	0.348	0.299	0.242	0.171	0.108
0.3	0.519	0.475	0.434	0.394	0.354	0.313	0.269	0.218	0.153	0.097
0.4	0.463	0.424	0.387	0.352	0.316	0.279	0.240	0.194	0.137	0.087
0.5	0.408	0.374	0.342	0.310	0.279	0.246	0.211	0.171	0.121	0.076
0.6	0.354	0.324	0.296	0.269	0.241	0.213	0.183	0.148	0.105	0.066
0.7	0.297	0.272	0.249	0.226	0.203	0.179	0.154	0.125	0.088	0.056
0.8	0.236	0.216	0.197	0.179	0.161	0.142	0.122	0.099	0.070	0.044
0.9	0.162	0.149	0.136	0.123	0.111	0.098	0.084	0.068	0.048	0.030

图4-4表明，在倾角一定的情况下，随着 K 值的减小，即拱顶偏移距 ΔS 增大时，拱跨比 λ 值呈递增的规律。如果 S 给定，则拱顶偏移距越大，倾角一定的急斜煤层的 h 值越大，顶板破坏范围加大。图4-5表明，在 K 值一定的情况下，随着煤层倾角的增大，拱跨比 λ 值呈递减的规律。如果 S 给定，则倾角越大的急斜煤层，同等条件下顶板破坏的范围越小。

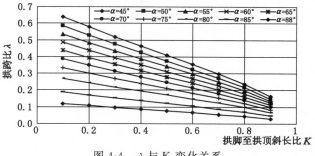

图 4-4 λ 与 K 变化关系

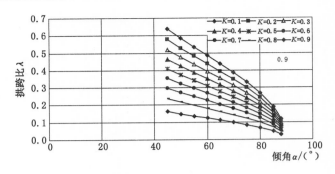

图 4-5　λ 与 α 变化关系

急斜煤层开采中，如果 $\Delta S = S$ 成立，则应当满足条件：

$$\frac{h}{S} = \sqrt{\frac{1}{2\tan\alpha}} \tag{4-31}$$

"卸载拱"拱顶沿煤层倾斜方向的位置在标高上将超出拱的上拱脚位置，如图 4-6 所示。此种情况一般在连续开采几个分段工作面后出现，在开采初期一般不出现。分段工作面开采后的位移等值线也反映了类似的情况，如图 4-7 所示。该等值线反映了乌鲁木齐矿区苇湖梁煤矿（煤层倾角 70°）四个分段工作面开采后的倾向主断面竖向及水平位移等值线。

4.2.2　"卸载拱"基本特征

通过对顶板结构的分析，得出"卸载拱"的基本特征为：

（1）当其他条件给定时，随着煤层倾角 α 的增大，拱高 h 呈减小的趋势，顶板破坏的范围减小。

图 4-6　拱顶超出上拱脚卸载拱

（2）"卸载拱"拱顶向地表浅部方向偏移。随着煤层倾角 α 的增大，拱高 h 呈现减小的趋势，而 $\tan\alpha$ 值呈现增大趋势，且其变化率明显大于拱高 h 的变化率。当拱所跨斜长 S 给定时，拱顶偏

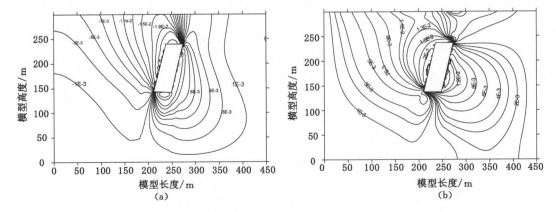

图 4-7　四个分段工作面（分段高度 20 m）开采后的位移等值线图

（a）竖向位移等值线；（b）水平位移等值线

移距 ΔS 表现为随着倾角的增加而增大的趋势。即随着煤层倾角的增加，"卸载拱"拱顶持续向地表前部方向偏移。这一点在相似模拟实验中通过顶板非对称平底拱形的垮落形态得到了验证。

（3）当满足条件 $\Delta S = S, \dfrac{h}{S} = \sqrt{\dfrac{1}{2\tan \alpha}}$ 时，"卸载拱"拱顶沿煤层倾斜方向的位置在标高上将超出拱的上拱脚位置。

（4）倾角的增大将使拱上支撑端支撑反力增大。当分段工作面下移后，拱所跨斜长 S 增大，上支撑端支撑反力增大。当原始煤柱体未完全垮落时，即地表未出现沉陷前，如果上拱脚处的煤体强度不足以支撑拱上支撑端压力时，上支撑端向原始煤柱浅部方向转移，使得上支承端拱脚在向地表预留煤柱体上移过程中造成最后残留煤柱体超出承载极限后破碎垮落，地表出现塌陷区域。形成沉陷区域后，拱上支撑端将作用在塌陷坑阶梯形收口处的受挤压的垮落煤矸体和已垮落的顶板岩块上。

4.2.3 基本顶破断后"小结构"研究

直接顶强度较低，受采动影响后很快垮落，并堆积在采空区底部靠顶板侧。基本顶岩板破断后表现在下部为弹性充填体，上部悬空的沿倾斜方向不同的充填特征。由于岩层倾角大于 45° 以及暴露岩板只承受卸载拱内的上覆层荷载，因此破断岩板在沿倾斜的分力作用下易于形成沿倾向较为稳定的"小结构"——"铰接岩板"结构，而且基本顶破断后下部板块的失稳运动首先受到限制，并影响着整个破断系统的后运动过程。

通过前面对顶板的拉应力分析可知，当岩板未达到其抗拉强度 σ_s 时，$k > 2$ 后，随着 k 值的增大，岩板上表面位于上下端边界中点的最大拉应力与边界其他点的应力差值在逐渐减小，即单向岩板的荷载绝大部分由短垮（倾向）边承载，此时对岩层的分析可用岩梁来替代，这一点可通过对苇湖梁煤矿随着工作面的推进距煤层顶板 15 m 处的水平位移变化的情况（图 4-8）得到验证。因此可将基本顶破断后的"铰接岩板"结构用"铰接岩梁"来替代，其力学模型如图 4-9 所示。

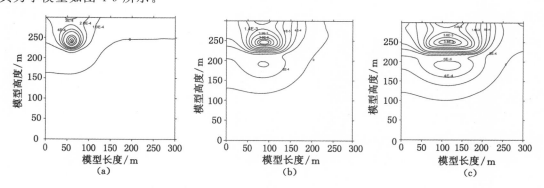

图 4-8· 苇湖梁煤矿随工作面推进距煤层顶板 15 m 处位移等值线图
(a) 推进 20 m 位移等值线；(b) 推进 80 m 位移等值线；(c) 推进 140 m 位移等值线

设岩梁上下两部分长度均为 b，厚度为 t，其回转角均为 θ，岩梁所受均布载荷 $Q_A = Q_B = Q$，A、P、B 三个铰点处的挤压推力及接触铰摩擦剪力分别为：T_A、F_A；T_P、F_P；T_B、F_B。将下部岩梁充填矸石看作弹性地基，设地基系数为 k'，矸石充填长度为 l，则地基总应力

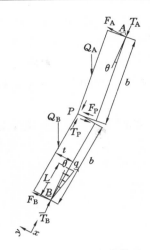

图 4-9 "岩梁"力学模型

为[41]: $q = \dfrac{1}{2}k'l^2\sin\theta$, 取 $\sum M_A = 0$, $\sum M_P = 0$, $\sum Y = 0$, 可得三个铰接点处的挤压推力及摩擦剪力分别为:

$$T_A = \frac{1}{2(t - b\sin\theta)}\left[bQ\cos\alpha - 2Q(t - b\sin\theta)\sin\alpha - \frac{k'l^3\sin\theta}{3}\right] \qquad (4\text{-}32)$$

$$T_P = \frac{1}{2(t - b\sin\theta)}\left(bQ\cos\alpha - \frac{k'l^3\sin\theta}{3}\right) \qquad (4\text{-}33)$$

$$T_B = \frac{1}{2(t - b\sin\theta)}\left[bQ\cos\alpha + 2Q(t - b\sin\theta)\sin\alpha - \frac{k'l^3\sin\theta}{3}\right] \qquad (4\text{-}34)$$

$$F_A = Q\cos\alpha + \frac{3Q(t - b\sin\theta)\sin\alpha}{2b} - \frac{2k'l^3\sin\theta}{3b} \qquad (4\text{-}35)$$

$$F_P = \frac{Q(t - b\sin\theta)\sin\alpha}{2b} - \frac{2k'l^3\sin\theta}{3b} \qquad (4\text{-}36)$$

$$F_B = Q\cos\alpha + \frac{Q(t - b\sin\theta)\sin\alpha}{2b} + \left(\frac{2k'l^3}{3b} - 2k'l^3\right)\sin\theta \qquad (4\text{-}37)$$

对式(4-32)～式(4-37)分析可知,基本顶破断后形成的较稳定的铰接岩梁结构具有如下特征:

(1) 铰接岩梁上、中、下三个铰接点 A、P、B 处的挤压推力满足 $T_B > T_P > T_A$, 即上铰点挤压推力最小,下铰点挤压推力最大。

(2) 铰点处摩擦剪力满足 $F_A > F_B > F_P$, 即 A 铰点摩擦剪力最大,B 点次之,P 点最小。

(3) 上、中、下三个铰点处挤压推力及摩擦剪力与荷载 Q 值成正比,即向深部开采时,铰接结构的稳定性在降低。

(4) 倾角 α 增大,使铰接岩梁保持平衡状态的铰点处挤压推力及摩擦剪力均呈减小趋势,因此容易形成稳定的铰接岩梁结构。

(5) b 值与铰点处挤压推力成正比,与摩擦剪力成反比,因此随着分段高度的增加,铰接结构稳定程度降低。

（6）随着回转角 θ 的增大，铰点处挤压推力增加，摩擦剪力减小，结构的稳定性在逐步降低。

（7）铰接结构下部岩梁处的矸石充填长度 l 及地基系数 k' 与铰点处挤压推力和摩擦剪力成反比，l 和 k' 越大，越容易形成稳定的铰接结构。

4.2.4 "小结构"稳定性分析

对于急斜水平分段放顶煤开采，基本顶中形成的铰接岩梁式"小结构"是开采过程中的一种动态平衡结构，随着回转角 θ 的增加，其失稳是必然的。通过相似模拟实验可知，铰接岩梁失稳后上部岩梁首先垮落，下部岩梁在矸石充填作用下仍能保持暂时的平衡，因此平衡结构是在上部或中部铰点首先产生失衡的，其失稳主要表现为滑落失稳和回转失稳 2 种形式。

（1）滑落失稳

由式(4-32)～式(4-37)可知，上铰点 A 处挤压推力 T_A 最小，摩擦剪力 F_A 最大，因此 A 铰点处最容易发生滑落失稳。为防止结构在 A 铰点失稳，必须满足条件：

$$T_A \tan \varphi \geqslant F_A \tag{4-38}$$

式中，$\tan \varphi$ 为 A 铰点处摩擦因子。

（2）回转失稳

处于平衡状态的铰接结构，影响其回转失稳的主要因素有两个：一是铰接岩梁上、中、下三个铰接点 A，P，B 处的挤压推力满足 $T_B > T_P > T_A$，因此下铰点 B 处最先发生塑性破坏，其破坏将引起结构回转角 θ 增大；二是工作面放顶煤时，对下部岩梁起弹性支撑作用的煤矸向下方采空区滑落，引起结构回转，只有当 $\theta > \theta_c$（极限回转角）时，结构才产生回转失稳。

综合(1)(2)可知，A 铰点处挤压推力 T_A 最小，摩擦剪力 F_A 最大，结构的回转将导致 A 铰点挤压推力进一步增大，摩擦剪力进一步减小，更容易满足结构滑落失稳的条件，因此基本顶破断后形成的铰接岩梁结构的失稳是由在 A 点的滑落失稳所致。

4.3 底板破坏研究

苇湖梁煤矿 B_{1+2} 煤层开采两个水平后，围岩整体位移云图及位移矢量图如图 4-10 和图 4-11 所示。由图可知急斜煤层开采后，在采空区底板方向，由于煤层被采出，底板处于卸载状态，其应力得到释放并引起应力重新分布。底板岩层出现松动和鼓起，形成非对称拱形卸载区，拱顶向采空区底部方向偏移，卸载区中的岩石，其移动方向基本上垂直于层理面。

4.3.1 底板破坏临界状态研究

煤层采出后底板岩层的破坏可看作薄板在纵向载荷作用下的压曲变形破坏。对处于卸载状态的底板岩层来说，在纵向载荷作用下，薄板的平衡状态是否稳定可用势能的概念来判断。当板由平面平衡变为弯曲平衡时，若势能增加，表明平面平衡的势能为最小值，这时平面平衡是稳定的；若势能减小，表明平面平衡的势能为最大值，这时平面平衡的状态是不稳定的；若势能保持不变，就是由平面平衡过渡为弯曲平衡的临界状态，与临界状态相应的载荷即为临界载荷。岩板弯曲变形很小，挠度 ω 远小于板的厚度，因此对于刚度较大、抗压强度较小的岩层来说，适用于小挠度弯曲理论，底板岩层的受力情况如图 4-12 所示。

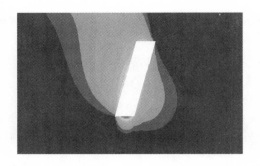

图 4-10 开采两水平后围岩位移云图

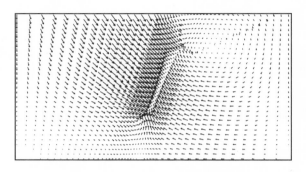

图 4-11 开采两水平后围岩位移矢量图

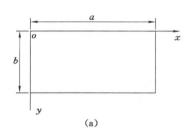
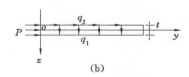

(a)   (b)

图 4-12 底板岩层受力简图

设 P 为弯曲岩板上部岩层重力在克服岩层结构面的摩擦力及黏结力后施加于岩板上部边界的层向荷载，q_1 为岩板自重的法向分力，q_2 为切向分力，t 为板的厚度，b 为板的倾向斜长，a 为沿工作面的推进长度。

将底板岩层按四边固支考虑，设其挠曲函数为：

$$\omega = A\left(1 - \cos\frac{2\pi x}{a}\right)\left(1 - \cos\frac{2\pi y}{b}\right) \tag{4-39}$$

岩板所受外力做功包括外载荷做功 W_1 及重力做功 W_2 两部分，即 $W = W_1 + W_2$。

$$W_1 = \frac{1}{2}\int_0^a\int_0^b p\left(\frac{\partial\omega}{\partial y}\right)^2 \mathrm{d}x\mathrm{d}y = \frac{3\pi^2 A^2 ap}{2b} \tag{4-40}$$

$$W_2 = \frac{1}{2}\int_0^a\int_0^b qy\sin\alpha\left(\frac{\partial\omega}{\partial y}\right)^2 \mathrm{d}x\mathrm{d}y = \frac{3}{4}A^2\pi^2 aq\sin\alpha \tag{4-41}$$

岩板的势能 U 包括形变势能 U_1 和位移势能 U_2 两部分，即 $U = U_1 + U_2$。

$$U_1 = \frac{D}{2} \int_0^a \int_0^b \left(\frac{\partial^2 \omega}{\partial x^2} + \frac{\partial^2 \omega}{\partial y^2} \right)^2 \mathrm{d}x\mathrm{d}y = 2D\pi^4 A^2 ab \left(\frac{3}{a^4} + \frac{3}{b^4} + \frac{2}{a^2 b^2} \right) \qquad (4\text{-}42)$$

$$U_2 = \int_0^a \int_0^b \omega q \cos\alpha\, \mathrm{d}x\mathrm{d}y = abAq\cos\alpha \qquad (4\text{-}43)$$

岩板总势能为 $\prod = U - W$，依据最小势能原理，令 $\frac{\partial}{\partial A}(U-W) = 0$，将 W 及 U 代入可得：

$$2D\pi^4 Aab \left(\frac{3}{a^4} + \frac{3}{b^4} + \frac{2}{a^2 b^2} \right) + abq\cos\alpha - \frac{3\pi^2 A^2 ap}{2b} - \frac{3}{4}A^2\pi^2 aq\sin\alpha = 0 \qquad (4\text{-}44)$$

令方程(4-44)的系数行列式为零，则得岩板的临界荷载为：

$$p_k = \frac{4D^2\pi^2 b^2}{3} \left(\frac{3}{a^4} + \frac{3}{b^4} + \frac{2}{a^2 b^2} \right) - \frac{1}{2}bq\sin\alpha \qquad (4\text{-}45)$$

设 $a = \lambda'b$，λ' 为岩板边长比，则式(4-45)简化为：

$$p_k = \frac{4D^2\pi^2}{3} \left(\frac{3}{b^2\lambda'^4} + \frac{3}{b^2} + \frac{2}{b^2\lambda'^2} \right) - \frac{1}{2}bq\sin\alpha \qquad (4\text{-}46)$$

式中，D 为岩板的弯曲刚度，$D = \frac{Et^3}{12(1-\mu^2)}$，$E$ 为弹性模量，μ 为材料泊松比。

由式(4-46)可知，开采后底板岩层临界荷载 p_k 具有如下特点：

（1）与 b 成反比，$h = b\sin\alpha$，h 为段高，因此分段开采时，随着段高的增加，底板的稳定性降低。

（2）与 α 成反比，即随着倾角的增大，底板岩层稳定性降低。

（3）与 D 成正比，即岩层越坚硬，岩板刚度越大，底板岩层越稳定。

（4）当 λ 增大时，即分段开采时随着工作面的推进，底板所受临界荷载 p_k 逐渐减小，并当 $\lambda > 2$ 后逐渐趋于一定值 $p_k = \frac{4D^2\pi^2}{b^2} - \frac{1}{2}bq\sin\alpha$。

4.3.2 底板岩层破断判据

当岩板所受外荷载达到临界荷载 p_k 后，荷载的稍许增加将引起岩板的位移和内力增加很多，导致底板岩层的破断并垮落，其判据为：

$$F(b,\lambda,\alpha,q) = p - p_k = p - \frac{4D^2\pi^2}{3} \left(\frac{3}{b^2\lambda^4} + \frac{3}{b^2} + \frac{2}{b^2\lambda^2} \right) + \frac{1}{2}bq\sin\alpha \qquad (4\text{-}47)$$

当 $F(b,\lambda,\alpha,q) < 0$ 时，底板岩层所受荷载小于其临界值，岩层处于稳定状态。

当 $F(b,\lambda,\alpha,q) \geqslant 0$ 时，底板岩层的弯曲平衡状态被打破，将发生沿层面方向的滑动破坏。

4.4　大段高工作面合理分段高度极值研究

急斜煤层分段放顶煤开采，当工作面由地表浅部向下部水平延伸并开采至一定程度后，必将引起地表的沉陷。4.1 节的力学分析表明，岩板的破坏顺序首先是在薄板支承端上表面中点处产生拉裂隙，随后在薄板下表面中部产生拉裂，最后在薄板下支承端上表面中点处产生拉裂。因此，顶板岩层在破断过程中，在上支承端上表面中点处及薄板下表面中部产生拉裂后将在自重作用下向采空区垮落。岩层下支承端上表面中点处由于最后产生拉裂，同时有可能借助垮落矸石的支承作用,将造成该部分顶板悬而不垮,因此顶板侧岩层破坏后形态呈阶梯状;而"卸载拱"向顶板侧的不断扩展,使得上支承端拱脚在向地表预留煤柱体上移过程中将造成最后残留煤柱体超出承载极限后破碎垮落。因此地表最初将形成底部带有阶梯状收口的深槽形塌陷坑,这与相似模拟实验的结论是一致的。

自地表形深槽形塌陷坑后,塌陷坑底部的阶梯状收口受到大面积垮落煤矸体和已垮落顶板岩层的有效支撑,阻止了地表塌陷坑面积的进一步扩大。收口之下工作面合理的分段高度,应能保证在一个分段高度开采范围内,顶板岩层基本上保持稳定,以便保证工作面开采结束时,收口处的煤矸体能沿该工作面开采后形成的槽形采空体下移,从而对该工作面开采后的顶板侧岩层形成支撑作用,增加该处顶板的稳定性。

4.4.1 力学模型的建立

考虑地表形成沉陷后的情况,为保证收口之下分段放顶煤工作面开采结束后,在一个工作面段高范围内的顶板岩层基本上保持稳定,必须使工作面在一个合理分段高度内,使薄板所受最大拉应力小于抗拉强度。考虑顶煤被完全采出时收口处煤矸体向下方采空体下移瞬时状态,此时顶板岩层可看作三边固支、一边自由的薄板,其力学模型如图 4-13 所示。将薄板所受上方岩体的载荷 q 分解为薄板所受的法向载荷 $q_1 = q\cos\alpha$ 及切向载荷 $q_2 = q\sin\alpha$ 的作用。并认为切向载荷沿板厚均匀分布,即由于板很薄,假定内部发生了平行于中面的应力,而且这些应力不沿板的厚度变化。对于考虑为小挠度薄板问题研究的脆性岩板,可分别计算两向载荷引起的应力,然后叠加。

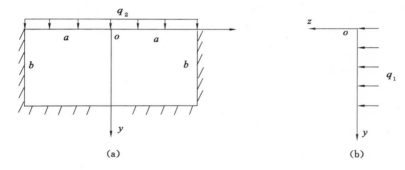

图 4-13 三边固支板破断力学模型

4.4.2 法向载荷作用下应力分布

法向载荷作用下,三边固支薄板的位移边界条件为:

$$(\omega)_{x=\pm a} = 0 \qquad \left(\frac{\partial \omega}{\partial x}\right)_{x=\pm a} = 0 \tag{4-48}$$

$$(\omega)_{y=b} = 0 \qquad \left(\frac{\partial \omega}{\partial y}\right)_{y=b} = 0 \tag{4-49}$$

由此设满足位移边界条件的挠度表达式为:

$$\omega = C_1 \omega_1 = C_1 \left(x^2 - a^2\right)^2 (y - b)^2 \tag{4-50}$$

利用瑞次法进行求解,薄板的形变势能为:

$$U = \frac{D}{2} \iint \left\{ (\nabla^2 \omega)^2 - 2(1-\mu) \left[\frac{\partial^2 \omega}{\partial x^2} \frac{\partial^2 \omega}{\partial y^2} - \left(\frac{\partial^2 \omega}{\partial x \partial y}\right)^2 \right] \right\} \mathrm{d}x \mathrm{d}y \tag{4-51}$$

其中，D 为弯曲刚度，μ 为泊松比。

将式(4-50)代入式(4-51)得：

$$U = \frac{DC^2 a^5 b}{2}\left[\frac{128}{25}b^4 + \frac{1\,024}{315}a^2\,(a^2 + 2b^2 - 3b^2\mu)\right] \tag{4-52}$$

为决定系数 C_1，可利用下式：

$$\frac{\partial U}{\partial C_m} = \iint q_1\omega_m \mathrm{d}x\mathrm{d}y \tag{4-53}$$

可得系数 C_1 为：

$$C_1 = \frac{16b^2 q\cos\theta}{45D\left[\dfrac{128}{25}b^4 + \dfrac{1\,024}{315}a^2\,(a^2 + 2b^2 - 3b^2\mu)\right]} \tag{4-54}$$

代入式(4-50)，则得挠度表达式为：

$$\omega = \frac{16b^2 q\cos\theta}{45D\left[\dfrac{128}{25}b^4 + \dfrac{1\,024}{315}a^2\,(a^2 + 2b^2 - 3b^2\mu)\right]}\,(x^2 - a^2)^2\,(y-b)^2 \tag{4-55}$$

薄板沿 y 轴方向的应力分量可表示为：

$$\sigma_y = -\frac{Ez}{1-\mu^2}\left(\frac{\partial^2\omega}{\partial y^2} + \mu\frac{\partial^2\omega}{\partial x^2}\right) \tag{4-56}$$

将式(4-55)代入式(4-56)可得：

$$\sigma_y = -\frac{64zb^2 q\cos\alpha}{15t^3}\left[\frac{2\,(x^2 - a^2)^2 + 4\mu\,(y-b)^2\,(3x^2 - a^2)}{\dfrac{128}{25}b^4 + \dfrac{1\,024}{315}a^2\,(a^2 + 2b^2 - 3b^2\mu)}\right] \tag{4-57}$$

在薄板上表面(背向采空区侧) $x = 0, y = b, z = -\dfrac{t}{2}$ 处，即薄板底部边界上表面受最大拉应力作用，其值为：

$$\sigma_{y\max拉} = \frac{64a^4 b^2 q\cos\alpha}{15t^2\left[\dfrac{128}{25}b^4 + \dfrac{1\,024}{315}a^2\,(a^2 + 2b^2 - 3b^2\mu)\right]} \tag{4-58}$$

4.4.3　切向载荷作用下应力分布

对薄板所受纵向载荷的分布适当简化，即将切向载荷作用在薄板上部边界。利用应力变分法求薄板内的应力分量。设应力函数表达式为：

$$\varphi = -\frac{q_2 x^2}{2} + \frac{q_2 a^2}{2}\left(\frac{x^2 y^2}{a^2 b^2}A_1 + \frac{y^3}{b^3}A_2\right) \tag{4-59}$$

该函数应满足以下方程：

$$\iint\left[\frac{\partial^2\varphi}{\partial y^2}\frac{\partial}{\partial A_m}\left(\frac{\partial^2\varphi}{\partial y^2}\right) + \frac{\partial^2\varphi}{\partial x^2}\frac{\partial}{\partial A_m}\left(\frac{\partial^2\varphi}{\partial x^2}\right) + 2\frac{\partial^2\varphi}{\partial x\partial y}\frac{\partial}{\partial A_m}\left(\frac{\partial^2\varphi}{\partial x\partial y}\right)\right]\mathrm{d}x\mathrm{d}y = 0 \tag{4-60}$$

联立两式可得：

$$A_1 = -6A_2 = \frac{60}{36 + 160\dfrac{a^2}{b^2} + 21\dfrac{a^4}{b^4}} \tag{4-61}$$

将式(4-61)代入式(4-59)可得：

$$\varphi = -\frac{q_2 x^2}{2} + q_2\left(\frac{x^2 y^2}{a^2 b^2} - \frac{y^3}{6b^3}\right)\frac{60}{36 + 160\dfrac{a^2}{b^2} + 21\dfrac{a^4}{b^4}} \tag{4-62}$$

则沿 y 轴方向应力可表示为：

$$\sigma_y = \frac{\partial^2 \varphi}{\partial x^2} = -q_2 + \frac{q_2 y^2}{b^2} \cdot \frac{60}{36 + 160\frac{a^2}{b^2} + 21\frac{a^4}{b^4}} \qquad (4\text{-}63)$$

当 $y = b$ 时，即在薄板底部边界所受压应力最小，其值为：

$$\sigma_{\min 压} = q\sin\alpha \left(\frac{60}{36 + 160\frac{a^2}{b^2} + 21\frac{a^4}{b^4}} - 1 \right) \qquad (4\text{-}64)$$

4.4.4 法向与切向载荷作用下应力分布

急斜煤层开采过程中，在法向与切向载荷共同作用下，呈现脆性破坏的岩板，其破坏主要是由法向载荷造成的，因此分别计算两向载荷形成的应力后进行应力叠加。

薄板承受的最大拉应力位于薄板上表面（背向采空区侧）$x = 0, y = b, z = -\frac{t}{2}$ 处，其值为 $\sigma_{ymax合} = \sigma_{ymax拉} + \sigma_{ymin压}$，即：

$$\sigma_{ymax合} = \frac{64a^4 q\cos\alpha}{15t^2 \left[\frac{128}{25}b^2 + \frac{1\,024}{315}a^2\left(\frac{a^2}{b^2} + 2 - 3\mu\right) \right]} + q\sin\alpha \left(\frac{60}{36 + 160\frac{a^2}{b^2} + 21\frac{a^4}{b^4}} - 1 \right)$$

$$(4\text{-}65)$$

4.4.5 合理分段高度判别式的选取

分析式(4-65)可知，影响 $\sigma_{ymax合}$ 的因素共包括 5 个参数：薄板沿走向的推进长度 a、薄板的倾斜长度 b、岩层的倾角 α、薄板所受上覆层载荷 q 和岩层的泊松比 μ。岩板所受最大拉应力与各参数的对应关系如下：

（1）随着 a 的增大，$\sigma_{ymax合}$ 呈现增长的趋势，当达到岩石的抗拉强度时，岩板处于破坏的极限状态。

（2）随着 b 值的增加，q 值增加的幅度远大于 b 值增加的幅度，$\sigma_{ymax合}$ 呈现增长的趋势，岩板破坏的趋势增强。

（3）随着 α 值的增加，$\sigma_{ymax合}$ 呈现减小的趋势，薄板的稳定性提高。表明倾角不同的急斜煤层开采，当其他条件相同时，倾角大的煤层可以满足更大的 b 值。工作面分段高度可表示为 $h = b\sin\alpha$，即倾角大的煤层可以满足更大的分段高度。

（4）随着 μ 的减小，岩层的坚硬程度增强，$\sigma_{ymax合}$ 呈现减小的趋势，岩板破坏的趋势减弱。

同时，式(4-65)表明薄岩板承受的最大拉应力位于薄板上表面（背向采空区侧）$x = 0$，$y = b, z = -\frac{t}{2}$ 处，岩板的破坏由此沿边界向两侧扩展，因此岩板易发生沿薄岩板根部的折断破坏。

综合考虑以上各种因素，岩板合理的分段高度应保证，在工作面上方采空区的煤矸体朝工作面煤体采出后形成的槽形采空体下移前，薄岩板不发生沿根部的折断，从而使下移煤矸体形成对薄岩板的有效支承作用，增强采空区上方岩体的稳定性。工作面合理段高 h 的取值应满足下面关系式：

$$\frac{64a^4 q\cos\alpha}{15t^2\left[\dfrac{128}{25}b^2+\dfrac{1\,024}{315}a^2\left(\dfrac{a^2}{b^2}+2-3\mu\right)\right]}+q\sin\alpha\left(\frac{60}{36+160\dfrac{a^2}{b^2}+21\dfrac{a^4}{b^4}}-1\right)\leqslant\sigma_{拉}$$

$$(4\text{-}66)$$

其中，$\sigma_{拉}$ 表示层状岩体的单向抗拉强度。

4.4.6　合理分段高度极值的选取

为求取合理分段高度 h，考虑岩板处于临界状态，即先使求解的 b 值满足下式，然后令 h $= b\sin\alpha$。

$$\frac{64a^4 q\cos\alpha}{15t^2\left[\dfrac{128}{25}b^2+\dfrac{1\,024}{315}a^2\left(\dfrac{a^2}{b^2}+2-3\mu\right)\right]}+q\sin\alpha\left(\frac{60}{36+160\dfrac{a^2}{b^2}+21\dfrac{a^4}{b^4}}-1\right)=\sigma_{拉}$$

$$(4\text{-}67)$$

为求解合理的 b 值，应关注薄板沿走向的推进长度 a、层状岩体的倾角 α、薄板所受上覆层载荷 q、岩层的泊松比 μ 及岩体的单向抗拉强度 $\sigma_{拉}$ 5 个因素的影响。在 5 在个因素已知条件下直接求取 b 值，将由于无法直接得出显式函数式造成求解困难，因此本式的求解采用数值分析中的二分法进行编程计算。二分法是一种逐步搜索的方法，其算法简单，且收敛性总能得到保证，是方程求根的常用方法。程序界面如图 4-14 所示。

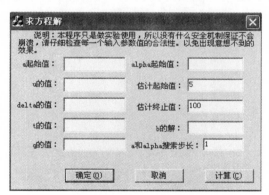

图 4-14　求解程序界面

（1）倾角 45°煤层

薄板沿走向的推进长度 a 取决于顶板来压步距。乌鲁木齐矿区赋存的 45°倾角煤层为铁厂沟煤矿。依据铁厂沟煤矿实际情况，取来压步距在 8～12 m 之间，取实际值 $a=9.17$ m，岩层均厚 $t=4$ m，泊松比 $\mu=0.32$，岩体的单向抗拉强度 $\sigma_{拉}=1.5$ MPa，煤层开采埋深为 200 m。将以上参数代入求解界面（图 4-15），得合理的岩板斜长的最大值为 $b=32.995$ m，此时 $h=b\sin\alpha=23.33$ m，工作面合理的分段高度取值应小于 23.33 m，取整数值为 23 m，则倾角 45°煤层工作面合理分段高度极值为 23 m。

（2）倾角 65°煤层

乌鲁木齐矿区赋存的 65°倾角煤层为六道湾煤矿及韦湖梁煤矿。依据煤矿实际情况，取来压步距在 10～15 m 之间，取实际值 $a=12.3$ m，岩层均厚 $t=4$ m，泊松比 $\mu=0.27$，岩

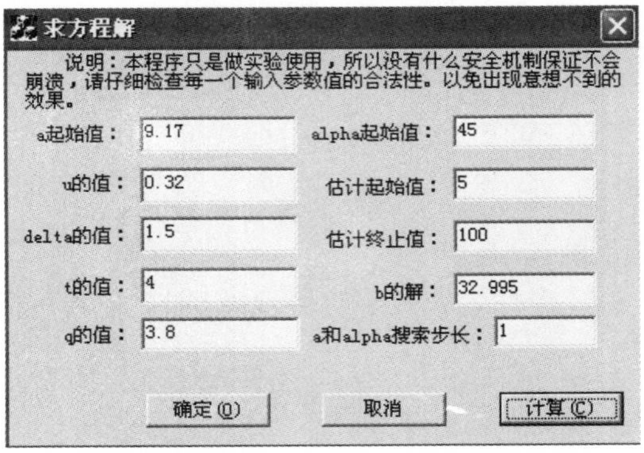

图 4-15　45°倾角煤层求解

体的单向抗拉强度 $\sigma_{拉}=1.8\,\mathrm{MPa}$，煤层开采埋深为 200 m。当取 $a_1=12.3\,\mathrm{m}$ 时，将以上参数代入求解界面(图 4-16)，得合理的岩板斜长的最大值 $b=42.563\,\mathrm{m}$，此时 $h=b\sin\alpha=38.58\,\mathrm{m}$，工作面合理的分段高度取值应小于 38.58 m，取整数值为 38 m，则倾角 65°煤层工作面合理分段高度极值为 38 m。

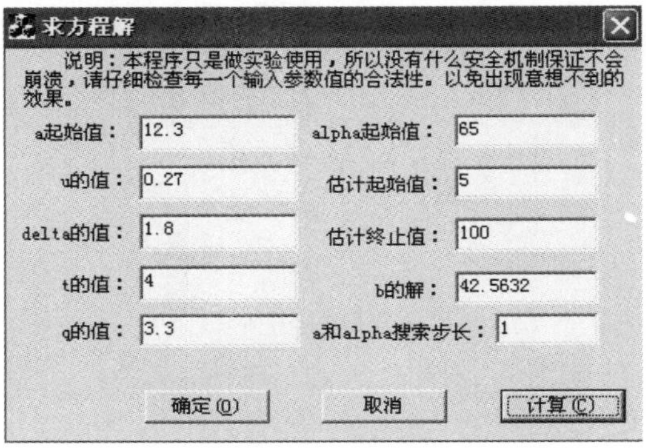

图 4-16　65°倾角煤层求解

（3）倾角 84°煤层

乌鲁木齐矿区赋存的 84°倾角煤层为碱沟煤矿及小洪沟煤矿。依据煤矿实际情况，取来压步距在 21～26 m 之间，岩层均厚 $t=4\,\mathrm{m}$，泊松比 $\mu=0.23$，岩体的单向抗拉强度 $\sigma_{拉}=2.0\,\mathrm{MPa}$，煤层开采埋深为 200 m。将以上参数代入求解界面(图 4-17)，得合理的岩板斜长的最大值为 $b=97.703\,\mathrm{m}$，此时 $h=b\sin\alpha=97.16\,\mathrm{m}$，合理的工作面分段高度取值应小于 97.16 m，取整数值为 97 m，则倾角 84°煤层工作面合理的分段高度极值为 97 m。为寻找不同倾角急斜煤层合理的分段高度，并考虑以上三种情况中，煤层倾角考虑了井田范围内煤层的平均倾角，为此有必要对倾角 55°和 75°的煤层再作进一步研究。

（4）倾角 55°煤层

结合乌鲁木齐矿区煤岩地质情况，对倾角 55°煤层，取来压步距在 10～15 m 之间，取实际值 $a=10.5\,\mathrm{m}$，岩层均厚 $t=4\,\mathrm{m}$，泊松比 $\mu=0.3$，岩体的单向抗拉强度 $\sigma_{拉}=1.6\,\mathrm{MPa}$，煤层开采埋深为 200 m。将以上参数代入求解界面(图 4-18)，得合理的岩板斜长的最大值

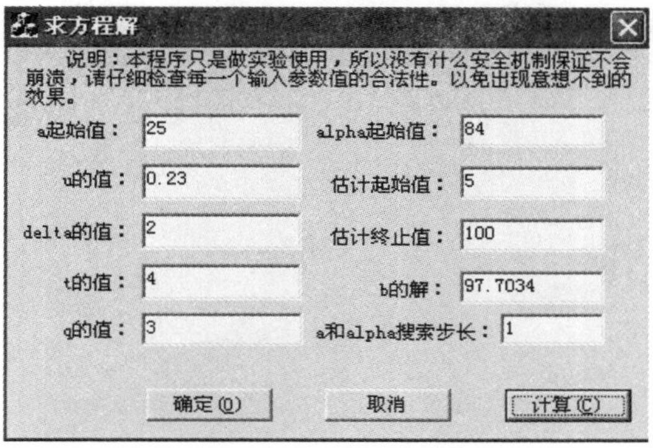

图 4-17　84°倾角煤层求解

为 $b = 35.7582\,\mathrm{m}$，此时 $h = b\sin\alpha = 29.29\,\mathrm{m}$，工作面合理的分段高度取值应小于 29.29 m，取整数值为 $29\,\mathrm{m}$，则倾角 $55°$煤层工作面合理的分段高度极值为 $29\,\mathrm{m}$。

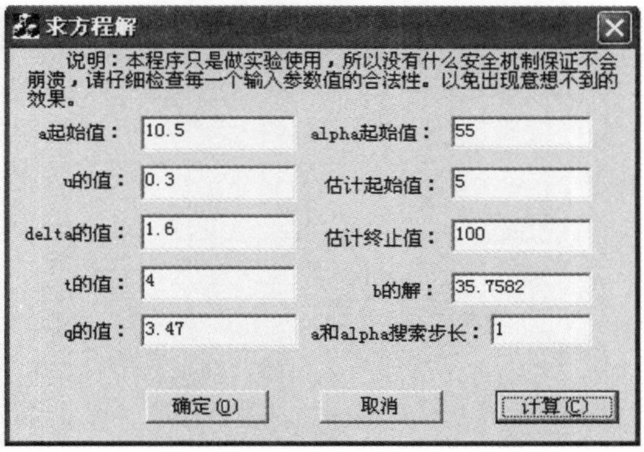

图 4-18　55°倾角煤层求解

（5）倾角 75°煤层

结合乌鲁木齐矿区煤岩地质情况，对倾角 75°煤层，取来压步距在 15～20 m 之间，取实际值 $a = 15.9\,\mathrm{m}$，岩层均厚 $t = 4\,\mathrm{m}$，泊松比 $\mu = 0.25$，岩体的单向抗拉强度 $\sigma_{拉} = 2.2\,\mathrm{MPa}$，煤层开采埋深为 200 m。将以上参数代入求解界面（图 4-19），得合理的岩板斜长最大值为 $b = 52.5977\,\mathrm{m}$，此时 $h = b\sin\alpha = 50.81\,\mathrm{m}$，工作面合理的分段高度取值应小于 50.81 m，取整数值为 50 m，则倾角 75°煤层工作面合理的分段高度极值为 50 m。

由以上分析可知，具有乌鲁木齐矿区煤岩地质特征的分段工作面合理分段高度极值的最大控制因素为煤层倾角 α。随着 α 的增大，合理段高的取值如图 4-20 所示。图 4-20 中曲线可分为 3 类区间：

① 第 I 类区间

第 I 类区间包括 45°～55°范围，该范围内分段工作面合理分段高度极值应控制在 29 m 范围内。如铁厂沟煤矿计算所得合理段高应控制在 24 m 内，与目前实际采用的 18～20 m 段高取值基本吻合。

② 第 II 类区间

第 II 类区间包括 55°～75°范围。图 4-20 中该范围内区线的斜率大于第 I 类区间。该

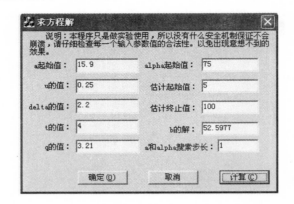

图 4-19　75°倾角煤层求解

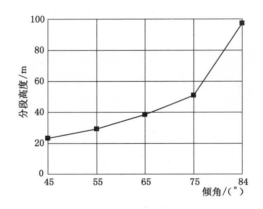

图 4-20　倾角与段高关系曲线

范围内分段工作面合理分段高度极值应控制在 50 m 内。如六道湾煤矿计算所得合理段高为 38.58 m，曾在在＋510 m 中央石门下山西翼 B_{4+6} 工作面进行工业性实验所选择的分段高度为 30 m，实验工作面日产量基本保持在 6 000 t，可以达到急斜煤层短工作面 200 万 t/a 的生产能力。

　　③ 第Ⅲ类区间

　　第Ⅲ类区间包括 75°～90°范围。图 4-20 中该范围内区线的斜率明显大于第Ⅱ类区间，曲线斜率较陡，说明该范围内合理段高取值范围递增较快。该范围内分段工作面合理分段高度的控制范围应摆脱完全纯理论上的考虑，技术上的考虑必不可少。如碱沟煤矿计算所得合理段高应控制在 100 m 内，而实际生产中，大段度开采的主要难度是在技术方面。因此，急斜煤层大段高开采，单纯依靠预爆破技术放出顶煤难以达到预期的效果。该类区间工作面合理段高的控制范围应进一步深入研究。

4.5　本 章 小 结

　　（1）分段工作面开采过程中，顶板岩层中存在"卸载拱"结构。当地表浅部原始煤柱体未完全垮落时，由于拱结构的存在，拱所承担的上覆层荷载由上下拱脚处承担。上拱脚作用在地表浅部原始煤柱体上,下拱脚作用在工作面下方尚未开采的煤体上。当地表浅部原始煤柱体完全垮落后,地表形成塌陷区域,此时承担上覆层荷载的上拱脚作用在顶板侧梯形收口处受挤压的垮落煤矸体及垮落的顶板岩块上,下拱脚仍作用在工作面下方尚未开采的煤体上。"卸载拱"结构的存在,使工作面开采过程中裸露的顶板岩层仅承受拱内岩层的作用,顶板的稳定性提高。

(2)"卸载拱"拱顶随着煤层倾角 α 的增大,呈现沿岩层倾向朝地表浅部方向偏移的趋势。随着 α 的增大,拱高 h 呈现减小的趋势,而 $\tan \alpha$ 值呈现增大趋势,且其变化率明显大于拱高 h 的变化率。当拱所跨斜长 S 给定时,拱顶偏移距 ΔS 表现为随着倾角的增加而增大的趋势。即随着煤层倾角的增加,"卸载拱"拱顶持续向地表浅部方向偏移。当满足条件 $\Delta S = S, \dfrac{h}{S} = \sqrt{\dfrac{1}{2\tan \alpha}}$ 时,"卸载拱"拱顶沿煤层倾斜方向的位置在标高上将超出拱的上拱脚位置。

(3)倾角的增大将使拱上支撑端支撑反力增大。当分段工作面向下部水平下移后,拱所跨斜长 S 增大,上支撑端支撑反力增大。当原始煤柱体未完全垮落时,即地表未出现沉陷前,如果上拱脚处的煤体强度不足以支撑拱上支撑端压力时,上支撑端向原始煤柱浅部方向转移,使得上支承端拱脚在向地表预留煤柱体上移过程中造成最后残留煤柱体超出承载极限后破碎垮落,地表出现塌陷区域。形成沉陷区域后,拱上支撑端将作用在塌陷坑阶梯状收口处受挤压的垮落煤矸体及已垮落的顶板岩块上。

(4)急斜煤层分段放顶煤工作面合理段高的取值应满足下面关系式:

$$\frac{64a^4 q\cos \alpha}{15t^2\left[\dfrac{128h^2}{25\sin^2\alpha} + \dfrac{1024}{315}a^2\left(\dfrac{a^2\sin^2\alpha}{h^2} + 2 - 3\mu\right)\right]} + q\sin \alpha\left(\frac{60}{36 + 160\,\dfrac{a^2\sin^2\alpha}{h^2} + 21\,\dfrac{a^4\sin^4\alpha}{h^4}} - 1\right) \leqslant \sigma_{粒}$$

合理段高的极限取值范围分为 3 类区间:第 Ⅰ 类区间包括 $45°\sim55°$ 范围,其中倾角 $45°$ 煤层工作面合理段高极限取值应控制在 24 m 内,倾角 $55°$ 煤层工作面合理段高极限取值应控制在 29 m 内;第 Ⅱ 类区间包括 $55°\sim75°$ 范围,其中倾角 $65°$ 煤层工作面合理段高极限取值应控制在 39 m 内,倾角 $75°$ 煤层工作面合理段高极限取值应控制在 51 m 内;第 Ⅲ 类区间包括 $75°\sim90°$ 范围。该范围内分段工作面合理段高的控制范围应摆脱完全纯理论上的考虑,技术因素对合理段高取值的影响比较重要。

(5)理论分析表明:以乌鲁木齐矿区煤岩地质情况为基础,倾角 $45°\sim55°$ 的煤层不适合于段高超过 30 m 的大段高开采;倾角大于 $55°$ 的煤层,进行 30 m 大段高开采在理论分析上是可行的,可以避免工作面开采过程中段高所在范围内顶板大范围垮落的危险。

5 分段放顶煤开采顶煤体结构
及放出规律研究

放顶煤开采是井工开采时的一种煤炭回采方法。具体方法是在开采过程中沿缓斜特厚煤层的底板或在急斜厚及特厚煤层某一阶段高度的底部布置一个工作面进行回采,工作面煤壁由采煤机将采落的煤装入前部输送机,而上部顶煤则在预爆破及矿山压力作用下在工作面后方垮落并通过支架放煤口放至工作面内后部输送机上。其特殊性在于大部分煤炭是靠顶煤的自然垮落采出的。这一特点是其他采煤方法所没有,因此这种采煤法是在众多学者和有关工程技术人员不断探索研究过程中发展起来的。

1964年,法国在布朗齐矿区试验成功了综采放顶煤采煤法。我国在借鉴苏联、波兰、匈牙利、南斯拉夫等国综采放顶煤方面研究和工业试验的经验及教训的基础上,于1982年通过了放顶煤开采的可行性研究及技术经济论证,首先在沈阳蒲河矿区进行了特厚煤层综放开采的工业试验,放顶煤开采最初在急斜特厚煤层开采中取得成功。20世纪80年代末我国先后在窑街、辽源、乌鲁木齐取得急斜水平分段放顶煤开采的工业性试验成功,随后在国内急斜煤层赋存矿区得到广泛的推广应用。对于近水平、缓斜、倾斜煤层,虽然最初经历了许多挫折,但经过20多年的发展,其放顶煤开采配套设备、开采技术与理论研究迅速发展,并形成了一套比较成熟的理论。相比较而言,急斜煤层由于赋存条件复杂,其理论研究滞后于生产实践,尚存在诸多技术难题,一些关键技术尚未完全解决,并且在生产实践中还将不断出现新的问题亟待人们去加以研究解决。急斜煤层倾角大于45°,顶煤所承受的支承压力破煤作用与缓斜煤层相比要低,分段开采时顶煤的垮落必须借助预先的松动爆破。缓斜煤层长壁开采围岩破坏运动形成"横三区、竖三带",在断裂带下位岩层形成"砌体梁"结构,沿工作面法线方向力的传递体系是"基本顶—直接顶—支架—底板",而急斜水平分段放顶煤开采沿工作面法线方向力的传递体系是"残留煤矸—顶煤—支架—煤体",顶煤即是工作面回采时支架要承载的"顶板",同时又是要采出的对象,因此对于急斜水平分段放顶煤开采的研究是非常必要的,其破碎机理及其内部是否存在结构都是值得深入研究的。

5.1 急斜水平分段放顶煤开采工作面回采工艺

急斜水平分段放顶煤工作面巷道一般呈"U"形布置,其回采工艺过程主要包括以下8个基本部分:

(1)推移前部运输机:即进刀前将采煤机行至前部刮板输送机机尾处,并将采煤机滚筒置于开切巷中部空间内,然后推移前部运输机。

(2)进刀:一般采用中部斜切进刀方式,采煤机至前溜机尾,将滚筒升至顶刀位置,开动采煤机直接割顶刀。

（3）割煤、装煤：采煤机从前部刮板输送机机尾割顶刀行至前部刮板输送机机头后停止前进，将滚筒反向降止底刀位置，再从前部刮板输送机溜头向机尾方向割底刀，并利用采煤机滚筒螺旋叶片自行装煤。

（4）运煤：采煤机切割的松散煤体及其他残留浮煤由前部刮板输送机运至转载机，再转给平巷胶带运出工作面。

（5）移架：一般采用单架依次顺序移架方式，操作方法采用追机作业。当工作面有来压时，必须采用带压移架。

（6）放顶煤：放煤方式一般采用由底板向顶板方向多轮、间隔、顺序、均匀的放煤原则，严禁采取点式放煤。

（7）设备检修：放顶煤开采中对设备的检修要定期进行，对设备全面检修的目的是为了达到设备的良好运转。

（8）顶煤松动爆破：由于一次性放煤高度较大，利用支承压力作用及支架的反复支撑，顶煤的破碎度并不高，有可能造成顶煤的悬而不下，因此必须采取强制松动破碎顶煤，其爆破参数及技术要求将依据煤层的倾角、硬度及裂隙发育程度而定。

5.2 顶煤破碎机理研究

煤层作为一种复杂的地质构造体，在漫长的地质历史发展过程中，因受成岩作用和不同时期不同构造运动的影响，在煤岩体中必然存在着复杂的构造遗迹。因此煤体中将存在层理和其他节理裂隙面，统称为原生裂隙。放顶煤开采过程中，顶煤体受采动影响后又可能增加采动裂隙。这些分布在顶煤体中成因各异、种类不同的弱面将顶煤体分割成具有不同几何形状和不同尺度的空间镶嵌块体。顶煤块体在未暴露之前，受底部煤体的支撑处于静力平衡状态。随着开采过程中下方煤体的采出及支架的前移，总有一部分块体暴露在采空区空间的临空面上。受自重作用、支承压力作用以及支架的反复支撑，边界面上的块体将首先沿某一结构面滑动从而失去原有的静力平衡状态，其失稳又会引起周围块体的连锁反应后造成顶煤体的不断破碎垮落。

5.2.1 受弱面切割而成的顶煤块体基本类型

将受支架支撑作用而保持暂时平衡态的顶煤体看成是由大小、形状各异的不同块体构成的一个结构体。由于结构面产状不同，切割成的块体类型也不同，可将受弱面切割而成的顶煤块体划分为两种基本类型。

5.2.1.1 无限块体

无限块体是被两个或两个以上平面所限定的而在某一方向可以无限伸展的三维体。即没有被临空面和结构面完全切割成孤立的块体，至少有一部分与母体相连，是一种稳定类型块体。

5.2.1.2 有限块体

有限块体是指被互相不平行的 4 个或 4 个以上平面所包围的三维体，即已被临空面和结构面完全切割成的孤立块体。岩体中只是有限块体才可能失稳。有限块体又分为可动块体和不可动块体。

（1）不可动块体

这类块体虽然是孤立的,但块体沿空间任何方向移动都受到相邻块体制约,如果相邻块体不发生移动,这类块体就不会产生移动。

（2）可动块体

岩体被弱面切割,破坏了它的完整性,但是没有人工开挖后形成的自由空间,被切割的块体是不会发生移动的。所以块体移动的必要条件是:块体的界面中必须的一个或一个以上的临空面。但如果块体在向临空面方向移动时,受到其他部分块体的阻挡,则虽有临空面也不能产生移动。图 5-1 为块体移动示意图,其中 Q 为临空面,P_1、P_2、P_3 为弱面。由 P_1、P_2 及 P_3 切割组成的 B 块体并不能向临空面移动,而只有 A 块体才可能移动。A、B 两块体在临空面方向的差别是,切割 A 块体的弱面互相发散,而切割 B 两块体的弱面互相收拢。块体

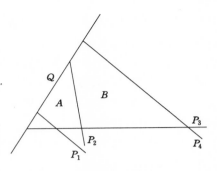

图 5-1　块体移动示意图

只能向弱面互相发散的方向移动。如果没有 Q 临空面,弱面互相收拢的 B 块体将形成有限块体。而弱面互相发散的 A 块体将形成无限块体。由此可见,弱面本身能构成有限块体者,即使有临空面也不会产生移动。因此块体移动的充分条件是:弱面构成的无限块体,被临空面切割后才成为有限块体者是可动块体。

5.2.2　顶煤块体可动性判别准则

被弱面切割而成的顶煤块体可动性的判别准则为:首先根据块体有限性的判别方法,寻找由临空面和弱面构成的有限块体。然后将这些有限块体的临空面除去,检查剩余弱面是否能构成有限块体。如果能构成有限块体,则该块体不可动,否则为可动块体。有限块体至少有 4 个互不平行的界面。如果临空面和弱面之和等于 4,则它们构成的有限块体一定是可动块体。只有当临空面和弱面之和大于 4 时,才可能产生不可动的有限块体。

5.2.3　裂隙发育程度对顶煤块度的影响

煤体中宏观裂隙的密度、组数、长度及其贯通性直接影响着顶煤体中的块度大小及分布特征。顶煤体在一定的支承压力 $\sigma_1 = k\gamma H$ 作用下,如果煤体强度高,即抗压强度 σ_c 越大,顶煤的压裂破碎程度越差,块度越大。当裂隙发育程度较好时,在一定的支承压力作用下,顶煤的压裂效果越好,块度也越小。以 d_{cp} 代表煤体的加权平均块度参数,通过分析可知,d_{cp} 与煤体强度及裂隙发育程度相关,而裂隙发育程度又取决于裂隙组数 n 及平均裂隙间距 I,因此影响煤体块度 d_{cp} 的关系式可表示为:

$$d_{cp} = f(\sigma_c/\sigma_1, I/n) \tag{5-1}$$

5.3　顶煤运移规律研究

从总体上讲,放顶煤开采过程中顶煤运移可分为两个基本过程,一是顶煤松动、破坏及垮落的过程。在下方煤体采出后,上方顶煤处于顶底板的夹持作用下,顶煤在矿山压力及自重作用下破坏并垮落。二是顶煤放出过程,当支架放煤口打开后,已破碎的顶煤靠自重作用流入放煤口,其运动形式呈现出散体介质特征。

新疆乌鲁木齐矿区最早在六道湾煤矿东二南采区西翼工作面工业性试验水平分段综采顶

煤放开采取得成功。试验工作面分段标高＋700～＋710 m,地面标高＋820 m。开采 B_{4+5+6} 特厚煤层,煤层倾角64°～71°,工作面长度39 m。选用FYS300-19/28放顶煤液压支架,工作阻力2 940 kN/架,初撑力2 522 kN/架。由煤炭科学研究总院北京开采所、乌鲁木齐矿务局和新疆煤科所组成的课题组在工业试验期间进行了矿压观测。1989年10月综放面搬至东二南采区东翼,从开切眼起120 m范围属于原合并的两个矿井的边界煤柱,形成工作面上方有45～55 m垂高的“顶煤”。通过对这种“大放高”工作面进行矿压观测,并使用同一装备,开采同一煤层后发现两个工作面的矿压显现规律有着很大差别,如表5-1所列。

表 5-1 东二南采区西翼与东二南采区东翼综放面矿压显现对比表

综放工作面位置	采高/m	放煤高度/m	实测初撑力平均值/(kN/架)	时间加权平均工作阻力平均值/(kN/架)	循环未读数最大值/(kN/架)
东二南采区西翼	2.5	7.5	1 413	1 520	1 820
东二南采区东翼	2.5	22～45	989	723	1 555
对比/%		2.93～6	70	47.6	85.4

对比后发现,“大放高”工作面时间加权平均工作阻力的平均值大大低于水平分段高度10 m的工作面。通过后期研究发现,之所以出现这种现象是由于在水平分段放顶煤开采过程中,上部顶煤体中存在着一定的结构,矿压显现的差异正是由于不同开采参数导致顶煤体中形成结构的层位不同造成的。

为研究影响顶煤运移的两个关键因素,即煤层倾角和厚度对顶煤运移的影响,本书采用相同的煤岩物理力学参数建立了4个数值计算模型,并利用FLAC3D程序进行模拟运算。为建模便利,模型沿厚度方向(Y方向)只取一个单元厚度。取Ⅰ号模型煤层水平厚度39 m,倾角70°;Ⅱ号模型煤层水平厚度20 m,倾角70°;Ⅲ号模型煤层水平厚度40 m,倾角50°;Ⅳ号模型煤层水平厚度25 m,倾角50°。每个模型均划分6 000个单元,12 322个节点。各模型网格剖分如图5-2所示。

由于工作面采高一般为2.5 m左右,当采煤机采出2.5 m煤体后,上覆顶煤的位移等值线云图如图5-3所示。

由图5-3可知,水平分段放顶煤开采,机采后上部顶煤的运移具有以下一些基本特点:

(1) 从位移云图上看,下部底煤开采后,上部顶煤是以拱的形式垮落破坏的。顶煤的垮落破坏过程是旧的拱式平衡体系不断被新的拱式平衡体系取代的过程以及拱式体系不断向上位顶煤上移的过程。拱在不断上移过程中拱顶也向底板方向不断偏移,拱顶的连线近似成直线,与倾向基本保持一致。

(2) 当顶煤的拱式垮落体系发展到煤层的顶底板时,即形成了横跨顶底板岩层的一个暂时平衡的结构。因此上部顶煤中存在的结构实质上是一拱结构,其最终失稳是必然的,因此称之为“临时平衡跨层拱”,简称为“跨层拱”。低位“跨层拱”失稳后将被上位“跨层拱”所取代。由于“跨层拱”的存在,顶煤的垮落将受到影响,为达到顶煤体的顺利垮落,采取预爆破、伸缩支架及移架等方式是必要的。

(3) 煤层的水平厚度越大,即“跨层拱”的跨长越长,拱高越高。

(4) 模拟研究表明,“跨层拱”拱高与煤层的倾角及拱脚处的摩擦系数有关。

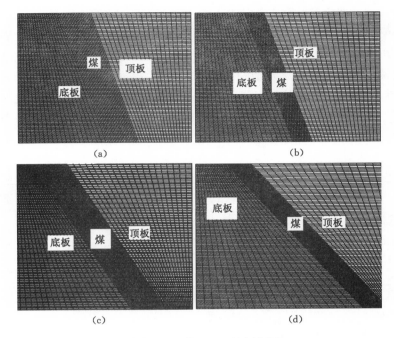

图 5-2　4 个模型的网格剖分图

(a) Ⅰ号模型网格剖分图;(b) Ⅱ号模型网格剖分图;
(c) Ⅲ号模型网格剖分图;(d) Ⅳ号模型网格剖分图

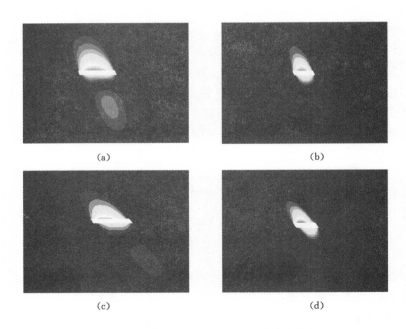

图 5-3　采 2.5 m 煤体后上覆顶煤整体位移云图

(a) Ⅰ号模型整体位移云图;(b) Ⅱ号模型整体位移云图;
(c) Ⅲ号模型整体位移云图;(d) Ⅳ号模型整体位移云图

5.4　顶煤体中"跨层拱"结构研究

急斜煤层水平分段开采与缓斜煤层不同,工作面上方是待放出的顶煤和残留煤矸,因而对工作面有决定影响的是"顶煤—残留煤矸"的活动。急斜水平分段放顶煤开采中,工作面支架上方顶煤和上覆残留煤矸能够形成"拱"结构,已是较为普遍的看法。但是关于"拱"结构的特征,如它的位置沿走向还是沿煤层层面的法线方向,及其对工作面矿山压力显现的影响,研究得很不够。这关系到急斜水平分段放顶煤开采支架的选型及在开采中的正常运行,因而也就影响到能否实现安全高效开采。在本课题研究中,我们提出了急斜水平分段放顶煤开采形成拱的基本形式如图5-4所示。它不像缓斜煤层是基本顶破断沿走向形成的"砌体梁"一类稳定结构,而是在工作面上方顶煤和残留煤矸中形成的平行于工作面线的散体介质拱结构。这种在顶底板之间形成的"岩层桥",即"跨层拱",具有以下一些基本特征:

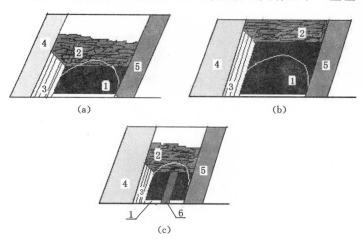

图 5-4　顶煤和残留煤矸形成"顶板—跨层拱—底板"结构

(a) 横跨顶底板岩层、顶煤与残留煤矸形成的拱结构;(b) 横跨顶底板岩层、顶煤形成的拱结构;

(c) 横跨顶底板岩层、含夹矸顶煤与残留煤矸形成的拱结构

1——顶煤;2——残留煤矸;3——直接顶;4——基本顶;5——底板;6——岩层

(1) 与缓斜煤层放顶煤形成的沿走向结构不同,"跨层拱"是沿工作面线的上方,由基本顶到底板跨开采煤层的一个拱结构。由于目前高产的水平分段放顶煤分段高度一般在15 m以上,从工艺上又要求尽可能多地放出顶煤,只有残留煤矸高度 $h_g > h_s k_c$(h_g 为水平分段高度,k_c 为工作面采出率)才有可能形成沿走向结构。

(2) "跨层拱"实质是在顶煤和残留煤矸中形成的一个临时结构,它对开采过程中的顶煤放出有重要影响。第一轮只能放出"跨层拱"下的煤炭,只有在第一轮放出后,"跨层拱"失稳,上方的顶煤才能放出。从实现工作面高产的目标看,显然放煤的轮回越少越好。因此,"跨层拱"的高度是决定水平分段高度的一个重要因素。显然,能否形成"跨层拱",还取决于"跨层拱"的跨长、岩层与拱脚处的摩擦系数。

5.4.1　"跨层拱"力学模型的建立

结合数值模拟研究,建立顶煤体中"跨层拱"结构的力学模型如图5-5所示。为计算简便,只讨论半个拱处于极限平衡状态时的受力情况,并分析拱高与跨长之间的关系。

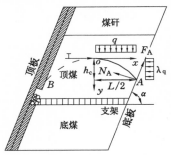

图 5-5 "跨层拱"力学模型

设拱高为 h_c,煤层水平厚度为 l,拱脚 A 处所受极限摩擦力为 F_A,支承反力为 N_A。q 为半拱所受垂向均布荷载,λ_q 为侧向均布荷载(λ 为侧压系数),T 为被切掉的半个拱的反推力,α 为煤层倾角。设拱为理想拱曲线,因此其任一截面上的弯矩 $M_x = 0$。

由 $\sum y = 0$ 可得:

$$N_A = \frac{ql}{2(\cos \alpha + f \sin \alpha)} \tag{5-2}$$

$$F_A = \frac{qlf}{2(\cos \alpha + f \sin \alpha)} \tag{5-3}$$

其中 f 为拱脚 A 处摩擦系数。

由 $\sum x = 0$ 可得:

$$T = \frac{ql(\sin \alpha - f \cos \alpha)}{2(\cos \alpha + f \sin \alpha)} + \lambda q h_c \tag{5-4}$$

由拱任一截面上的弯矩 $M_x = 0$ 得拱方程为:

$$\frac{\lambda y^2}{2} + \frac{x^2}{2} - \left[\frac{l(\tan \alpha - f)}{2(1 + f \tan \alpha)} + \lambda h_c \right] y = 0 \tag{5-5}$$

由拱方程可知拱曲线为椭圆曲线的一部分。

由 $\sum M_A = 0$ 可得:

$$T h_c = \frac{\lambda_q h_c^2}{2} + \frac{ql^2}{8} \tag{5-6}$$

将 T 代入可推得极限平衡时拱高与跨长的关系为:

$$h_c = \frac{l \left[\sqrt{(\tan \alpha - f)^2 + \lambda (1 + f \tan \alpha)^2} - (\tan \alpha - f) \right]}{2\lambda(1 + f \tan \alpha)} \tag{5-7}$$

设"跨层拱"拱高 h_c 与跨长 l 之比为 k,即:

$$k = \frac{h_c}{l} = \frac{\sqrt{(\tan \alpha - f)^2 + \lambda (1 + f \tan \alpha)^2} - (\tan \alpha - f)}{2\lambda(1 + f \tan \alpha)} \tag{5-8}$$

对式(5-2)~式(5-8)分析研究,可知"跨层拱"结构具有以下一些基本特征:

(1)拱脚 A 处所受支撑反力 N_A 与拱的跨长 l、煤层倾角 α、垂向均布荷载 q 成正比,与拱脚 A 处摩擦系数 f 成反比。

(2)拱高 h_c 与跨长 l 成正比,这一点与数值模拟实验是一致的。

5.4.2 "跨层拱"影响因素分析

由公式(5-7)可知,决定拱高与跨长之比 k 值的影响因素为煤层倾角 α、摩擦系数 f 与侧压系数 λ。为研究方便,设煤层倾角 α 为定值。当取 $\alpha = 50°$ 时,拱脚 A 处于极限平衡状态时 f 与 λ 对 k 的影响关系如表 5-2 所列。由表 5-2 可绘出对应于不同的 f 值,k 值随侧压系数 λ 的变化规律如图 5-6 所示;对应于不同的 λ 值,k 值随 f 值的变化规律如图 5-7 所示。

表 5-2				α 为 50°时 f,λ 对 k 的影响关系						
f \ λ	0.35	0.45	0.55	0.65	0.75	0.85	0.95	1.05	1.15	1.25
0.27	0.310	0.300	0.291	0.284	0.276	0.270	0.264	0.258	0.253	0.248
0.32	0.334	0.322	0.311	0.302	0.293	0.286	0.279	0.273	0.267	0.261
0.37	0.359	0.345	0.332	0.321	0.311	0.302	0.294	0.287	0.280	0.274
0.42	0.385	0.368	0.353	0.340	0.329	0.318	0.309	0.301	0.293	0.287
0.47	0.412	0.391	0.374	0.359	0.346	0.335	0.324	0.315	0.307	0.299
0.52	0.440	0.415	0.395	0.378	0.364	0.351	0.339	0.329	0.321	0.311
0.57	0.468	0.441	0.417	0.398	0.381	0.367	0.354	0.343	0.332	0.323

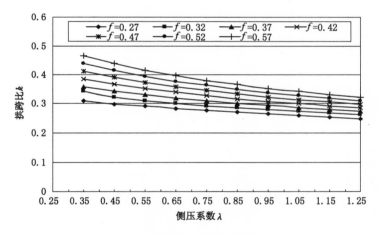

图 5-6 α 为 50°时 k 与 λ 的变化关系

另取 $\alpha = 70°$ 时,则拱脚 A 处于极限平衡状态时 f 与 λ 对 k 值的影响关系如表 5-3 所列。由表 5-3 绘出对应于不同的 f 值,k 值随侧压系数 λ 的变化规律如图 5-8 所示;对应于不同的 λ 值,k 值随 f 值的变化规律如图 5-9 所示。

对表 5-2、表 5-3 中的数据进行多元线性回归分析。当 $\alpha = 50°$ 时,利用最小二乘估计算法,k 值随 f 及 λ 变化的相关关系为:

$$k = 0.266 - 0.109\,2\lambda + 0.356\,9f \tag{5-9}$$

当 $\alpha = 70°$ 时,k 值随 f 及 λ 变化的相关关系为:

$$k = 0.113\,6 - 0.030\,4\lambda + 0.267\,9f \tag{5-10}$$

当 α 取值为 45°、55°、60°、65°、75°、80°、85°、88°时,拱脚 A 处于极限平衡状态时 f、λ 对 k 值的影响关系分别如表 5-4～表 5-11 所列。

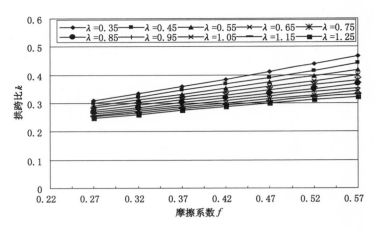

图 5-7 α 为 50°时 k 与 f 的变化关系

表 5-3   **α 为 70°时 f,λ 对 k 的影响关系**

f \ λ	0.35	0.45	0.55	0.65	0.75	0.85	0.95	1.05	1.15	1.25
0.27	0.169	0.167	0.165	0.164	0.162	0.160	0.159	0.157	0.156	0.155
0.32	0.184	0.182	0.180	0.178	0.176	0.174	0.172	0.170	0.168	0.167
0.37	0.200	0.197	0.194	0.192	0.189	0.187	0.185	0.182	0.180	0.178
0.42	0.216	0.213	0.209	0.206	0.203	0.200	0.197	0.195	0.192	0.190
0.47	0.233	0.228	0.224	0.220	0.216	0.213	0.210	0.206	0.204	0.201
0.52	0.249	0.243	0.238	0.234	0.230	0.225	0.222	0.218	0.215	0.212
0.57	0.266	0.259	0.253	0.248	0.243	0.238	0.233	0.229	0.226	0.222

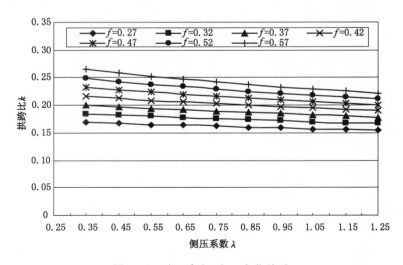

图 5-8 α 为 70°时 k 与 λ 变化关系

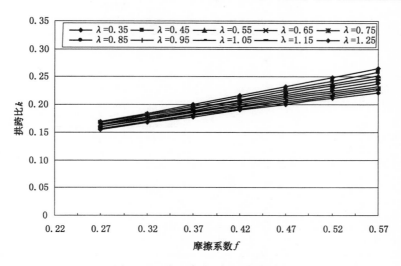

图 5-9　α 为 70° 时 k 与 f 变化关系

表 5-4　　　　　　　　　　　　倾角为 45° 时 f,λ 对 k 的影响关系

f ＼ λ	0.35	0.45	0.55	0.65	0.75	0.85	0.95	1.05	1.15	1.25
0.27	0.357	0.343	0.33	0.319	0.31	0.301	0.293	0.286	0.279	0.273
0.32	0.385	0.367	0.353	0.34	0.328	0.318	0.309	0.301	0.293	0.286
0.37	0.414	0.393	0.375	0.36	0.347	0.336	0.325	0.316	0.307	0.3
0.42	0.444	0.419	0.398	0.381	0.366	0.353	0.341	0.331	0.321	0.313
0.47	0.475	0.446	0.422	0.402	0.385	0.37	0.357	0.346	0.335	0.326
0.52	0.507	0.473	0.446	0.423	0.404	0.387	0.373	0.36	0.349	0.338
0.57	0.54	0.501	0.47	0.444	0.423	0.405	0.389	0.375	0.362	0.351

表 5-5　　　　　　　　　　　　倾角为 55° 时 f,λ 对 k 的影响关系

f ＼ λ	0.35	0.45	0.55	0.65	0.75	0.85	0.95	1.05	1.15	1.25
0.27	0.269	0.262	0.256	0.25	0.245	0.24	0.236	0.232	0.228	0.224
0.32	0.29	0.282	0.274	0.268	0.261	0.256	0.25	0.245	0.241	0.237
0.37	0.312	0.302	0.293	0.285	0.278	0.271	0.265	0.259	0.254	0.249
0.42	0.335	0.322	0.312	0.302	0.294	0.286	0.279	0.273	0.267	0.261
0.47	0.358	0.343	0.331	0.32	0.31	0.301	0.293	0.286	0.279	0.273
0.52	0.382	0.365	0.35	0.338	0.326	0.316	0.307	0.299	0.292	0.285
0.57	0.406	0.386	0.37	0.355	0.342	0.331	0.321	0.312	0.304	0.296

表 5-6 　　　　　　　　　　　倾角为 60°时 f, λ 对 k 的影响关系

f \ λ	0.35	0.45	0.55	0.65	0.75	0.85	0.95	1.05	1.15	1.25
0.27	0.232	0.228	0.223	0.22	0.216	0.212	0.209	0.206	0.203	0.201
0.32	0.251	0.245	0.24	0.235	0.231	0.227	0.223	0.219	0.216	0.213
0.37	0.27	0.264	0.257	0.252	0.246	0.241	0.237	0.233	0.229	0.225
0.42	0.29	0.282	0.275	0.268	0.262	0.256	0.251	0.246	0.241	0.237
0.47	0.311	0.301	0.292	0.284	0.277	0.27	0.264	0.258	0.253	0.248
0.52	0.332	0.32	0.309	0.3	0.292	0.284	0.277	0.271	0.265	0.26
0.57	0.353	0.339	0.327	0.316	0.307	0.298	0.29	0.283	0.277	0.271

表 5-7 　　　　　　　　　　　倾角为 65°时 f, λ 对 k 的影响关系

f \ λ	0.35	0.45	0.55	0.65	0.75	0.85	0.95	1.05	1.15	1.25
0.27	0.199	0.196	0.193	0.191	0.188	0.186	0.184	0.181	0.179	0.177
0.32	0.216	0.212	0.209	0.206	0.203	0.2	0.197	0.194	0.192	0.19
0.37	0.233	0.229	0.225	0.221	0.217	0.214	0.21	0.207	0.204	0.201
0.42	0.251	0.246	0.24	0.236	0.231	0.227	0.223	0.22	0.216	0.213
0.47	0.269	0.263	0.256	0.251	0.246	0.241	0.236	0.232	0.228	0.224
0.52	0.288	0.28	0.272	0.266	0.26	0.254	0.249	0.244	0.24	0.235
0.57	0.306	0.297	0.288	0.281	0.274	0.267	0.261	0.256	0.251	0.246

表 5-8 　　　　　　　　　　　倾角为 75°时 f, λ 对 k 的影响关系

f \ λ	0.35	0.45	0.55	0.65	0.75	0.85	0.95	1.05	1.15	1.25
0.27	0.141	0.14	0.139	0.138	0.137	0.136	0.135	0.134	0.133	0.132
0.32	0.155	0.154	0.153	0.151	0.15	0.149	0.147	0.146	0.145	0.144
0.37	0.17	0.168	0.166	0.165	0.163	0.161	0.16	0.158	0.157	0.156
0.42	0.185	0.182	0.18	0.178	0.176	0.174	0.172	0.17	0.168	0.167
0.47	0.199	0.196	0.194	0.191	0.189	0.186	0.184	0.182	0.18	0.178
0.52	0.214	0.211	0.207	0.204	0.201	0.198	0.196	0.193	0.191	0.188
0.57	0.229	0.225	0.221	0.217	0.213	0.21	0.207	0.204	0.201	0.199

表 5-9　　　　　　　　　　倾角为 80°时 f, λ 对 k 的影响关系

f ＼ λ	0.35	0.45	0.55	0.65	0.75	0.85	0.95	1.05	1.15	1.25
0.27	0.115	0.114 4	0.113 8	0.113 3	0.112 7	0.112 1	0.111 6	0.111 1	0.110 6	0.110 1
0.32	0.129	0.127 6	0.126 8	0.126 1	0.125 3	0.124 6	0.123 8	0.123 1	0.122 4	0.121 8
0.37	0.142	0.140 9	0.139 8	0.138 8	0.137 8	0.136 8	0.135 9	0.134 9	0.134	0.133 2
0.42	0.156	0.154 1	0.152 7	0.151 4	0.150 1	0.148 9	0.147 7	0.146 5	0.145 4	0.144 3
0.47	0.169	0.167 3	0.165 6	0.163 9	0.162 3	0.160 7	0.159 2	0.157 8	0.156 4	0.155
0.52	0.183	0.180 4	0.178 3	0.176 2	0.174 2	0.172 3	0.170 5	0.168 7	0.167 1	0.165 4
0.57	0.196	0.193 5	0.190 8	0.188 3	0.185 9	0.183 6	0.181 5	0.179 4	0.177 4	0.175 5

表 5-10　　　　　　　　　　倾角为 85°时 f, λ 对 k 的影响关系

f ＼ λ	0.35	0.45	0.55	0.65	0.75	0.85	0.95	1.05	1.15	1.25
0.27	0.091	0.090 2	0.089 9	0.089 6	0.089 3	0.089 1	0.088 8	0.088 5	0.088 3	0.088
0.32	0.103	0.102 8	0.102 4	0.102	0.101 6	0.101 2	0.100 8	0.100 4	0.1	0.099 6
0.37	0.116	0.115 4	0.114 8	0.114 2	0.113 6	0.113 1	0.112 5	0.112	0.111 4	0.110 9
0.42	0.129	0.127 8	0.127	0.126 3	0.125 5	0.124 7	0.124	0.123 3	0.122 6	0.121 9
0.47	0.141	0.140 2	0.139 2	0.138 1	0.137 1	0.136 2	0.135 2	0.134 3	0.133 4	0.132 6
0.52	0.154	0.152 5	0.151 1	0.149 8	0.148 6	0.147 4	0.146 2	0.145 1	0.143 9	0.142 9
0.57	0.166	0.164 6	0.162 9	0.161 3	0.159 8	0.158 3	0.156 8	0.155 4	0.154 1	0.152 8

表 5-11　　　　　　　　　　倾角为 88°时 f, λ 对 k 的影响关系

f ＼ λ	0.35	0.45	0.55	0.65	0.75	0.85	0.95	1.05	1.15	1.25
0.27	0.076	0.076 2	0.076	0.075 8	0.075 6	0.075 5	0.075 3	0.075 1	0.075	0.074 8
0.32	0.089	0.088 5	0.088 2	0.087 9	0.087 7	0.087 4	0.087 1	0.086 9	0.086 6	0.086 4
0.37	0.101	0.100 7	0.100 3	0.099 9	0.099 5	0.099 1	0.098 8	0.098 4	0.098	0.097 7
0.42	0.113	0.112 8	0.112 2	0.111 7	0.111 1	0.110 6	0.110 1	0.109 6	0.109 1	0.108 6
0.47	0.126	0.124 7	0.124	0.123 3	0.122 6	0.121 9	0.121 2	0.120 5	0.119 9	0.119 2
0.52	0.138	0.136 6	0.135 6	0.134 6	0.133 7	0.132 8	0.131 9	0.131 1	0.130 3	0.129 5
0.57	0.15	0.148 2	0.147	0.145 8	0.144 6	0.143 5	0.142 4	0.141 4	0.140 3	0.139 3

由图 5-6～图 5-9、式(5-9)～式(5-10)及表 5-4 至表 5-11 可知,k 值随 3 个影响变量变化的基本特征如下:

(1) 随着倾角 α 的增大,拱高 h_c 与跨长 l 之比 k 值呈减小趋势。

(2) 随着侧压系数 λ 的增大,k 值呈递减趋势,且给定的 f 值越大,k 值随 λ 的变化曲线越陡,反之越平缓。

(3) 随着 f 值的增大,k 值呈递增趋势,k 值随 f 的变化曲线基本上为线性增长关系,且给定的 λ 值越大,直线与纵坐标的截距越小,直线的斜率也越小。

5.4.3 "跨层拱"作用机埋

对于分段放顶煤开采,"跨层拱"结构的存在对于整个开采系统具有正反两方面的作用。一方面由于成拱作用阻止了顶煤的自然垮落,顶煤放出率降低;另一方面,受拱结构的保护,支架只是承受拱内顶煤的重力作用,这使得支架承受的荷载降低,有助于延长支架的使用年限。鉴于此,寻找最佳途径,既不影响顶煤的放出率,又使支架受到上方拱结构的保护,显得非常必要。

为解决以上矛盾,需解决两个关键问题:

(1) 合理分段高度的选择

拱结构上移过程中,将经历"平衡—失稳—再平衡—再失稳"的反复过程。段高过高,将导致顶煤放不下来,特别是当煤体属坚硬煤层时,此种情况更加明显。此时若再次采取爆破破拱方式,将导致成拱煤体受爆破作用垮落的同时也使顶板岩层中的结构体失稳垮落,有可能导致工作面剧烈来压,危害支架及工作面的安全生产。

(2) 合理放煤步骤的实施

对于综采放顶煤工作面,每一个支架都有一个独立的放煤口,因此在平行工作面方向上,存在一个采取何种放煤方式能达到操作简单、脊背煤损失最少、顶煤回收率高的问题。隔架均匀多轮等量放煤[56]基本上能满足以上要求。新疆六道湾煤矿、苇湖梁煤矿、大洪沟煤矿、碱沟煤矿及小洪沟煤矿采用这种放煤方式的回采率均在 80% 以上。更重要的是,隔架放煤过程中,支架的间隔性反复支撑作用,有助于顶煤的破碎垮落并实现放煤过程中拱结构的自然上移,而无需采取再次的破爆破拱方式。

拱结构在上移过程中,其承载能力是逐步降低的。当上移达到一定高度时,受上方采空区煤矸的重压及顶底板的挤压作用,所在分段煤体中的拱结构最终失稳,上方采空区煤矸向下方采空区垮落,放煤口应采取见矸封口的措施。综上所述,在选择合理分段高度的前提下,实施合理的放煤步骤,使支架既受拱结构的保护,同时保证拱结构的自然上移是水平分段放顶煤开采的关键技术措施。

5.5 顶煤分区及滞放关键域研究

水平分段综放开采以其不可替代的优越性,在国内急斜特厚煤层中得到了广泛的应用和发展,概括地讲,实现急斜煤层水平分段综放开采安全高效的关键是提高水平分段高度。研究表明,在科学合理的前提下,倾角 45°～55° 的煤层段高应控制在 30 m 以内,而倾角大于 55° 的煤层,段高将达 30 m 甚至更高,从而带来了一系列的新问题。工程实践表明,单纯依靠矿山压力的作用,并不能达到顶煤的有效放出,需要采用工程技术措施对顶煤进行弱化处理,而弱化的前提则需要掌握顶煤的破坏规律以及破坏发展的过程,以确定顶煤弱化的关键控制区域,从而保证顶煤的充分放出。

顶煤的充分放出是综放开采的核心问题和根本目的,而顶煤的有效破碎则是顺利放出的基本前提。在放顶煤开采过程中,顶煤受煤层赋存条件、开采方式及煤质状况等因素的影响,使顶煤变形、破坏发展的力学历程极为复杂,许多学者对此进行了大量的理论研究和实践,取得了丰富的研究成果和一些较为一致的认识,并沿工作面推进方向,根据顶煤裂隙发育和破坏程度,对顶煤连续渐进的破坏过程进行了分区。但是无论分区的角度如何以及定义了几个分区,人们关注的是顶煤破坏的机理,一般认为对缓斜煤层长壁放顶煤开采而言,在煤壁前方主要是支承压力作用;在煤壁附近是应力状态的改变(三向应力转为双向应力或单向应力)和基本顶回转作用;控顶区上方则是"支架—围岩"共同作用的结果。

综放开采体系在急、缓斜煤层存在较大差别。第一,急斜煤层具有双采空区的特点,一个是与缓斜煤层综采相同处于工作面的后方,另一个是由于上分层开采而留下的居于待开采煤体的上方。后方采空区为顶煤提供垮落空间,上方采空区与缓斜分层开采相类似,由于上位顶煤处形成应力释放区,对顶煤的破碎、垮落具有不利的影响。第二,"支架—围岩"形成的力学体系具有较大的差异。顶、底板在急斜煤层中处于工作面两侧,"支架—围岩"力学体系为"残留煤矸—顶煤—支架—(下分段)煤层",而在缓斜煤层中则位于工作面的上下方,"支架—围岩"力学体系为"基本顶—直接顶—顶煤—支架—底板",因而顶底板的破坏运动对工作面矿压显现规律以及顶煤破坏发展的影响也不同,急斜煤层矿压显现较为缓和。第三,顶煤力学模型具有一定的差异。急斜煤层工作面长度受煤层厚度所限制,一般情况下长度较短(通常在 10~60 m 之间),而为了提高生产效率,工作面分段高度不断加大(20~30 m 甚至更大),造成工作面长度与分段高度的比值较小,通常介于 1~3 之间,无法如缓斜煤层一样按照"平面梁"的力学模型进行简化,只能采用具有一定约束的平行四边形平面问题来解决。鉴于以上原因,简单的借用缓斜煤层长壁放顶煤的研究成果是不科学的,因此有必要进一步深入研究。

顶煤必须在放煤窗口上方转化为散体化煤块,才能从窗口放出。顶煤在放煤窗口上方完全破碎只是理想状况,如"三软"煤层,往往在支架的前端顶煤就已破碎,甚至片帮冒顶形成楔形破断。而煤质较硬时,窗口上方顶煤不能完全破坏,就无法从窗口放出,导致工作面采出率的降低和资源的浪费,并埋下采空区遗煤自然发火严重的隐患,同时也必将严重威胁工作面安全生产,制约工作面产效的提高。在急斜水平分段综放开采中由于上部采空区的存在、矿山压力较为缓和、煤层倾角较大加之放煤高度较大时,这一问题显得尤为突出。

本章将采用理论分析的方法研究急斜煤层顶煤破坏的机理和控制因素,据此对顶煤沿着走向和倾向的破坏过程进行分区,从而为顶煤弱化技术的选择、关键技术参数的确定提供理论依据。

5.5.1 沿走向顶煤破坏一般规律

矿业工程中按煤层赋存条件不同,将煤层分为缓斜煤层(0°~25°)、倾斜煤层(25°~45°)和急斜煤层(大于 45°)。此外伍永平教授针对走向长壁工作面开采,基于"R—S—F"(顶板破断岩块—支架—底板破坏滑移体)系统动态稳定性分析,将倾角 35°~55°之间的煤层定义为大倾角煤层。分类的目的是为了合理科学地布置开拓系统,为煤矿安全、高效开采提供科学依据;其实质是为不同区域内煤层选择相应的科学开采方法。图 5-10 所示为煤层分类示意图。

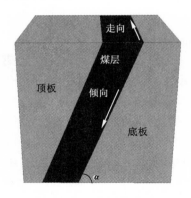

图 5-10　煤层分类示意图

顶煤可放性的因素包括内因和外因两方面,内因即顶煤的物理力学性质,外因是其上所作用的矿山压力。顶煤的物理力学性质是煤块和结构面力学性质的综合反映,顶煤体中的裂隙可以认为是初始损伤,相对较为稳定。但是煤岩是极度的不均匀和受损材料,它的失稳破坏就是煤岩损伤演化诱致的突变,是一典型的非线性动力学过程。而采矿活动必然会引起岩体初始损伤的扩展、演化,产生新的损伤,即顶煤体发生损伤积累,当此积累不足以使顶煤垮落放出时,还需采用工程技术措施加以弱化。当顶煤的物理力学性质一定时,需要研究基于开采活动引起的原岩应力的重新分布和基本顶破断运动形成的矿山压力显现。显然开采方式不同,造成顶煤体力学模型的差异,进而影响到矿山压力显现规律有所不同。为了研究急斜煤层水平分段开采顶煤破坏机理,有必要针对急、缓斜煤层不同开采方式的条件下,从顶煤体的几何形状、受力特点和边界条件三方面研究顶煤力学模型的异同点。

(1) 几何形状

相同点:沿走向都是柱状煤体,沿倾向截面形状呈平行四边形。

不同点:平行四边形的几何尺寸和夹角不同。

(2) 受力特点

相同点:开采过程中,煤层都受到上覆岩层自重应力和构造应力,以及由于采动影响引起的矿山压力;除构造应力外,所有力沿着倾向和法向的分力随倾角 α 的变化在不断发生变化。

不同点:$\alpha > 45°$时,沿着倾向的分力大于法向分力;$\alpha = 45°$时,二者相等;$\alpha < 45°$时,沿着法向的分力大于倾向的分力。

(3) 边界条件

沿着倾向缓斜煤层两端可以认为固支在工作面以外的煤体中;沿着急斜煤层两端可以认为固支在两侧的顶底板上;沿着走向在煤壁内的一端按固支端约束处理,采空区的一端按无约束状态,因此可以认为具有相同的约束边界条件。

从采矿学的角度讲,缓斜煤层工作面布置沿着倾向,推进方向沿着走向,发展方向沿着煤层倾向一般对顶煤放出影响不大。而急斜煤层水平分段工作面布置沿着煤层的水平厚度,推进方向沿着走向,发展方向沿着煤层倾向向下发展,在工作面上方形成采空区,当段高较大时对本分段顶煤具有较大的影响。但是沿着推进方向研究顶煤的破坏与发展时发现,两者的主要差别在于顶煤体上所受矿山压力的大小,因此沿着推进方向顶煤体的变形、破坏发展具有相同的规律,即急、缓斜煤层顶煤的变形、破坏历程仅存在范围和发育程度的不同,而不存在本质差别。因此,在急斜煤层沿走向推进过程中可以借鉴缓斜煤层的研究成果,将顶煤的破坏过程划分为完整区、破坏发展区、裂隙发育区和破碎区。但由于急斜煤层矿山压力较为缓和,各分区的范围和损伤积累程度均较缓斜煤层要小,加之顶煤的分段高度不断增加,因此不足以使顶煤在自然状态下完全放出,还和顶煤沿倾向的几何形状有关,所以有必要建立沿倾向的顶煤力学模型,研究顶煤体内的应力状态,对顶煤体进行合理分区,为弱化顶煤以提高采出率提供科学的理论依据。

5.5.2 沿倾向力学模型的建立

顶煤体的放出是一个动态的过程,其间顶煤体的形状及应力状态也在随之不断变化。对急斜煤层而言,最不利于顶煤放出的情况应该是随着支架破煤作用的完成,在上部顶煤中形成了稳定的顶煤体,也就是在支架上的松散煤体与上位顶煤之间发生了离层,松散煤体可通过放煤窗口放出,而上部顶煤将无法放出。这种情况下,上位顶煤呈现为与煤壁侧煤体仍然具有一定弱联系,或已脱离联系,采空区侧顶煤悬空自由,两侧顶、底板具有一定约束,下部悬空的平行四边形棱柱体,即顶煤的最不利放出结构。这是一个弹性力学空间问题,求解极其复杂,沿着倾向将其简化为一平面应力问题,建立左右两边固支,上部受均布载荷作用,下部自由的平行四边形顶煤力学模型,如图 5-11 所示。煤层倾角为 α,沿工作面方向长度为 $2a$,均布载荷集度为 q。

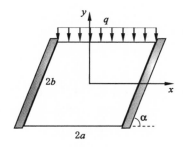

图 5-11　急斜煤层顶煤结构力学模型

在左右边界上,位移边界条件均可简化为:

$$w = 0 \quad \frac{\partial w}{\partial x} = 0$$

在上、下边界,应力边界条件可分别简化为:

$$\sigma_y = -q \quad \tau_{xy} = 0 ; \sigma_y = 0 \quad \tau_{xy} = 0$$

在求解弹性力学问题时,应力分量、形变分量和位移分量必须满足弹性力学基本方程(平衡微分方程、几何方程和物理方程)和边界条件,因此弹性力学问题就是数理方程中的边值问题,求解偏微分方程的边值问题是数学中的一大难题,至今仍无统一的解决方法。

对于图 5-11 所示的力学模型,可按应力解法求解,要使顶煤的应力分量既满足平衡微分方程和用应力表示的相容方程,又在边界上满足应力边界条件和位移单值条件,这是非常困难的。在平面应力问题中,如果体力分量是常量,就存在着应力函数,而且用应力函数表示的应力分量又能满足平衡微分方程。这时可先求出应力函数的表达式,使它给出的应力分量能满足应力边界条件。但是应力函数所满足的相容方程是四次偏微分方程,它的解答一般都不可能直接求出,在具体求解问题时,只能采用逆解法或半逆解法。这时需要根据弹性体的边界形状和受力情况,假设满足相容方程的应力函数,然后使由这个应力函数求出的应力分量满足应力边界条件和位移单值条件,如果某一方面不能满足,就需另作假设,重新检验。因此,应力函数的选取是弹性力学中的难点。目前见到的应力函数的选取主要针对少数简单边界条件的梁和矩形薄板问题,而涉及平行四边形薄板的应力函数的选取还不多见。

平行四边形板是斜形板的特殊形式,在板壳力学中属于杂形板的范畴,由于形状复杂,在力学分析中要用经典解法精确求解非常困难,本书用应力变分法求其解析解,将弹性力学基本方程的边值问题变为求泛函的驻值问题,但还涉及应力函数的选取。

5.5.3 模型的求解

顶煤体中实际存在的应力,满足平衡微分方程和应力边界条件,也满足相容方程。假设体力不变而应力分量发生了微小的改变 $\delta\sigma_x$、$\delta\sigma_y$、$\delta\tau_{xy}$,即所谓虚应力或应力的变分,则在给定的边界上(面力不可能给定),应力分量的变分必然伴随着面力分量的变分 $\delta\overline{X}$、$\delta\overline{Y}$、$\delta\overline{Z}$ 和形变势能的变分 δU,并且形变势能的变分等于面力的变分在实际位移上所做的功,这就是应力变分方程:

$$\delta U = \iint (u\delta\overline{X} + v\delta\overline{Y} + w\delta\overline{Z})\mathrm{d}S \tag{5-11}$$

式中　　δU ——形变势能的变分;

　　　　$\delta\overline{X}$,$\delta\overline{Y}$,$\delta\overline{Z}$ ——面力分量的变分;

　　　　u,v,w ——位移分量;

　　　　$\mathrm{d}S$ ——面积分。

由于顶煤体为单连体,因此由上面的推导过程可以看出,煤体中实际存在的应力,它们除了满足平衡微分方程、相容方程和应力边界条件以外,还满足应力变分方程。并且通过运算,还可以从应力变分方程导出相容条件。可见,应力变分方程可以代替相容条件。

对于图 5-11 所示急斜煤层顶煤结构力学模型,可视为平面应力问题,在 z 方向取单位厚度,则煤体的形变势能为:

$$U = \frac{1}{2E}\iint [\sigma_x^2 + \sigma_y^2 - 2\mu\sigma_x\sigma_y + 2(1+\mu)\tau_{xy}^2]\mathrm{d}x\mathrm{d}y \tag{5-12}$$

考虑到顶煤体为单连体及其应力边界条件,应力分量 σ_x、σ_y、τ_{xy} 应当与弹性常数无关,此时形变势能简化为:

$$U = \frac{1}{2E}\iint [\sigma_x^2 + \sigma_y^2 + 2\tau_{xy}^2]\mathrm{d}x\mathrm{d}y \tag{5-13}$$

在平面问题中,如果体力分量是常量,就存在着应力函数,而且应力分量 σ_x、σ_y、τ_{xy} 可用应力函数 φ 表示为:

$$\sigma_x = \frac{\partial^2\varphi}{\partial y^2} - Xx \quad \sigma_y = \frac{\partial^2\varphi}{\partial x^2} - Yy \quad \tau_{xy} = -\frac{\partial^2\varphi}{\partial y\partial x} \tag{5-14}$$

由式(5-13)及式(5-14)可得到应力函数表示的形变势能表达式为:

$$U = \frac{1}{2E}\iint \left[\left(\frac{\partial^2\varphi}{\partial y^2} - Xx\right)^2 + \left(\frac{\partial^2\varphi}{\partial x^2} - Yy\right)^2 + 2\left(\frac{\partial^2\varphi}{\partial y\partial x}\right)^2\right]\mathrm{d}x\mathrm{d}y \tag{5-15}$$

考虑到煤体中的应力和位移边界条件,应力变分方程(5-11)成为:

$$\delta U = 0 \tag{5-16}$$

应力分量以及形变势能的变分是通过系数 A_m 的变分来实现的,至于各设定函数,则仅随坐标而变,与应力的变分完全无关,因此式(5-16)归结为:

$$\frac{\partial U}{\partial A_m} = 0 \tag{5-17}$$

由式(5-15)及式(5-17)得

$$\iint \left[\left(\frac{\partial^2 \varphi}{\partial y^2} - Xx\right) \frac{\partial}{\partial A_m} \left(\frac{\partial^2 \varphi}{\partial y^2}\right) + \left(\frac{\partial^2 \varphi}{\partial x^2} - Yy\right) \frac{\partial}{\partial A_m} \left(\frac{\partial^2 \varphi}{\partial x^2}\right) + 2\left(\frac{\partial^2 \varphi}{\partial y \partial x}\right) \frac{\partial}{\partial A_m} \left(\frac{\partial^2 \varphi}{\partial y \partial x}\right) \right] \mathrm{d}x \mathrm{d}y = 0 \tag{5-18}$$

式(5-18)可以用来决定待定系数 A_m,但必须预先设定出正确的应力函数。

在应用应力变分法时,可以把应力函数 φ 设定为:

$$\varphi = \varphi_0 + \sum_m A_m \varphi_m \tag{5-19}$$

其中,A_m 为互不依赖的 m 个系数,这样就只需使 φ_0 给出的应力分量满足实际的应力边界条件,并使 φ_m 给出的应力分量满足无面力时的应力边界条件。

根据顶煤的边界形状和受力情况,反复试设,不断修正,如式(5-19)形式的双调和函数作为应力函数,并通过边界条件进行检验,最终设定应力函数为:

$$\varphi = -\frac{1}{4}q\left(1 + \frac{y}{b\sin\alpha}\right)x^2 - \frac{1}{4}\frac{qx^2 \sin\left(\frac{\pi y}{b\sin\alpha}\right)}{\pi} + qa^2 \left[A_1(y + y^3) + A_2(y^2 + y^4)\right] \tag{5-20}$$

由式(5-18)及式(5-20)得应力函数的待定系数为:

$$A_1 = -\frac{1}{24\pi b^3 \sin\alpha}\left[\sin\left(\frac{\pi}{\sin\alpha}\right)\sin\alpha - \cos\left(\frac{\pi}{\sin\alpha}\right)\right]; A_2 = 0 \tag{5-21}$$

根据式(5-14)、式(5-20)及式(5-21)得顶煤体内的应力分量为:

$$\begin{cases} \sigma_x = \frac{\pi q x^2}{4b^2 \sin^2\alpha}\sin\left(\frac{\pi y}{b\sin\alpha}\right) + 6A_1 q a^2 y \\ \sigma_y = -\frac{1}{2}q\left(1 + \frac{y}{b\sin\alpha}\right) - \frac{1}{2\pi}q\sin\left(\frac{\pi y}{b\sin\alpha}\right) \\ \tau_{xy} = -\frac{qx}{2b\sin\alpha}\left[1 + \cos\left(\frac{\pi y}{b\sin\alpha}\right)\right] \end{cases} \tag{5-22}$$

当 $\alpha = 90°$ 时,本模型退化为一两端固支的矩形板,由式(5-22)可得矩形板固支端的剪力和弯矩分别为:

$$M = \frac{1}{3}qa^2, \quad Q = qa \tag{5-23}$$

式(5-23)的计算结果与两端固支梁模型的经典解答一致,可验证本模型计算结果的正确性。

5.5.4　强度破坏准则

由于煤岩体属于典型的脆性材料,强度特征为抗拉强度最低,抗剪强度次之,抗压强度最高,因此采用最大拉应力理论(第一强度理论)作为顶煤破坏并失稳垮落的判别标准。认为最大拉应力是引起下位顶煤失稳破坏的主要因素,即只要最大拉应力达到了顶煤的抗拉

强度极限,则下位顶煤发生破坏并垮落,其表达式为:

$$\sigma_1 \geqslant \sigma_t \tag{5-24}$$

式中　σ_1——最大主应力;

　　σ_t——煤岩的抗拉强度极限。

对顶煤的应力状态进行分析,得顶煤体的第一主应力为:

$$\sigma_1 = \frac{1}{2}\left[(\sigma_x + \sigma_y) + \sqrt{(\sigma_x - \sigma_y)^2 + 4\tau_{xy}^2}\right] \tag{5-25}$$

将式(5-21)、式(5-22)代入式(5-25)并令水平分段高度之半 $0.5h = b\sin\alpha$,可得顶煤内的第一主应力为:

$$\sigma_1 = \frac{1}{2}q\left\{\left\{\left(\frac{\pi x^2}{4h^2} - \frac{1}{2\pi}\right)\sin\left(\frac{\pi y}{h}\right) - \frac{a^2 y \sin^2\alpha}{4\pi h^3}\left[\sin\left(\frac{\pi}{\sin\alpha}\right)\sin\alpha - \cos\left(\frac{\pi}{\sin\alpha}\right)\right] - \frac{1}{2}\left(1 + \frac{y}{h}\right)\right\} + \right.$$

$$\left\{\left\{\left(\frac{\pi x^2}{4h^2} + \frac{1}{2\pi}\right)\sin\left(\frac{\pi y}{h}\right) - \frac{a^2 y \sin^2\alpha}{4\pi h^3}\left[\sin\left(\frac{\pi}{\sin\alpha}\right)\sin\alpha - \cos\left(\frac{\pi}{\sin\alpha}\right)\right] + \frac{1}{2}\left(1 + \frac{y}{h}\right)\right\}^2 + \right.$$

$$\left.\left.\frac{4x^2}{h^2}\left[1 + \cos\left(\frac{\pi y}{h}\right)\right]^2\right\}^{\frac{1}{2}}\right\} \tag{5-26}$$

式(5-26)即为平行四边形顶煤体内任意点处的第一主应力表达式。式中表明,顶煤体内第一主应力与煤体上所受荷载集度 q、煤层倾角 α、水平分段高度 h 和工作面长度 $2a$ 有关,其中只与荷载集度 q 呈线性关系,其余均为非线性关系。由于影响因素较多,以集中赋存急斜煤层的乌鲁木齐矿区的开采现状为基础,研究各因素对顶煤体内,第一主应力的影响。需要说明的是,第一主应力的值与顶煤体内的位置坐标有关,从顶煤放出的角度讲,我们关心的是下位顶煤的垮落高度,因此选 y 轴上距顶煤体下边 5 m 处的点研究相关因素对其第一主应力的影响,即顶煤破坏影响因素。

从顶煤体的损伤程度、降低煤体材料的力学性能方面入手,以提高顶煤的冒放性。

5.5.5　顶煤破坏分区

顶煤体的放出是一个动态的过程,随着顶煤的不断放出,顶煤体的形状在不断的变化发展,煤体内的应力状态也随之发生改变,因此应对急斜煤层顶煤体最不利放出形态进行科学的分区,为进一步分析研究顶煤放出过程中所形成结构的稳定性奠定基础,并为顶煤弱化技术的实施提供理论依据。

以 68°急斜煤层为例,工作面长度 28 m,水平分段高度 20 m 时,可以绘出顶煤内 σ_1 等值线图,依据第一强度理论,对顶煤体按照 σ_1 所处不同范围,将顶煤划分为四个域,由下至上依次为拉破坏区、拉损伤区、弹性区和压剪损伤发展区。认为当顶煤体内的 σ_1 大于其抗拉强度 σ_t,且具有自由空间以供顶煤垮落时,才可垮落放出,这一区域定义为拉破坏区;当 σ_1 介于抗拉强度 σ_t 和 0 之间时,认为煤体处于受拉损伤状态但未发生破坏,可以定义为拉损伤区;当 σ_1 介于 0 和抗压弹性极限 σ_e 之间时,认为煤体处于弹性阶段未发生破坏,可以定义为弹性区;当 σ_1 大于弹性极限 σ_e 时,认为顶煤处于压剪损伤发展阶段,此时顶煤可能发生压剪破坏,可以定义为压剪损伤发展区,划分结果如图 5-12 所示。当煤层的赋存条件、开采技术参数以及煤体抗拉强度变化时,各分区的范围也将随之发生改变。

5.5.6　顶煤破坏的发展

随着拉破坏区顶煤的顺利放出,顶煤体的力学模型改变为顶煤垮落后力学模型(图 5-13),此模型的求解极为复杂,故而采用数值模拟的方法,研究顶煤放出过程中,煤体内应力

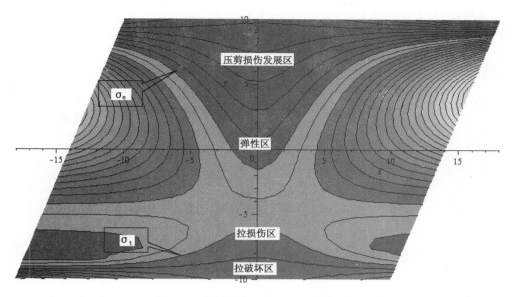

图 5-12　急斜煤层沿倾向顶煤破坏分区

状态的变化过程,以期能探寻垮落过程中顶煤体成拱机理以及顶煤的破坏发展历程。

本次有限元分析采用了 ABAQUS 6.6 有限元分析程序。ABAQUS 是国际上最先进的大型通用有限元计算分析软件之一,具有先进的建模、分析、监测和控制以及结果评估的完整界面,可进行线性静力学、动力学、热传导、非线性和瞬态分析以及多体动力学分析。

依据苇湖梁煤矿工作面开采参数,按照顶煤最不利放出力学模型,建立计算模型。研究区域选取为 28.6 m×18 m 的顶煤体,左右边界处选固定约束,模型上部以均布荷载模拟上分层残留煤矸对顶煤的作用力,模型下部为自由面。采用二维平面结构 CPS4R 单元,该单元由 4 节点组成,在单元节点上有三个自由度,即分别沿着三个坐标轴方向。此单元可以进行塑性、蠕变、应力硬化、大变形以及大应变分析。模型共划分 561 个单元,约束及网格剖分如图 5-14 所示。

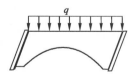

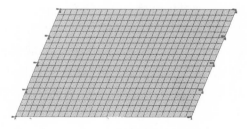

图 5-13　急斜煤层顶煤垮落后力学模型　　　　图 5-14　计算模型及网格剖分图

数值分析中以开挖来模拟顶煤的垮落,考虑了顶煤体的四种状态三个垮落过程,分析研究煤体内应力状态的变化。

(1)支架上方松散煤体已放出的情况,即形成最不利放出时状态。

(2)下部拉破坏区内顶煤在拉应力的作用下发生破坏垮落的情况。

(3)顶煤初次垮落后,煤体内的应力状态发生改变,垮落拱周围应力急剧变化,造成顶煤破坏发展,引起拱券部分顶煤体再次发生垮落。

（4）破坏范围不断增加,直至最终形成稳定的垮落拱。

5.5.7 最大主应力分布特征及演化规律

图 5-15 为不同垮落状态时最大主应力等值线对比图。

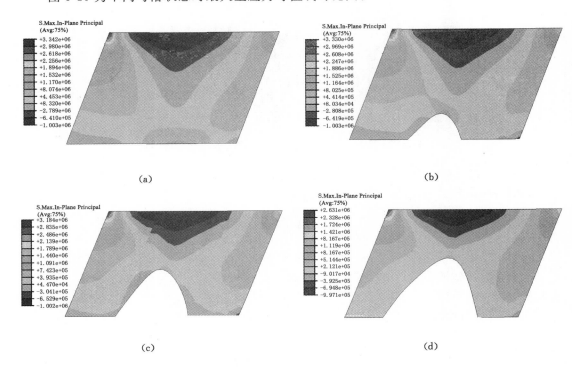

图 5-15　不同垮落状态时最大主应力等值线对比图
（a）顶煤未垮落;（b）拉破坏区顶煤垮落;（c）应力变化过程中顶煤持续垮落;（d）形成稳定的垮落拱

由图 5-15 可知:

（1）顶煤体内最大主应力分布比较复杂,但总的来讲顶煤上部中间区域总是处于受压状态,顶、底板侧的上部煤体中形成拉应力区域,在顶煤体中部形成了"蝶形"的拉压平衡区域,该区域即为拉损伤区及弹性区,在顶煤体的下部中间区域垮落前处于单向受拉状态。

（2）顶煤上部受压区域,随着下部顶煤的破坏发展,垮落范围不断增加,压应力区域在不断减小,数值也随之降低,但变化不大,说明在垮落的过程中,压应力在不断向周围煤体中发生转移,转移的趋势为首先是顶板侧拱券,进而发展至底板侧拱券。

（3）顶、底板侧的拉应力区,拉应力值较大的区域集中于顶煤上部两角部区域,这是由于开采上分层引起的应力集中现象,且顶板侧比底板侧的集中现象还要明显。随着顶煤的破坏发展,拉应力区域在不断减小,表明在垮落的过程中,拉应力也在不断向周围煤体中发展。从图 5-15（a）到图 5-15（b）的过程中,由于顶煤体几何形状发生改变,拉应力也有转移的趋势,并且是向偏于底板侧的拱顶部位发生转移。

（4）中部"蝶形"的拉损伤区及弹性区,在顶煤的垮落过程中存在不断向周围煤体扩散的趋势,表明在此过程中顶煤的稳定性在不断增强。

（5）从第一主应力的角度来讲，顶煤垮落直至平衡的机理是在最不利顶煤放出模型中，下部煤体由于 σ_1 大于煤体的抗拉强度极限而破坏和失稳并发生垮落，垮落过程中煤体内的拉应力向拱顶转移，压应力向拱脚及两侧拱券区域发展，原有垮落拱在拱顶受拉，拱脚及两侧拱券受压的形式再次发生破坏垮落，直至最后在拱券及周围煤体中达到既不受拉，也不受压的稳定平衡状态时，形成了稳定的垮落拱。

5.5.8 最小主应力分布特征及演化规律

图 5-16 为不同垮落状态时最小主应力等值线对比图。

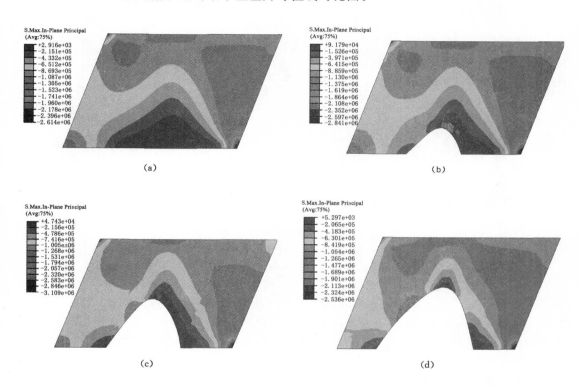

图 5-16 不同垮落状态时最小主应力等值线对比图
（a）顶煤未垮落；（b）拉破坏区顶煤垮落；（c）应力变化过程中顶煤持续垮落；（d）形成稳定的垮落拱

在图 5-16（a）中，下部偏于底板侧的拱形区域，表示拉应力为 2.916×10^3 Pa 的区域，由图5-15（a）可知，该区域内部分煤体也处于较大拉应力状态，因此这一部分煤体在双向受拉的应力状态下首先破坏垮落。垮落后煤体的力学模型发生了质的改变，故而图 5-16（b）中，靠近底板侧煤体中的拉应力急剧增加至 9.179×10^4 Pa，增大了 30 多倍，显然这是由于力学模型改变引起的，此时的垮落拱参看图 5-16（b）可知无法稳定，进而垮落为图 5-16（c）的形态。图 5-16（c）中再次垮落后，靠近底板侧煤体中的拉应力降低至 4.73×10^4 Pa，降低了近50％，区域面积也随着减小。又一次垮落后图 5-16（d）中靠近底板侧煤体拉应力降至 5.297×10^3 Pa，与图 5-16（b）相比降低了 94％ 左右，此时参看图 5-16（d）可知，在拱券上仅残留着较小的主应力（包括 σ_1 和 σ_3），此时认为拱券达到了平衡稳定状态，即随着垮落的不断发展，在顶煤体中形成了自稳定垮落拱。

图 5-17 为不同垮落状态时主应力矢量对比图。由图 5-17 可以明显看出,在垮落过程中,σ_1 和 σ_3 的变化、转移直至最终达到新的平衡的过程。

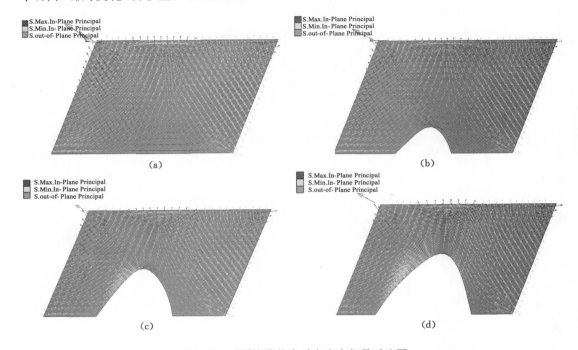

图 5-17　不同垮落状态时主应力矢量对比图

(a) 顶煤未垮落;(b) 拉破坏区顶煤垮落;(c) 应力变化过程中顶煤持续垮落;(d) 形成稳定的垮落拱

在图 5-17(a) 中的下部中间区域几乎只有拉应力存在,该区域煤体在拉应力的作用下发生破坏垮落。随着煤体垮落的不断发展演化,拱券及周围煤体内的第一主应力不断减小,但拱顶处减小较慢,而两侧减小较快[图 5-17(b)、(c)],直至拱券内拉应力消失殆尽时,顶煤停止垮落[图 5-17(d)];而第三主应力则逐渐增加,顶板侧拱券处比底板侧无论从增加数量还是范围都要明显,表明靠近底板侧煤体较为稳定,而顶板侧则有可能发生压剪复合破坏。

5.5.9　顶煤体内主应力演化规律

为了进一步研究垮落过程中顶煤体内部的应力状态的变化规律,在煤体内选取了 10 条与顶、底板平行的测线,顶、底板侧各选取 5 条,即图 5-14 中左边界、右边界各数 1、5、7、9、11 共 10 条网格线,顶板侧定义为 R_1、R_5、R_7、R_9、R_{11},底板侧定义为 F_1、F_5、F_7、F_9、F_{11}。以期通过研究垮落过程中其上应力的变化规律,明晰顶煤体内应力的发展演化以及底板三角煤形成的机理。图 5-18 为顶底板两侧 1、5、11 测线不同垮落状态时各测线主应力变化对比图。

图 5-18 中节点号均按图 5-14 网格剖分图从上至下排列。

图 5-18(a)～(c) 为顶板侧煤体内不同垮落状态时 σ_1 变化对比图。随着顶煤垮落的不断发展,图中显示:R_1 至 R_{11} 中的拉应力逐渐减小,压应力有小幅增大的趋势,其中 R_5 中变化最为明显,R_7 至 R_{11} 逐渐变缓,表明顶煤垮落对 R_5 的影响最为明显。R_1 至 R_{11} 中拉应力 σ_1 均有不断向 0 趋近的趋势,而且越靠近垮落区的测线中应力显著变化点越低,测线中应力越趋近于 0,表明在垮落发展过程中拱券周围煤体应力释放现象比较明显。总体而言就是随

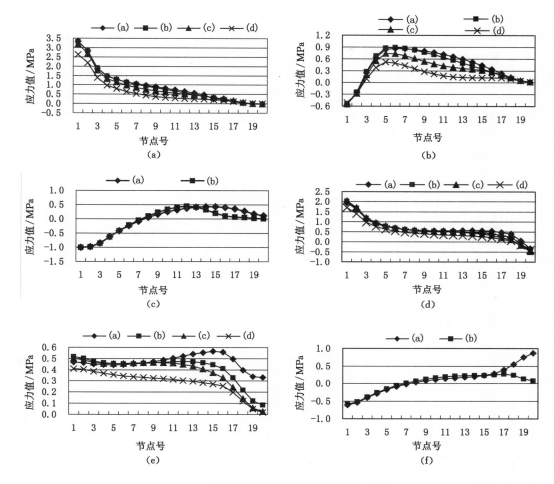

图 5-18 不同垮落状态时测线第一主应力变化对比图

(a) 垮落过程中 R_1 变化趋势；(b) 垮落过程中 R_5 变化趋势；(c) 垮落过程中 R_{11} 变化趋势；

(d) 垮落过程中 F_1 变化趋势；(e) 垮落过程中 F_5 变化趋势；(f) 垮落过程中 F_{11} 变化趋势

着顶煤的不断垮落,顶板侧煤体中的稳定性在逐渐增强。

图 5-18(d)～(f)为底板处煤体内不同垮落状态时 σ_1 变化对比图。图中显示随着顶煤垮落的不断发展,两处 σ_1 均有不断降低的趋势,但降幅有限。但是从未垮落前煤体中的拉应力急剧变化至 0 的附近,表明底板侧煤体随着垮落的发展迅速稳定,这就是底板三角煤形成的力学机理。

5.5.10 滞放关键域研究

滞放关键域定义为顶煤体中的拉损伤区和弹性区。

急斜综放开采顶煤体破坏是沿走向损伤积累和沿倾向结构破坏、失稳共同作用的结果。为了提高顶煤的放出率,应采用工程技术措施对顶煤体进行弱化处理,其基本原则是沿走向合理地利用矿山压力的作用以增加顶煤损伤积累,沿倾向破坏煤体中的自稳定垮落结构。因此,弱化区域沿走向方向应选取在支承压力升高区之前,从而充分发挥矿压破碎顶煤作用,并有利于钻孔、装药、注水等弱化工程的施工;沿倾向方向弱化顶煤主要目的是阻止顶煤体内自稳定结构的形成,弱化区域应选取在不利于顶煤结构形成的滞放关键域和稳定性较好的底板侧煤体。

研究表明,顶煤体沿倾向破坏垮落的过程是:首先起始于下位煤体的拉破坏区,随着拉破坏区的煤体垮落、放出,顶煤体的力学结构发生改变,应力状态演化发展,直至在拉损伤区内形成第一主应力趋近于零,第三主应力完全为压应力时,顶煤垮落终止,形成自稳定垮落拱,其上位顶煤被此结构阻滞无法放出,即顶煤在垮落过程中存在滞放关键域,考虑拉损伤区在顶煤垮落发展过程中,可能形成垮落拱结构,而弹性区内的损伤积累较小,难以有效放出,故此本书将滞放关键域确定为拉损伤区、弹性区。为了促进顶煤有效放出,提高采出率,应采用工程技术手段对滞放关键域进行弱化处理。进一步研究发现,底板侧顶煤在下位顶煤垮落过程中迅速稳定,形成底板三角煤,因此该区域也应进行弱化处理。

综上所述,沿倾向应重点弱化处理滞放关键域,打开核心区域的放煤通道,使顶煤自稳定垮落拱形态由全拱形向两个半拱形扩展,将有助于拱券以上煤体的破坏发展,进而垮落放出,兼顾弱化底板侧三角煤区域,以减少煤损,提高采出率,为急斜综放顶煤弱化方案的科学确定提供了基础。

5.6 顶煤放出规律研究

在急倾斜水平分段放顶煤开采中,首先沿走向方向把煤层划分为若干个阶段高度,再在每一个阶段底部布置水平工作面,采出一层煤再回收其顶部煤体。顶煤从开采底分层到最终放入工作面从总体上来说可分两个过程:一是顶煤松动、破坏和垮落过程。在底分层煤采出以后形成采空区,顶煤在矿山压力、煤体自重、上分段残留煤与矸石重量及支架反复支撑的共同作用下破坏、垮落形成松散无规则的块体堆。但有时急斜煤层矿山压力较小或煤体强度较大,仅靠上述作用不足以使顶煤的破碎度达到放出要求,此时在工艺上可以采用注水软化技术或顶煤爆破技术或两者相结合的方式,从而使顶煤强度降低,满足放出要求。二是顶煤放出过程。当支架放煤口打开以后,已破碎的散体状顶煤靠自重流入放煤口,其运动形式具有松散介质特征。本书假设顶煤在第一过程后已变成松散介质,满足放出要求,故而研究在此种情况下的顶煤放出规律。

由于急倾斜放顶煤的顶底板位于工作面两侧,在顶底板附近支架放煤时顶煤放出受顶底板边界约束,故其放出规律不同于缓倾斜煤层。顶底板处放煤时,顶煤放出受煤层倾角 θ、顶煤高度 h、支架放煤口到顶底板的水平距离 d 的影响,如图 5-19(a)所示。受顶底板边界条件的影响,顶煤的放出也受到了制约,会有一部分残留的三角煤无法放出。

在放顶煤工作面内,顶煤承受上部残留矸石压力和自重作用,同时受到下面支架的反复支撑作用,在这些力的共同作用下顶煤必然要沿一定方向的破断角 α 发生断裂,形成前方是相对稳定的顶煤断裂壁,后方则是已垮落的松散煤体,如图 5-19(b)所示。其影响顶煤放出的因素有:顶煤破断角 α、顶煤高度 h、支架放煤口到顶煤断裂壁的水平距离 l。

α 值的大小受许多因素制约,如顶煤压力大小、方向,支架支撑力,支架架型及顶煤本身物理力学特性,它反映了顶煤在特定的地质条件下,煤体稳定性程度的综合指标。顶煤越易垮落,α 值越大。由于相对稳定顶煤垮落面的存在,制约和改变了松散煤体的运动轨迹使顶煤放出量受到影响,煤岩分界线状态也受到影响。

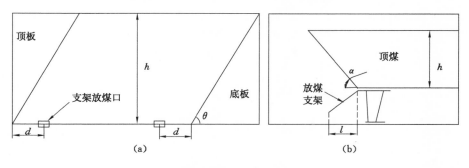

图 5-19　急斜放顶煤工作面理论分析模型图

（a）急斜放顶煤工作面；（b）急斜放顶煤工作面剖面图

另外，由于支架连续向前推进，那么支架上的放煤口也在不断地向前移动，顶煤放完后空间由顶部矸石充填。因此在顶煤第一次垮落后，上方和后方都是矸石区，而前方是相对稳定的顶煤断裂壁，准备待放的松散煤体只是在支架后上方的一个小区域内。所以当打开放煤口时，上方后方矸石及煤体都向放煤口运动。这就存在一个是否在顶煤尚未放完之前，后方或上方矸石已运动到放煤口，当顶煤完全放完后，矸石放出量达到多少的问题。此外，在放顶煤工作面每一个支架上都有一个放煤口，若依次放煤，放煤口在工作面方向可以看做是连续、狭长的放煤槽，不存在脊背煤损失。再者，不同的支架架型及参数对放煤效果影响也较大，其主要参数是顶煤断裂壁到放煤口的水平距离，即不同类型支架放煤口位置对放煤效果的影响。

研究顶煤放出规律的目的在于选择和确定合理的放煤工艺和放煤参数。放顶煤与金属放矿学有相似的方面，但是由于各自所研究的对象及边界条件不一样，因而在放出规律、放煤工艺等方面存在着很大的差异。

5.6.1　单口放煤无边界条件约束放煤规律

如果在放煤过程中，在放煤口一定区域内不存在固定边界，一旦打开放煤口散体颗粒都在相同条件下向放煤口移动，这种条件下的放煤称为无边界条件约束放煤[38]。

而有边界条件约束放煤是指在放煤过程中，在放煤口附近存在边界（如顶底板处的放煤、顶煤垮落面的影响下放煤），打开放煤口后，散体颗粒在向放煤口移动过程中受到两边不对称边界条件约束下的放煤。可以看出研究急倾斜分段放顶煤的顶煤放出规律就是在研究受顶煤高度、支架放煤口到倾斜壁的水平距离及倾斜壁角度的影响下的放煤规律。因此只需研究顶底板处的放煤规律即可。对于图 5-19（b）中 $\alpha < 90°$ 条件下的放煤规律与顶板处放煤规律相同，而当 $\alpha > 90°$ 条件下的放煤规律与底板处放煤规律相同。

5.6.1.1　放出体形态及特征

有关放出体形状的看法有多种，为了简化计算和便于应用，把放出体看作完全椭球体对待。

如图 5-20 所示，设从底部放煤口放出顶煤 Q_f，Q_f 在采场顶煤松散体中原来占有空间位置构成的形体称为放出体 Q_f，在松散煤体中产生移动（松动）的部分称为松动体 Q_s。在移动范围内各水平层呈漏斗状凹下，称之为放出漏斗，设放出体高度为 H_f，大于 H_f 的水平层上的放出漏斗称为移动漏斗 Q_{L1}；等于 H_f 的水平层上放出漏斗称为降落漏斗 Q_{L2}；小于 H_f 的水平层上放出漏斗称为破裂漏斗 Q_{L3}。移动范围内颗粒移动轨迹称为移动迹线 J。

经过加工抽象后，放出体基本性质有如下：

（1）放出体形状为一完全椭球体，其母线方程为：

$$\frac{(x-a)^2}{a^2} + \frac{y^2}{b^2} = 1$$

即：

$$y^2 = b^2\left(1 - \frac{x^2 - 2ax + a^2}{a^2}\right) = (1 - \varepsilon^2)(2ax - x^2) \tag{5-27}$$

其体积计算式为：

$$Q = \frac{1}{6}\pi(1 - \varepsilon^2)h^3 \tag{5-28}$$

体积计算式推导过程如下：

由数学知识知椭球体体积计算式为：

$$Q = \frac{4}{3}\pi abc \tag{5-29}$$

设放煤口周围边界条件一致，即 $b = c$

$$\frac{b^2}{a^2} = \frac{c^2}{a^2} = 1 - \varepsilon^2 \tag{5-30}$$

令 $a = h/2$，并将上式代入式（5-29）有：

$$Q = \frac{1}{6}\pi(1 - \varepsilon^2)h^3$$

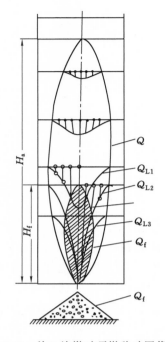

图 5-20　单口放煤时顶煤移动图像

式中　a,b,c——分别为放出椭球体长短轴之半；

　　　h——放出椭球体高度；

　　　ε——放出椭球体偏心率，$\varepsilon = \sqrt{1 - \dfrac{b^2}{a^2}}$，$0 \leqslant \varepsilon \leqslant 1$。

ε 值是描绘椭球体形态的重要指标，ε 值越小，椭球越宽，若 $\varepsilon = 0$，则 $a = b$，即椭球体变成了球体；相反，ε 值越大，椭球体越窄，但最大值为 1。影响 ε 值的因素很多，如散体介质颗粒大小、压实密度等。相似模拟实验得出：放出体高度变化要比宽度变化快得多，其宽高比值与放出体高度呈幂函数关系，即放出体偏心率在理想松散介质放出过程中与放出体高度呈幂函数。其一般形式如下：

$$1 - \varepsilon^2 = mh^{-n} \tag{5-31}$$

式中　m,n——均为具体试验常数。

对于理想松散介质，式（5-31）中 m,n 分别为 0.985、0.85，放出体高度以米为单位。

将式（5-31）代入椭球体体积计算式（5-28），得椭球体体积计算的另一种表达方式：

$$Q = \frac{\pi}{6}mh^{3-n} \tag{5-32}$$

将式（5-31）代入椭球体母线方程（5-27），得其另一种表达形式为：

$$y^2 = mh^{-n}x(h - x) \tag{5-33}$$

（2）放出体被放出过程中，其表面仍保持椭球状，称之为移动椭球体。移动椭球体之间存在过渡关系（图 5-21），移动体 Q_0 表面颗粒点随着放出散体下移到移动体 Q_1 表面上，由 Q_1 表面再继续下移到移动体 Q_2 表面上。也就是说移动椭球体随着放出散体煤不断下移收缩变小,最后其表面上颗粒点同时被放出。

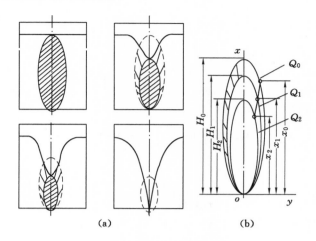

图 5-21　放出体被放出过程

(a) 放出体的缩小过程;(b) 放出体表面的移动过程

(3) 移动椭球体表面上各颗粒点的高度相关系数(x/H)在移动过程中保持不变[图 5-21(b)],即:

$$\frac{x_0}{h_0} = \frac{x_1}{h_1} = \frac{x_2}{h_2} = \cdots\cdots \tag{5-34}$$

5.6.1.2　松动体

如图 5-21 所示,当从底部漏孔放出散体 Q_f,其所占空间设由 $2Q_f$ 范围散体下落递补,由于散体下移过程中产生二次松散,它实际所递补的空间为 $K_e(2Q_f - Q_f) = K_e Q_f$,式中 K_e 为二次松散系数,故在 $2Q_f$ 范围内余下的空间为 $\Delta_2 = 2Q_f - K_e Q_f$。依此类推,$3Q_f$ 递补 $2Q_f$ 以及 $4Q_f$ 递补 $3Q_f$ 等,一直到余下的空间为零时不再扩展为止,即:

$$\Delta_n = nQ_f - K_e(n-1)Q_f = 0$$

由此得出:

$$nQ_f(K_e - 1) = K_e Q_f$$

其中,nQ_f 为松动体 Q_s,即放出散体 Q_f 后的移动范围,由于松动体形状也是椭球状,故称之为松动椭球体。松动椭球体与放出椭球体的关系为:

$$Q_s = \frac{K_e}{K_e - 1} Q_f \tag{5-35}$$

将式(5-32)代入式(5-35)有:

$$h_s = \left(\frac{K_e}{K_e - 1}\right)^{\frac{1}{3-n}} \cdot h_f \tag{5-36}$$

5.6.1.3　放煤漏斗母线方程

顶煤在放出过程中形成移动漏斗 Q_{L1}、降落漏斗 Q_{L2} 和破裂漏斗 Q_{L3},其方程推导过程如下:

将椭球体体积方程(5-32)代入放出体过渡方程 $Q = K_e(Q_0 - Q_f)$ 后得:

$$h^{3-n} = K_e(h_0^{3-n} - h_f^{3-n}) \tag{5-37}$$

由过渡体相关方程可得：

$$h_0^{3-n} = \frac{x_0^{3-n}}{x^{3-n}} \cdot h^{3-n} \tag{5-38}$$

将式(5-38)代入式(5-37)得：

$$h_f^{3-n} = \left(\frac{x_0^{3-n}}{x^{3-n}} - \frac{1}{K_e}\right) \cdot h^{3-n} \tag{5-39}$$

将式(5-39)代入椭球体体积方程(5-32)得：

$$Q_f = \frac{\pi}{6} m \left(\frac{x_0^{3-n}}{x^{3-n}} - \frac{1}{K_e}\right) \cdot h^{3-n} \tag{5-40}$$

即：

$$h = \left[\frac{6 Q_f K_e x^{3-n}}{\pi m (K_e x_0^{3-n} - x^{3-n})}\right]^{\frac{1}{3-n}} \tag{5-41}$$

将式(5-41)代入放出体母线方程(5-27)得：

$$y^2 = m h^{-n} \left\{\left[\frac{6 Q_f K_e}{\pi m (K_e x_0^{3-n} - x^{3-n})}\right]^{\frac{1}{3-n}} - 1\right\} \cdot x^2$$

或

$$y^2 = m h^{-n} \left\{\left[\frac{K_e h_f^{3-n}}{K_e x_0^{3-n} - x^{3-n}}\right]^{\frac{1}{3-n}} - 1\right\} \cdot x^2 \tag{5-42}$$

方程(5-42)即为漏斗母线方程，当 $x_0 = h_f$ 时，式(5-42)为曲线 L_f 方程。

若 $x = x_0$，由式(5-42)可求出不同水平高度的漏斗半径：

$$R = x_0 \cdot \sqrt{m h^{-n} \left[\frac{h_f}{x_0}\left(\frac{K_e}{K_e - 1}\right)^{\frac{1}{3-n}} - 1\right]} \tag{5-43}$$

5.6.1.4　移动迹线方程

移动场内任一颗粒点 $A_0(x_0, y_0)$，当放煤口放出散体 Q_f 时，随之移动到点 $A(x, y)$。

过 A_0 点的移动体表面方程为：

$$y_0^2 = m h_0^{-n}(2 a_0 x_0 - x_0^2) \tag{5-44}$$

过 A 点的移动体表面方程为：

$$y^2 = m h^{-n} x (h - x) \tag{5-45}$$

将上两式相除得：

$$\frac{y_0^2}{y^2} = \frac{h_0^{-n}}{h^{-n}} \cdot \frac{h_0 x_0 - x_0^2}{h x - x^2} \tag{5-46}$$

由放出体第三性质得：

$$\frac{x}{x_0} = \frac{h}{h_0} = \frac{h - x}{h_0 - x_0} \tag{5-47}$$

式(5-47)代入式(5-46)得：

$$y = \left(\frac{x}{x_0}\right)^{1 - \frac{n}{2}} \cdot y_0 \tag{5-48}$$

5.6.1.5　颗粒点移动方程

当从放煤口放出顶煤 Q_f 时，颗粒点 $A_0(x_0, y_0)$ 移动到 $A(x, y)$ 处。

由放出体性质二，移动椭球体体积：

$$Q = K_e(Q_0 - Q_f)$$

式两边同除以 Q_0 并代入椭球体体积公式(5-32)得：

$$\frac{h}{h_0} = \left[K_e \left(1 - \frac{Q_f}{Q_0} \right) \right]^{\frac{1}{3-n}}$$

将上式代入放出体性质三，$\frac{x}{x_0} = \frac{h}{h_0}$ 得：

$$x = \left[K_e \left(1 - \frac{Q_f}{Q_0} \right) \right]^{\frac{1}{3-n}} \cdot x_0 \qquad (5\text{-}49)$$

式(5-49)代入移动迹线方程(5-48)后得：

$$y = \left[K_e \left(1 - \frac{Q_f}{Q_0} \right) \right]^{\frac{2-n}{6-2n}} \cdot y_0 \qquad (5\text{-}50)$$

式(5-49)与式(5-50)即为颗粒点移动方程。

如果已知 (x_0, y_0) 坐标值，就可以利用式(5-49)和式(5-50)求出放出 Q_f 之后，该坐标点的新坐标值 (x, y)。

式(5-50)中 Q_0 值的确定如下：

由 $y_0^2 = (1 - \varepsilon^2)(2a_0 x_0 - x_0^2)$ 可得：

$$h_0 = x_0 + \frac{y_0^2}{x_0(1 - \varepsilon^2)} \qquad (5\text{-}51)$$

式(5-51)代入 $Q_0 = \frac{\pi}{6}(1 - \varepsilon^2)h_0^3$ 可得：

$$Q_0 = \frac{\pi}{6}(1 - \varepsilon^2)\left[x_0 + \frac{y_0^2}{x_0(1 - \varepsilon^2)} \right]^3 \qquad (5\text{-}52)$$

5.6.1.6 移动速度

经多位研究者得出在不改变散体与放煤口直径的情况下，单位时间内放出散体体积为一定值，与放煤口上面散体煤高度无关，故可按放出体过渡关系写成：

$$qt = K_e Q_t = K_e Q_0 - Q \qquad (5\text{-}53)$$

式中　q——单位时间从放煤口放出的散体体积；

　　　t——放出时间。

将式(5-53)写成：

$$qt = K_e Q_0 - \frac{\pi}{6} m h^{3-n}$$

上式微分得：

$$q\mathrm{d}t = -\frac{\pi}{6} m(3 - n) h^{2-n} \mathrm{d}h$$

移动体顶点下降速度为：

$$v_h = \frac{\mathrm{d}h}{\mathrm{d}t} = -\frac{q}{\frac{\pi}{6}(3 - n) m h^{2-n}} \qquad (5\text{-}54)$$

式中，负号表示移动方向与坐标正方向相反。

由移动体过渡的高度相关系数，得：

$$x = \frac{x_0}{h_0} h$$

上式对时间 t 求导数，得：

$$\frac{\mathrm{d}x}{\mathrm{d}t} = \frac{x_0}{h_0} \cdot \frac{\mathrm{d}h}{\mathrm{d}t}$$

由此得垂直下降速度为：

$$v_x = \frac{\mathrm{d}x}{\mathrm{d}t} = \frac{x_0}{h_0}v_h = -\frac{qx}{\frac{\pi}{6}(3-n)mh^{3-n}} \tag{5-55}$$

将移动迹线方程 $y = \left(\frac{x}{x_0}\right)^{1-\frac{n}{2}} \cdot y_0$ 对时间 t 取导数，得：

$$\frac{\mathrm{d}y}{\mathrm{d}t} = \frac{y_0}{x_0^{1-\frac{n}{2}}}\left(1-\frac{n}{2}\right)x^{-\frac{n}{2}}\frac{\mathrm{d}x}{\mathrm{d}t}$$

将 $y_0 = \left(\frac{x_0}{x}\right)^{1-\frac{n}{2}} \cdot y$ 代入上式得：

$$v_y = \frac{y}{x}\left(1-\frac{n}{2}\right)v_x = -\frac{\left(1-\frac{n}{2}\right)qy}{\frac{\pi}{6}(3-n)mh^{3-n}} \tag{5-56}$$

v_x，v_y 是颗粒点在直角坐标系中沿两个坐标轴方向上的分速度，颗粒点在 XOY 平面上移动的全速度为：

$$v = \sqrt{v_x^2 + v_y^2} = \frac{q}{\frac{\pi}{6}(3-n)mh^{3-n}}\sqrt{x^2 + y^2\left(1-\frac{n}{2}\right)^2} \tag{5-57}$$

5.6.1.7 矸石混入过程

放出体如收受体，凡是进入其中的矿岩都可被放出。可以用放出体增大过程中进入的岩石量来解说岩石混入过程。

顶煤放出过程中矸石混入情况取决于煤岩接触条件。设煤岩界面为一水平面（图 5-22），当放出体高度小于煤体高度时放出的为纯煤，放出纯煤的最大数量等于高度为煤体高度的放出体体积。放出体高度大于煤体高度时有岩石混入，混入岩石数量等于进入放出体中的岩石体积（椭球冠）。岩石椭球冠体积与整个放出体体积的比率等于体积岩石混入率。

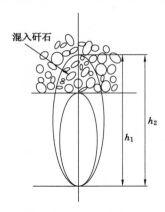

图 5-22　煤岩界面为水平面时岩石混入过程

煤岩界面还有倾斜煤岩界面及倾斜与水平混合的煤岩界面,但求其体积岩石混入率的方法相同。

5.6.2　单口放煤有边界条件约束放煤规律

急斜放顶煤过程中遇到两种边界条件:一种为顶煤断裂壁边界;另一种为顶底板边界。其不同之处在于边界倾角不同,对于顶煤断裂壁倾角小于 90°的条件,其放出规律与顶板处放煤规律一样;同样,对于倾角大于 90°的条件,其放出规律与底板处放煤规律一样。本节主要研究边界倾角不同的情况下顶煤放出规律,即研究顶底板处的顶煤放出规律。

(1) 底板处顶煤放出规律

由相似模拟实验建立底板处的放煤理论模型如图 5-23 所示。

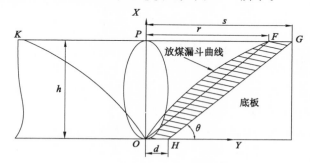

图 5-23　底板处放煤模型

当在靠近煤层底板放煤口处放出高度 h 的顶煤后,形成放煤漏斗曲线 KOF,放煤漏斗半径为 r,d 为放煤口到底板的水平距离。

顶煤放出规律与单口无边界约束放煤规律相同。

底板三角煤的损失与放煤漏斗半径有关,放煤漏斗半径越大则三角煤损失越少,所以在放煤工艺上应能使漏斗半径越大越好。另外,放煤漏斗半径与顶煤高度、煤层倾角、d 值有关。顶煤高度越大,d 值越大,煤层倾角越小则三角煤损失越多。故而生产实际中应取得合理的顶煤分段高度及合理的 d 值。

$OPGH$ 部分所围面积的煤体称为底板三角煤,其面积用 A 表示;直线 OP、直线 PF 及曲线 OF 所围面积的煤体称为底板可放三角煤,其面积用 A_1 表示;曲线 OF 与直线 FG、直线 GH、直线 OH 所围面积的煤体称为底板损失三角煤,其面积用 A_2 表示;则:

$$A = \frac{d+s}{2} \cdot h \qquad (5\text{-}58)$$

由图中几何关系可得:

$$s = d + \frac{h}{\tan\theta} \qquad (5\text{-}59)$$

由放煤实验可知,曲线 OF 近似逼近直线 OF,OF 与水平面形成的夹角称为最终放煤残留角 δ,故而本模型用直线 OF 代替曲线 OF,有:

$$A_1 = \frac{r}{2} \cdot h \qquad (5\text{-}60)$$

$$A_2 = A - A_1 = \frac{d+s-r}{2} \cdot h \qquad (5\text{-}61)$$

由椭球体放煤规律得：

$$r = h^{\frac{2-n}{2}} \cdot \sqrt{m\left[\left(\frac{K_e}{K_e-1}\right)^{1/3} - 1\right]} \tag{5-62}$$

式中　m、n——具体实验常数，对于理想松散介质 m、n 分别为 3.31、0.86，放出体以 cm 为单位，若以 m 为单位，则 m、n 分别为 0.985、0.85；

K_e——顶煤二次松散系数，一般取 1.08。

代入 m、n、K_e 的值后，式(5-62)可写成：

$$r = 1.166h^{0.575} \tag{5-63}$$

底板三角煤放出率为：

$$\eta = \frac{A_1}{A} \times 100\% = \frac{r}{d+s} \times 100\% = \frac{1.166h^{0.575} \cdot \tan\theta}{h + 2d\tan\theta} \times 100\% \tag{5-64}$$

由式(5-64)可得出：底板处顶煤放出率 η 受顶煤高度 h、煤层倾角 θ 及放煤口到底板水平距离 d 的影响，是随着 d 的增大而减小，随着 θ 角的增大而增大的。

在生产实际中，煤层倾角 θ 是客观存在的，故而要提高底板处三角煤的采出率，必须取得合理的顶煤高度及确定放煤支架的合理位置。

当 d 值一定时，底板处三角煤采出率与顶煤高度的关系如图 5-24 所示。

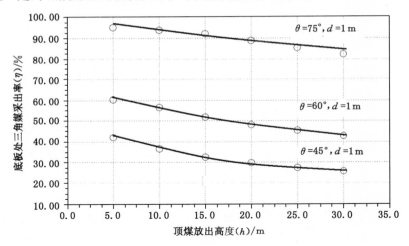

图 5-24　底板处三角煤放出率与放顶煤高度关系

从图 5-24 曲线可以看出：随着顶煤放出高度的增大，曲线平缓下降，即三角煤放出率随着顶煤放出高度的增大而逐渐减小，如当放出高度为 30 m、煤层倾角为 45°、放煤口距底板为 1 m 时，底板三角煤放出率只有 25.8%；煤层倾角越小，三角煤放出率越少，当煤层倾角为 45°时，三角煤放出率难以达到 50%，而当煤层倾角增大到 75°时，三角煤放出率都可达到 80% 以上。

因此，煤层倾角较低时，顶煤放出高度不易取得过大。当然取得过小也是不合适的，这样虽增加了底板处三角煤的放出率，但受急倾斜煤层工作面短的限制，其整体产量也降低了，所以存在一个合理分段高度取值的问题，具体取值根据生产实际对放出率与产量的要求而确定。

在放顶煤高度 h 确定的情况下，d 值与底板处三角煤采出率的关系如图 5-25 所示。从图中曲线可以看出：底板处顶煤放出率的大小随着支架远离底板而逐渐减小，并且煤层倾角越大，其曲线变化越急，也就是说减少率越大。如当煤层倾角为 45°、放煤高度为 20 m 时，底板处三角煤放出率在 20%～30% 之间，放出率较低。而在同样放顶煤高度的情况下，煤层倾角达到 75° 时，放出率在 40%～98% 之间，放出率明显较高。

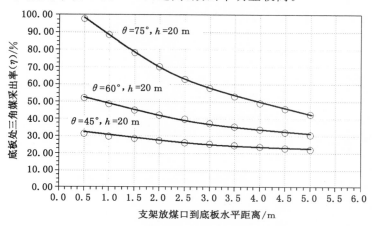

图 5-25　底板三角煤放出率与支架位置关系

在生产实际中，应尽量减小支架到底板的水平距离。

（2）顶板处放煤理论分析

由相似模拟实验可建立顶板处的放煤理论模型如图 5-26 所示。

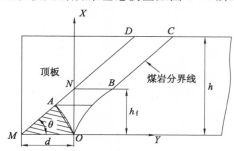

图 5-26　顶板处放煤模型

相似模拟实验得到：顶板处放煤时，其放出漏斗曲线的一端曲线 OA 在遇到顶板壁后停止发育，而另一端曲线 OB 在放出口轴线与顶板相交点 N 以上基本是一条直线，即直线 BC，该直线 BC 与顶板 MD 正好平行，这说明在交点 N 以下，放出体发育基本是完整的，其放出规律与无边界条件下相同。当放煤高度超过交点 N 以后，放出体在放出过程中受到边界限制改变颗粒的正常移动轨迹，致使煤岩分界线形状也受到较大影响。

由放煤漏斗母线方程（5-42）得曲线 AOB 方程为：

$$y^2 = m h_f^{-n} \left\{ \left[\frac{K_e h_f^{3-n}}{K_e h_f^{3-n} - x^{3-n}} \right]^{\frac{1}{3-n}} - 1 \right\} \cdot x^2 \qquad (5-65)$$

直线 NB 方程为：

$$x = h_{\mathrm{f}} \tag{5-66}$$

将式(5-65)和式(5-66)联立得 B 点坐标为：

$$x = h_{\mathrm{f}}$$

$$y = \sqrt{mh_{\mathrm{f}}^{4-n} \cdot \left[\left(\frac{K_{\mathrm{e}}}{K_{\mathrm{e}}-1}\right)^{\frac{1}{3-n}} - 1\right]} \tag{5-67}$$

由直线 ND 平行于直线 BC 得：

$$l_{\mathrm{DC}} = \sqrt{mh_{\mathrm{f}}^{4-n} \cdot \left[\left(\frac{K_{\mathrm{e}}}{K_{\mathrm{e}}-1}\right)^{\frac{1}{3-n}} - 1\right]} \tag{5-68}$$

直线 BC 方程为：

$$y = \frac{x - h_{\mathrm{f}}}{\tan \theta} + \sqrt{mh_{\mathrm{f}}^{4-n} \cdot \left[\left(\frac{K_{\mathrm{e}}}{K_{\mathrm{e}}-1}\right)^{\frac{1}{3-n}} - 1\right]} \tag{5-69}$$

故而得出，顶板处顶煤放出时，其煤岩分界线的母线方程为：

$$y = \begin{cases} \dfrac{x - h_{\mathrm{f}}}{\tan \theta} + \sqrt{mh_{\mathrm{f}}^{4-n}\left[\left(\dfrac{K_{\mathrm{e}}}{K_{\mathrm{e}}-1}\right)^{\frac{1}{3-n}} - 1\right]} & \text{当 } x > h_{\mathrm{f}} \\[3mm] x \sqrt{mh_{\mathrm{f}}^{-n}\left\{\left[\dfrac{K_{\mathrm{e}}h_{\mathrm{f}}^{3-n}}{K_{\mathrm{e}}h_{\mathrm{f}}^{3-n} - x^{3-n}}\right]^{\frac{1}{3-n}} - 1\right\}} & \text{当 } x \leqslant h_{\mathrm{f}} \end{cases} \tag{5-70}$$

曲线 OA 与顶板壁直线 MA 及直线 OM 所围面积即是顶煤三角煤损失，曲线 OA 的形态决定了三角煤损失的多少，A 点越靠近 M 点，则三角煤损失越小，同时 d 值越小则 A 点越靠近 M 点。因顶板处三角煤损失明显少于底板处三角煤损失，故只研究底板处三角煤损失与其他参数的关系。在生产实际中只需将支架布置位置离顶板处越近越好。

漏斗右侧在放出高为 h 的顶煤后，变成 OBC 煤岩分界线，当下一放煤口打开放煤时，矸石就在该面上随着第二个放煤口的放煤将先于上部顶煤到达放煤口，如果本着见矸关门的原则，则会损失大部分上部顶煤，故而在靠近顶板处放煤时，一次性放出高度为 h 的顶煤后将大大减少顶煤的放出率。因此，在靠近顶板处支架放煤时合适的放出量即为高度为 h' 煤体，直到放出体不受顶板影响时，其放出顶煤高度才为 h，故而当 d 满足以下判断时应控制好该范围内的支架放煤口的放出时间，从而增加顶煤的放出率，减少含矸率。即：

$$d < \frac{h}{\tan \theta} \tag{5-71}$$

当放出体高度为 h' 时，放出体体积为：

$$Q_{\mathrm{f}} = \frac{\pi}{6} m h'^{3-n} \tag{5-72}$$

经多位研究者证明，在不改变散体与底部放矿口直径的情况下，单位时间内放出散体体积为一定值，与放矿口上面散体堆高度无关，故可得出：

$$qt = Q_{\mathrm{f}} \tag{5-73}$$

式中 q——单位时间从放矿口放出的顶煤体积；

   t——放出时间。

由式(5-72)和式(5-73)，可确定放煤时间：

$$t = \frac{\pi}{6q} m h'^{3-n} = \frac{0.164\pi}{q} h'^{2.15} \tag{5-74}$$

从而在生产实际中,在距顶板水平距离小于 $\dfrac{h}{\tan\theta}$ 的靠近顶板侧支架进行放煤时,应控制其放煤时间,而不是见矸关门。

因顶板处损失三角煤大大少于底板处损失,故而对顶板处不研究三角煤损失问题,而把重点放在放煤时间控制上。

由式(5-74)可看出:放出时间的长短只与放煤口到顶板的垂直距离有关。随着 h' 的增大,放出时间呈指数增长。生产实际中,只要测出单位时间放出的顶煤量,即可求得具体的放煤时间。

(3)顶煤垮落面边界条件影响下顶煤放出规律

由于放出体在发育过程中受到煤层断裂壁边界条件限制,其轴线要发生偏转,即放出体发生偏转的条件是:

$$d < \frac{h}{\tan\theta} \tag{5-75}$$

由式(5-75)可知:轴偏角 β 大小受放煤口位置 d、顶煤高度 h 及边界倾角 θ 三个因素影响。

令

$$L = \frac{h}{\tan\theta} \tag{5-76}$$

定义 L 为边界影响范围。

从而得放出体发生偏转的条件为:

$$d < L$$

根据实验结果统计,轴偏角与 d/L 为幂函数曲线关系,即:

$$\beta = a\left(\frac{d}{L}\right)^b \tag{5-77}$$

其中,a,b 为实验常数,$a=0.52$,$b=-1.52$。

产生轴偏角的原因在于边界条件的存在,增大了附近颗粒向下移动阻力,同时改变了原有颗粒运动方向,迫使放出体向自由边界一侧发育。但其不可能无限发育下去,当轴偏角达到某一个值时,自由边界一侧颗粒由于运动方向发生了较大变化,消耗了一部分向下作用力,使之运动速度减慢,阻碍了放出体继续向自由边界一侧发展,致使轴偏角变化减缓。当轴偏角增大到使放出椭球的边缘与散体颗粒自然安息角稳定线 OP 相切时,放出体就不可能再向自由边界一侧发育了,此时轴偏角达到最大值,如图5-27所示。

在 XOY 坐标系下,放出椭球体母线方程为:

$$2ax - x^2 = \frac{y^2}{1-\varepsilon^2} \tag{5-78}$$

切线 OP 方程为:

$$x = y \cdot \tan(\gamma + \beta) \tag{5-79}$$

由于放出体与 OP 相切,切点为 T,则 T 点处的斜率相等。

对式(5-78)两边求导得:

$$\frac{\mathrm{d}x}{\mathrm{d}y} = \frac{y}{(1-\varepsilon^2)(a-x)}$$

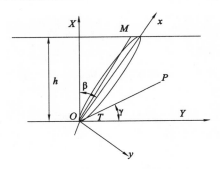

图 5-27　轴偏角最大值

故而得：

$$y = (1-\varepsilon^2)(a-x)\tan(\gamma+\beta)$$

将上式代入式(5-78)得：

$$2ax - x^2 = (1-\varepsilon^2)(a-x)^2\tan^2(\gamma+\beta) \tag{5-80}$$

求解得：

$$x = a\left(1 - \frac{1}{\sqrt{(1-\varepsilon^2)\tan^2(\gamma+\beta)+1}}\right) \tag{5-81}$$

将式(5-81)代入式(5-79)得：

$$y = a \cdot \cot(\gamma+\beta)\left(1 - \frac{1}{\sqrt{(1-\varepsilon^2)\tan^2(\gamma+\beta)+1}}\right) \tag{5-82}$$

x, y 即是 T 点坐标值，则其放出体高度为：

$$H = x + \frac{y^2}{x(1-\varepsilon^2)}$$

$$= a\left(1 - \frac{1}{\sqrt{(1-\varepsilon^2)\tan^2(\gamma+\beta)+1}}\right) + \frac{\left[a\cdot\cot(\gamma+\beta)\left(1-\dfrac{1}{\sqrt{(1-\varepsilon^2)\tan^2(\gamma+\beta)+1}}\right)\right]^2}{a\left(1-\dfrac{1}{\sqrt{(1-\varepsilon^2)\tan^2(\gamma+\beta)+1}}\right)(1-\varepsilon^2)}$$

又因为：

$$H = \frac{h}{\cos\beta}, a = \frac{H}{2}$$

所以可得：

$$B\cos^n\beta \cdot \cot^2(\gamma+\beta) = (2-B)mh^{-n} \tag{5-83}$$

其中：

$$B = 1 - \frac{1}{\sqrt{A+1}}, A = mh^{-n}\tan^2(\gamma+\beta)$$

由式(5-83)求解的 β 即是顶煤放出椭球最大偏转角。

5.6.3　多口情况下放煤规律

对于急斜水平分段放顶煤工作面，每一个支架都具有一个独立的放煤口，虽然对每一放煤口来说，其放出规律与前述研究的单口放煤规律是相同的，但随着从顶板方向向底板方向依次放煤，每一放煤口放煤受其前一次放煤口放煤的影响，其放出体的高度会有所不同。研究急斜放顶煤多口情况下的放煤规律可以为我们确定采用何种放煤方式提供理论依据。

选择何种放煤方式即是选择顺序还是间隔，单轮还是多轮的问题。

多口情况下放煤时,影响放煤方式的参数有相邻放煤口间距 s 与顶煤高度 h。

对于顺序放煤来说,存在以下三种情形。

(1) 当 $s<2b$ 时,在靠近顶板处打开第一放煤口进行放煤,直到见矸为止,该放煤过程与单口情况下相同。当打开下一放煤口进行放煤时,由于受第一放煤口放煤后煤岩分界线的影响,其放煤高度将会减小,如图 5-28(a)所示,当第三放煤口进行放煤时,其放出的煤体高度又比第二次高,依此纯煤放出量将呈现波动状态。

由椭球母线方程可得椭球高与宽的关系为:

$$b = \frac{\sqrt{mh^{2-n}}}{2} \tag{5-84}$$

即得此种状态下放煤口间距与放煤高度的关系为:

$$s < \sqrt{mh^{2-n}} \tag{5-85}$$

(2) 当 $s = \sqrt{mh^{2-n}}$ 时,如图 5-28(b)所示,第二放煤口放出的煤体高度与第一次相同,并且放出体相切,此种情况下采煤放出率最大。

(3) 当 $s > \sqrt{mh^{2-n}}$ 时,如图 5-28(c)所示,第二放煤口放出的煤体高度虽与第一放煤口相同,但在两放出体间会留下大量的脊背煤无法放出,出现此种情况的原因是顶煤高度取值太小,或是放煤间距取值太大。如果支架架型已经确定,则应在设计上适当增加顶煤高度。

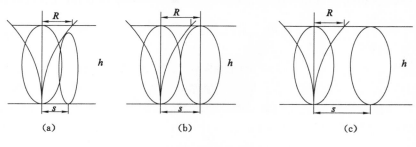

图 5-28　顺序放煤

图 5-29 是顺序放煤时,放煤口间距与放煤高度的关系曲线。

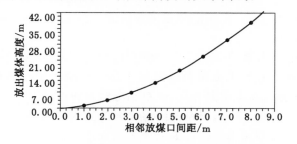

图 5-29　放煤口间距与放出煤体高度关系曲线

由图 5-29 可看出,随着放煤口间距的增大,相应地放出煤体高度也增大。但在生产实践中,相邻放煤口间距的值是有限的,其可放出的煤体高度也受到相应限制,故而对于分段高度超过单口可放出煤体的最大高度后,对顶煤放出应进行多轮放煤。

另外,对于隔架进行放煤时,其放煤间距即为 $2s$,通过图 5-29 中曲线也可求得其对应的放出体高度计算,从而进一步确定是单轮放煤还是多轮放煤。

对于顺序放煤来说,放煤间距为 s,其放出体高度为:$\left(\dfrac{s}{\sqrt{m}}\right)^{\frac{2}{2-n}}$。

当顶煤分顶高度 H 大于 $\left(\dfrac{s}{\sqrt{m}}\right)^{\frac{2}{2-n}}$ 时,应进行顺序多轮放煤,由 $H/\left(\dfrac{s}{\sqrt{m}}\right)^{\frac{2}{2-n}}$ 可求得具体需要的轮数。

对于间隔放煤来说,放煤间距为 $2s$,其放出体高度为:$\left(\dfrac{2s}{\sqrt{m}}\right)^{\frac{2}{2-n}}$。

当顶煤分顶高度 H 大于 $\left(\dfrac{2s}{\sqrt{m}}\right)^{\frac{2}{2-n}}$ 时,应进行顺序多轮放煤,由 $H/\left(\dfrac{2s}{\sqrt{m}}\right)^{\frac{2}{2-n}}$ 可求得具体需要的轮数。

5.7 本章小结

(1)分段放顶煤开采过程中,顶煤体中存在"跨层拱"结构,拱高与跨长的关系满足 $h_c = \dfrac{l\left[\sqrt{(\tan\alpha - f)^2 + \lambda(1 + f\tan\alpha)^2} - (\tan\alpha - f)\right]}{2\lambda(1 + f\tan\alpha)}$。在选择合理分段高度的前提下,实施合理的放煤步骤,使支架既受拱结构的保护,同时保证拱结构的自然上移是水平分段放顶煤开采的关键技术措施。

(2)顶煤体破坏的控制因素是沿走向的损伤积累和沿倾向的结构应力状态及几何性态。即顶煤体沿走向的损伤积累是其抗拉强度降低的主要原因,当降低至煤体沿倾向在该点的第一主应力值且满足放出几何关系时,煤体发生破坏并被放出,三个因素,缺一不可。

(3)针对煤岩脆性破坏的特点,根据煤体的应力-应变曲线(物理力学性质)并应用第一强度理论,将沿着倾向的顶煤体划分为拉破坏区、拉损伤区、弹性区和压剪损伤区四个分区,指出拉损伤区和弹性区是阻碍顶煤放出的控制区域,定义为滞放关键域。基于大段高的实际需求研究了水平分段高度对各分区的影响,研究表明随着水平分段高度的增加,拉破坏区逐渐减小,但减小幅度不大,拉损伤区、弹性区和压剪损伤区均呈现不断加大的趋势,表明顶煤放出的难度在不断增加。

(4)鉴于滞放关键域随着段高增大,不断沿着过煤体几何中心的垂线方向发展的分析结果,指出在大段高开采条件下,实施顶煤弱化时应首先针对该区域进行预先弱化,以降低该区域煤体的物理力学性质,打开放煤通道,使顶煤顺利放出。

(5)在底板处进行放煤时,会有三角煤残留。三角煤残留的大小与煤层倾角 θ、顶煤高度 h 和放煤口到底板水平距离 d 有关。煤层倾角越小,三角煤残留越多;顶煤高度越大,三角煤残留越多;放煤口到底板水平距离越大,三角煤残留越多。底板处三角煤的放出率为:$\eta = \dfrac{1.166 h^{0.575} \cdot \tan\theta}{h + 2d\tan\theta} \times 100\%$。生产实践中可对顶煤放出率的要求而取得合理的顶煤分段高度,从而使三角煤损失率在一合理范围内。

(6)在顶板处进行放煤时,由于工作面巷道布置或受端头支架不放煤的影响,放煤口到顶板处会有一定的水平距离 d,由于 d 的存在也会有顶板处三角煤残留,但其残留量大大小于底板处三角煤残留量。另外，当 $d < \dfrac{h}{\tan \theta}$ 时，顶煤的放出受顶板影响，其放出体会发生偏转，放煤漏斗左右不对称。故而对此范围的煤体提出了以时间控制是否关闭放煤口的控制原则，而不是见矸关门原则，放煤时间可由式 $t = \dfrac{0.164\pi}{q}h'^{2.15}$ 计算。

（7）在支架推进方向上，顶煤的放出受顶煤垮落面的影响，其放出体会发生偏转，煤岩分界线也不对称。

（8）对急倾斜多口情况下放煤时，影响放煤方式的参数有相邻放煤口间距 s 与顶煤高度 h。对于顺序放煤来说，当顶煤分段高度 H 大于 $\left(\dfrac{s}{\sqrt{m}}\right)^{\frac{2}{2-n}}$ 时，应进行顺序多轮放煤，由 $H/\left(\dfrac{s}{\sqrt{m}}\right)^{\frac{2}{2-n}}$ 可求得具体需要的轮数。对于间隔放煤来说，当顶煤分段高度 H 大于 $\left(\dfrac{2s}{\sqrt{m}}\right)^{\frac{2}{2-n}}$ 时，应进行间隔多轮放煤，由 $H/\left(\dfrac{2s}{\sqrt{m}}\right)^{\frac{2}{2-n}}$ 可求得具体需要的轮数。

6 充填体控制作用研究

乌鲁木齐矿区地表为第四系黄土层和砾石层,沉积厚度 0~30 m。矿区下属各矿在分段放顶煤开采过程中,出于对工作面上方采空区防灭火工作的需要,在地表形成塌陷坑后进行黄土充填。笔者通过对苇湖梁煤矿 B_{1+2} 煤层进行水平分段放顶煤开采的 RFPA^{2D} 数值模拟研究后表明:工作面首分段开采过程中,碳质泥岩直接顶稳定性较差,脆性特征明显,受采动影响后向采空区垮落。同时第一水平遗留煤柱下部受拉成拱形破坏后向采空区垮落[图 6-1(a)]。第二分段开采过程中,采空区靠顶板侧基本顶下位岩层受压产生剪切裂隙,裂隙延伸距离极短,其扩展处岩层易垮落。采空区左上钝角处及上方煤柱主要受拉产生微

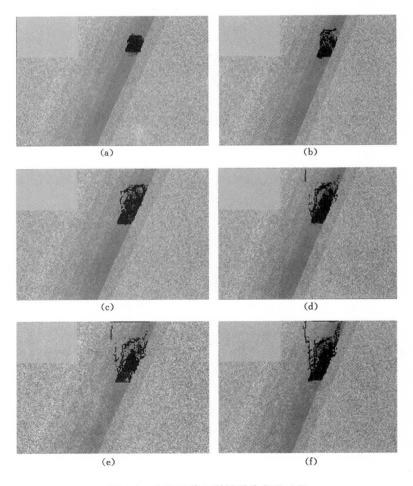

图 6-1 分段开采上覆层裂隙发展过程

裂隙,裂隙扩展性差,受损体极易垮落[图 6-1(b)]。第三分段开采初期[第 8 步第 2 子步开挖,见图 6-1(c)],围岩破坏向浅部方向发展,裂隙扩展性仍然较差。第三分段开采后期[第 8 步第 37 子步开挖,见图 6-1(d)],采空区上方上覆层受顶底板强烈挤压后塑性特征加强。最初在基本顶上位岩层及上覆层靠底板处产生具有较大扩展性及延伸性的剪切裂隙,裂隙朝浅部方向发展;而后在靠顶板侧地表形成近于垂直的拉裂隙,裂隙朝深部方向发展。第四分段开采初期[第 11 步第 1 子步开挖,见图 6-1(e)],顶板侧的裂隙进一步扩展延伸,从图中可明显看出几组裂隙的存在。裂隙延伸同时伴随着裂隙所夹受损岩体的破坏垮落,部分裂隙在发展过程中存在闭合、扩展的反复过程。在第四分段开采中期[第 11 步第 4 子步开挖,见图6-1(f)],顶板处扩展裂隙瞬时贯通,从而形成由地表至工作面上方采空区的漏风供氧通道。

急斜放顶煤开采过程中顶板侧裂隙的贯通使地表至工作面上方采空区产生漏风供氧途径,其存在给工作面安全生产带来极大危害。由于采空区有三角煤及遗煤损失,通过贯通裂隙对采空区氧的供给,残煤极易发生自燃。如果开采区域为高瓦斯地区,工作面将面临爆炸危险。而且在地表如不采取有效措施,贯通裂隙将随着时间延续和下分段开采进一步扩展,其对安全生产的危害性将快速增加。为防止贯通裂隙进一步扩展,在地表应采取待工作面推过一段距离,上覆层有一定稳定性后进行黄土充填措施。黄土充填及注水后可有效堵塞漏风供氧途径;黄土经碾压后又可以对贯通裂隙起到反向挤压作用,因此可有效阻止地表至采空区漏风。

新疆乌鲁木齐矿区下属碱沟煤矿,属急斜煤层群开采,煤层平均倾角 84°,B_{1+2} 煤层为稳定的巨厚煤层。分段工作面开采过程中,地表产生槽形塌陷,塌陷区域有浓烟产生[图 6-2(a)],说明工作面上方采空区残煤发生自燃。随后在工作面推过一定距离后,在地表进行黄土充填、注水及碾压,采空区发火熄灭,如图 6-2(b)所示。这说明对于急斜煤层开采来说,分段放顶煤开采形成了由地表至采空区的漏风供氧通道,正是此通道的存在造成了采空区残煤自燃,而地表黄土充填、注水及碾压措施对于堵塞漏风供氧途径是非常有效的。

(a)　　　　　　　　　　　　　　(b)

图 6-2　漏风供氧通道堵塞前后塌陷坑概况

(a) 发火时的塌陷坑;(b) 充填后的塌陷坑

以上研究表明黄土充填体在急斜煤层开采过程中的防灭火工作是非常有效的。而黄土充填体对围岩控制方面的研究还并不深入,本章将着重对该方面进行研究。

6.1　急斜煤层开采沉陷规律实验研究

由第 3 章典型倾角的急斜煤层开采实验研究可知,倾角大的急斜煤层(基本在 55° 以上)

进行大段高开采在岩层控制方面是有保障的。而保障的根本出发点是地表产生塌陷后,塌陷坑内应具有可以持续地沿着槽形采空体下移的垮落的煤矸体,并在阶梯形收口处对顶板岩层形成有效支承,防止塌陷坑面积扩大。因此,对于急斜煤层开采形成地表塌陷的过程及其特点必须了解,以便对大段高开采时的围岩控制提出针对性措施。

急斜煤层所处应力状态非常复杂。急斜煤层开采方法与缓斜煤层长壁开采不同,其工作面沿煤层的水平厚度方向布置,工作面短,顶底板在工作面两侧。若采用平面模拟的方法对地表变形破坏特征进行深入研究,将在一定程度上影响实验的精确度。因此,能够较好反映急斜水平分段放顶煤开采地表沉陷特征的,只能是立体模型。

6.1.1 实验设计

（1）模型设计

实验在组合堆体模拟实验装置上进行,模型最大填装尺寸为 10 m×8 m×3 m,本次实验模型填装尺寸为 3.6 m×2.0 m×1.7 m。实验架主要由两部分组成:主架有 4 根可拆卸立柱和 40 多根护板组成,可根据实验设计要求组装成多种尺寸的模型框架;底盘固定在立柱之上,距地面 1.0 m。模型左右两侧上部固定,下部为可拆卸侧护板,实验中侧护板保持不动,起侧向约束作用。背部为全部可拆卸的背护板,除起约束作用外,也有利于模拟分段放顶煤开采中进行采煤机直接切落顶煤部分的放出操作。模型正面装有机玻璃板,便于顶煤采出后顶底板及上覆岩层的观测和拍摄。

模拟实验以乌鲁木齐矿区煤岩原始地质资料为依据。结合乌鲁木齐矿区急斜煤岩原始地质资料及赋存情况,按照实验研究典型化的原则,取煤层平均倾角 65°,对地表的模拟实验主要以 2 号煤层为主。2 号煤层倾角 65°,为单一开采煤层,煤层厚度为 30 m,与上层煤间距为 47 m。

模型材料以河砂作为骨料,石膏、碳酸钙作为胶结材料,和水按一定比例配制而成。实验相似参数定为:几何相似常数 $a_L = 100$,密度相似常数 $a_Y = 1.37$,应力相似常数 $a = a_L \times a_Y = 100 \times 1.37 = 137$。模拟材料配比为:煤:20:1:5:20,中砂岩 737,细砂岩 637,砂质泥岩 828,碳质泥岩 837。配比中碳质泥岩取 837,即表示碳质泥岩层装填时河砂占总质量的 8/9;石膏、碳酸钙共占总质量的 1/9,其中石膏占 3/10,碳酸钙占 7/10。实验模拟材料总质量达 18.6 t,如此大的急斜立体模拟实验在国内外尚属首次,模型装置设计立体示意图如图 6-3 所示,模拟实验岩层填装顺序及材料配比如表 6-1 所列。整个模拟实验历时 5 个月。

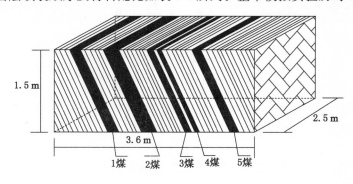

图 6-3　急斜水平分段放顶煤装置设计立体示意图

表 6-1 相似模拟实验岩层填装顺序及材料配比表

序号	岩性描述	岩层法向厚度/m	材料配比	骨胶比	石膏/大白粉	每层配料/kg			
						河砂	石膏	碳酸钙	粉煤灰
1	中砂岩	68.4	737	7/1	3/7	1 713.6	73.44	171.36	
2	细砂岩	25.0	637	6/1	3/7	1 135.1	56.75	132.42	
3	碳质泥岩	6.43	837	8/1	3/7	302.9	11.36	26.51	
4	煤(A_1)	18.57	20:1:5:20	40/6	1/5	400.83	20.04	100.5	400.83
5	砂质泥岩	5.0	828	8/1	2/8	235.38	5.88	23.54	
6	细砂岩	30.0	637	6/1	3/7	1 361.83	68.09	158.88	
7	碳质泥岩	5.02	837	8/1	3/7	235.38	8.83	20.6	
8	煤(A_2)	30.0	20:1:5:20	40/6	1/5	690.78	34.54	172.7	690.78
9	砂质泥岩	3.0	828	8/1	2/8	141.23	3.53	14.12	
10	细砂岩	17.0	637	6/1	3/7	771.7	38.59	90.03	
11	砂质泥岩	3.6	828	8/1	2/8	169.47	4.24	16.95	
12	细砂岩	22.3	637	6/1	3/7	1 012.29	50.61	118.1	
13	碳质泥岩	3.04	837	8/1	3/7	143.11	5.37	12.52	
14	煤(A_3)	8.0	20:1:5:20	40/6	1/5	184.21	9.21	46.05	184.21
15	细砂岩	3.15	637	6/1	3/7	142.99	7.15	16.68	
16	煤(A_4)	6.0	20:1:5:20	40/6	1/5	138.16	6.91	34.54	138.16
17	砂质泥岩	3.2	828	8/1	2/8	150.64	3.77	15.06	
18	细砂岩	14.5	637	6/1	3/7	658.22	32.97	76.79	
19	中砂岩	13.6	737	7/1	3/7	630.22	27.01	63.02	
20	碳质泥岩	2.9	837	8/1	3/7	136.52	5.12	11.95	
21	煤(A_5)	10.0	20:1:5:20	40/6	1/5	230.26	11.51	57.57	230.26
22	砂质泥岩	3.05	828	8/1	2/8	141.26	3.54	14.32	
23	细砂岩	40.0	637	6/1	3/7	1 711.0	85.55	199.62	
24	中砂岩	46.27	737	7/1	3/7	782.6	16.77	39.13	

岩层中应力监测埋入江苏溧阳江南电子仪器厂生产的 BW 型箔式微型压力盒,最大设计量程 0.05 MPa[图 6-4(a)]。图6-4(b)为微型压力盒埋入模型过程示意图。图6-4(c)为模型的台阶式填装过程。图 6-4(d)为模型填装完毕后整体视图。

(2)岩层中应力监测

岩层中应力监测埋入 BW 型箔式微型压力盒,此压力盒是由上海同济大学地下建筑实验室设计并由江南电子仪器厂生产。产品主要由特殊优质合金材料和特质的圆膜形胶基全桥式应变片以及特殊的密封工艺组成,是具有较高精度的接触式应力传感器。压力盒工作

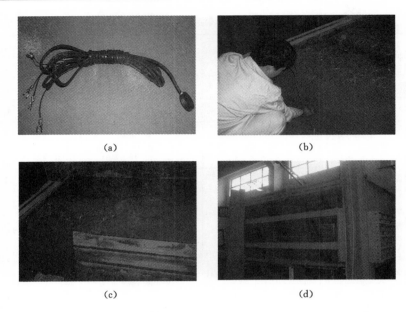

图 6-4　模型填装示意图

（a）箔式微型压力盒；（b）压力盒埋入顶板岩层；

（c）模型的台阶式填装；（d）模型填装完毕后整体图

性能稳定、体积小、防水防潮，不但适用于室内模型实验的应力量测，而且在一定条件下，也可用于工程中的水、土、气体压力量测。压力盒设计中假定其变形是由其自身自由受压产生的，其变形与自身尺寸相比是极微小的。压力盒采用薄膜转换形式，在变形薄膜上粘贴特质的箔式应变片，通过应变仪量测应变片的变形值可确定压力盒所受外力大小。

考虑到模型尺寸较大，并采用分段放顶煤开采（工作面沿走向水平推进），因此模型中压力盒分三个水平层面进行布置：一层面压力盒设计埋深 40 m，共布置 18 个压力盒，编号为 1～18，如图 6-5 所示。图 6-6 为二层面压力盒布置示意图，共布设 16 个压力盒，压力盒设计埋深 65 m，编号为 19～34。图 6-7 为三层面压力盒布置示意图，共布设 3 个压力盒，压力盒

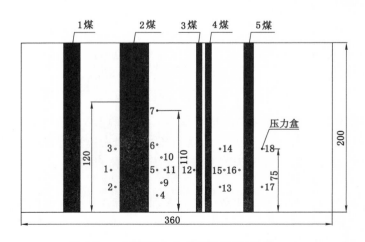

图 6-5　一层面压力盒布置示意图（单位：cm）

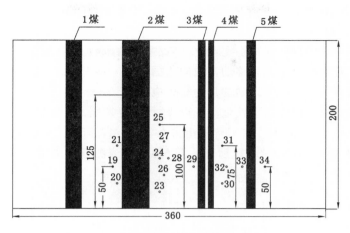

图 6-6　二层面压力盒布置示意图(单位:cm)

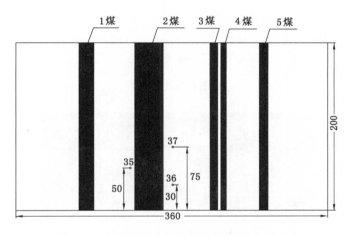

图 6-7　三层面压力盒布置示意图(单位:cm)

设计埋深 95 m,编号为 35～37。压力盒在岩层中埋设时均呈水平放置,即将平光的弹膜面朝所需方向放平即可。实验中应随时记录当时介质的温度,以标定时的温度(31 ℃)为基准,调整其因温度变化而产生的附加应变量。应变值应满足:真实值=测试值±(6×$\Delta_{温}$)。

(3)地表测点位移变化监测设计

地表观测采用的全站型电子速测仪(electronic total station)是由电子测角、电子测距、电子计算和数据存储单元等组成的三维坐标测量系统,测量结果能自动显示,并能与外围设备交换信息的多功能测量仪器。

全站仪本身是一个带有特殊功能的计算机控制系统。从总体上看,全站仪由两部分组成:

① 为采集数据而设置的专用设备。主要有电子测角系统、电子测距系统、数据存储系统和自动补偿设备等。

② 过程控制机。主要用于有序地实现上述每一专用设备的功能。过程控制机包括与测量数据相连接的外围设备及进行计算、产生指令的微处理机。两部分有机结合才能真正

地体现"全站"功能,既要自动完成数据采集,又要自动处理数据和控制整个测量过程。

地表监测设计原则:

① 设站地区在观测期间保持稳定,不受临近采动的影响。

② 观测线的长度要大于地表移动盆地的范围。

③ 测点的密度应与采深和设站的目的相适应。

④ 测站的控制点要设在移动盆地范围以外,埋设要牢固。

地表共布设 15 条测线,其中 2 号煤层上方布设 Y_1,4,5,6 及 Y_2 测线,每条测线上设 10 个测点,测点间距为 10 cm,如图 6-8 所示。图 6-9 为地表测点布置实拍图。

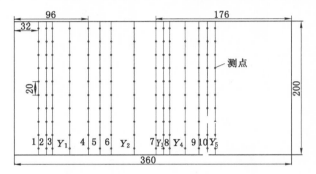

图 6-8　地表测点布置示意图(单位:cm)

图 6-9　立体模型及地表测点布置实拍图

实验数据通过全站仪观测所得,即利用全站仪观测角度,通过反算得出观测点的相对坐标,然后通过两次观测的坐标求出观测点的下沉以及水平移动变形,最后根据地表移动变形间的距离得出其他变形指标。结合图 6-10,利用定向元素求解法计算,具体的计算如下式:

$$
\begin{cases}
S_i = \dfrac{l}{\tan \alpha_i - \tan \beta_i} \\
\gamma = 180° - H_1 - H_2 \\
b_{AB} = \sqrt{S_1^2 + S_2^2 - 2S_1 S_2 \cos \gamma} \\
\Delta h_{AB} = S_1 \tan \alpha_1 - S_2 \tan \alpha_2
\end{cases}
\tag{6-1}
$$

式(6-1)中 l 是标尺长度,可以通过线纹米尺测量得到。定向元素计算结果如表 6-2 所示。

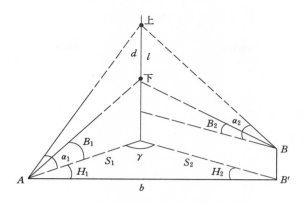

图 6-10 定向元素求解法示意图

表 6-2 定向元素计算结果表

	测站 A 观测值	测站 B 观测值	
	垂直观测值(度 分 秒)	垂直观测值(度 分 秒)	
上点	88 22 51	89 12 14	
下点	92 41 32	93 21 03	
	水平观测值(度 分 秒)	水平观测值(度 分 秒)	
上点	274 56 44	73 25 27	
下点	274 57 30	73 25 47	
标尺长/m	0.641 1		
测站高差/m	−0.031 612		
AB 测站	观测值		计算值
间距/m	2.382 13		2.382 17

根据定向元素计算结果,利用空间前方交会的原理可测得观测点的 x、y、z 坐标,具体计算见图 6-11 及式(6-2)～式(6-4)。

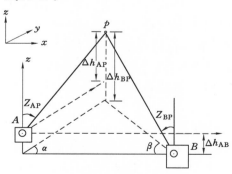

图 6-11 空间前方交会示意图

$$x_p = b\frac{\sin\beta\cos\alpha}{\sin(\alpha+\beta)} \tag{6-2}$$

$$y_{\mathrm{p}} = b \frac{\sin \beta \cos \alpha}{\sin(\alpha + \beta)} \tag{6-3}$$

$$z_{\mathrm{p}} = \frac{1}{2}(\Delta h_{\mathrm{AP}} + \Delta h_{\mathrm{BP}} + \Delta h_{\mathrm{AB}}) = \frac{1}{2}\left(b \frac{\sin \beta \cos Z_{\mathrm{AP}}}{\sin(\alpha + \beta)\sin Z_{\mathrm{AP}}} + b \frac{\sin \beta \cos Z_{\mathrm{BP}}}{\sin(\alpha + \beta)\sin Z_{\mathrm{BP}}} + \Delta h_{\mathrm{AB}}\right) \tag{6-4}$$

式中 α——A 站的水平移动角；

β——B 站的水平移动角；

Z_{AP}——A 站的竖直角；

Z_{BP}——B 站的竖直角。

6.1.2 实验过程

对于立体模拟实验，模拟煤层开采只能从模型的一侧向模型的内部逐步开挖。如果煤层在开采过程中上覆岩层垮落，工作面的模拟推进就无法继续进行。因此实验难度较大，也是平面模拟中不曾碰到的问题。我们采用了置换开采方法，按照每层煤的厚度和水平分段的高度，制作了套板，插入开挖，然后再逐步抽出，模拟沿走向开采。本次实验，考虑急斜煤层的层向分力大于法向分力（倾角 65°），即岩层离层力远小于水平或缓斜煤层开采时的情况，采用如下煤层开采过程和方式。

模型模拟地面标高为 $+780$ m，一水平 $+750$ m 水平由于原有小窑开采放弃，实验模拟从浅部二水平 $+630$ m 水平开始开采。煤层开采顺序为：5 号煤层，联合开采近距煤层（3 号、4 号煤层），2 号煤层。1 号煤层为备选煤层，视 2～5 号煤层开采效果而定。

模拟水平分段放顶煤开采，分段高度 15 cm，相当于实际段高 15 m（2 号煤开采时取段高 20 cm，相当于实际段高 20 m）。工作面沿走向共推进 150 cm，相当于实际推进 150 m。为防止上分段采空区煤矸在工作面推进过程中垮落，上下分段间留设 10 cm 煤柱，待煤柱以下分段的煤层开采后，由内向外逐渐采出上下分段采空区间所夹煤柱（也相当于顶煤的再次冒放）。

（1）开采 5 号煤层

5 号煤层倾角 65°，煤层厚度 10 m，10～20 m 厚煤层在乌鲁木齐矿区 3 号、4 号两组煤中占有一定比例，在全国急斜煤层中也有代表性。首分段开采工作面推进过程中，直接顶随开采有垮落产生，基本顶及底板均保持稳定，如图 6-12 所示。三分段工作面开采后，采空区垂高达到 65 m，但基本顶及底板仍保持稳定。说明厚度 10 m 左右的急斜单一煤层开采时，由于岩层法向离层力小于切向分力，顶板岩层的稳定性较好。

需要说明，在模拟实验中 5 号煤层是最先开采，没有受到其他煤层开采的影响，因而破坏活动不剧烈。

（2）联合开采 4 号和 3 号两层近距煤层

近距煤层联合开采是解决 10 m 煤层安全高效开采的主要技术途径。研究期间，与新华新疆能源有限责任公司合作，创造性地实现了联合开采，获得新疆维吾尔自治区科技进步二等奖。我们进行了平面相似材料模拟实验研究，在立体模型架上进行典型化研究，是为了深化研究成果。

3 号、4 号煤层为急斜近距联合开采煤层，煤层法向厚度分别为 8 m 和 6 m，夹矸法向厚度 3.15 m。在夹矸中部沿工作面推进方向 15 m 处，安排一固定测点以监测该点夹矸水平

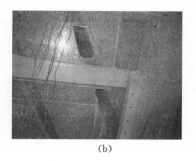

（a）　　　　　　　　　　　（b）

图 6-12　开采 5 号煤层时的围岩破坏状态

（a）5 号煤首分段开采；（b）5 号煤三个分段开采后

位移变化情况。

　　第一个水平分段开采初期，由于两层煤中间的薄岩层强度大于煤层，薄岩层能够保持相对稳定状态[图 6-13（a）]，随工作面推进，薄岩层向 4 号煤采空区逐渐弯曲变形[图 6-13（b）、（c）]，变形曲线如图 6-14 所示。当工作面推进 68 m 后，受上覆岩层的重压，夹矸突然性折断垮落，填充在 3 号煤层采空区[图 6-13（b）]。实验表明，薄岩层的破坏明显滞后于煤层的破坏和放出，这就保证了不会因同时破坏而增加含矸率或降低采出率。

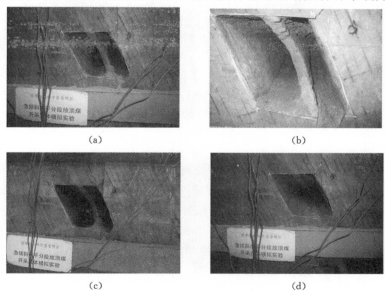

（a）　　　　　　　　　　　（b）

（c）　　　　　　　　　　　（d）

图 6-13　近距赋存的 3 号、4 号两层煤之间的薄岩层破坏过程

（a）开采初期夹矸形态；（b）夹矸初始变形；

（c）夹矸的弧形弯曲；（d）夹矸的垮落填充

　　二水平分段工作面开采后，将第一分段和第二分段之间的隔离逐渐向外逐渐采出，上分层采空区形态如图 6-15 所示。由图可知，一水平原有受损煤岩大体呈拱形垮落，采空区基本顶垮落带也呈拱形，但拱顶明显向浅部方向偏移，其原因是基本顶下部得到了垮落煤矸支撑所致。采空区垮落煤矸首先堆积在底板处，使底板岩层得到有效支撑，后续垮落煤矸向顶

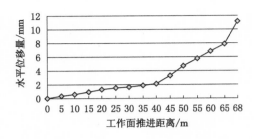

图 6-14　首分段夹矸水平位移变化曲线

板处滑落,形成与水平方向成 32° 左右倾角的边坡状垮落区。二分段两层煤间的薄岩层所受载荷明显小于首分段薄岩层所受载荷。煤柱采出后,首分段采空区煤矸沿薄岩层两侧垮落,而薄岩层仍能保持稳定,并且煤矸垮落至二分段采空区后,二分段薄岩层的稳定性进一步加强。

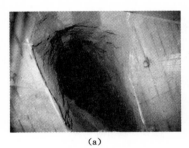
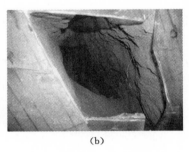

(a)　　　　　　　　　　　　　　　　(b)

图 6-15　煤柱采出后首分段采空区形态
(a)上覆层的拱形垮落;(b)煤矸沿夹矸两侧的垮落

第三水平分段工作面开采后,基本顶岩层的垮落进一步加剧,非对称拱形垮落带的范围也进一步扩大。顶板最大垮落厚度(法向)6 m,上部垮落角 78°,下部垮落角 66°[图 6-16(a)]。

第四水平分段工作面开采后,将上下分段间所夹煤柱采出,上方采空区煤矸向四分段采空区的垮落如图 6-16(b)所示。由图可明显看出,近距煤层之间的薄岩层受到了上方采空区煤矸垮落后的有效支撑。因此,利用上分段采空区垮落煤矸增加夹矸层的稳定性,可有效降低煤炭的含矸率,基本顶岩层的垮落进一步朝顶板方向发展。图 6-16(c)为第四水平分段上方煤柱由内向外采出推过 68 m 后基本顶垮落实拍图。顶板最大垮落厚度(法向厚度)10.2 m,上部垮落角 74°,下部垮落角 62°。第一水平分段煤岩成拱形持续垮落。当第四水平分段上方煤柱由内向外采出推过 45 m 后,地表突然出现孔状塌陷现象,煤柱全采后的基本顶形态如图 6-16(d)所示。顶板最大垮落厚度(法向厚度)18.5 m。

(3)开采 2 号煤层

第二水平的第一水平分段开采过程中,直接顶随开采产生垮落,采空区上方原有受破坏煤体随工作面推进有持续垮落现象[图 6-17(a)]。第一水平分段工作面推进过程中,采空区上方地表产生孔状塌陷[图 6-17(b)]。孔洞持续发展,当地表完全塌陷后第一水平分段采空区顶板破坏如图 6-17(c)所示。第二水平分段开采后,将留设煤柱采出,第一水平分段采空区煤矸及地表土向下方采空区产生垮落[图 6-17(d)],第二水平分段采空区顶底板得到有效支撑,其稳定性有一定提高。2 号煤层的顶底板岩性,底部以中粒砂岩和细砂岩为主,

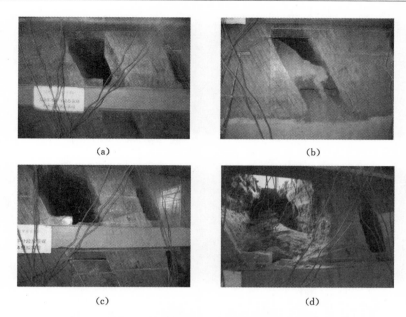

(a) (b)

(c) (d)

图 6-16 开采第三、第四水平分段围岩及顶煤破坏运动特征

(a) 三分段开采后基本顶垮落形态；(b) 四分段开采后上方煤矸的垮落；

(c) 拱形破坏的持续发展；(d) 四分段上方煤柱全采后顶板破坏图

顶部为细砂岩、泥砂岩及砂质泥岩互层。距煤层顶板 20 m 处（法向长度）有厚度 3.6 m 的砂质泥岩层。第三水平分段开采后，基本顶砂质泥岩层处产生沿层埋方向的离层裂隙[图 6-17(e)]。将第三水平分段上方煤柱逐渐采出，离层裂隙扩展。而且随着裂隙的发展，裂隙上方约 3.5 m 处产生第二条离层裂隙[图 6-17(f)]。首条离层裂隙的最大发展长度为 49.3 m（沿倾向）。第二条离层裂隙发育速度大于第一条裂隙。由图 6-17(g)可知，由于第二条离层裂隙发育较快，首条离层裂隙上部产生闭合现象，最大闭合长度 38.4 m，基本对应于第二条裂隙的最大发展长度。当第二条裂隙法向宽度发展至 0.48 m 左右时，基本顶连同地表产生大面积垮落[图 6-17(h)]。

顶板及地表破坏后的遗留岩柱如图 6-17(i)所示。岩柱呈"工"字形，法向厚度 25 m（埋深 50 m 处），地表水平厚度 38 m 左右。2 号煤层顶板破坏全景图如图 6-17(j)所示，从图上可以看出基本顶连同地表产生的大面积垮落体在埋深 75 m 处得到了顶底板的有效支撑，会对工作面产生来压，但来压强度不会很大。

6.1.3 立体模拟实验分析

（1）围岩破坏过程分析

急斜煤层水平分段放顶煤开采与缓斜煤层长壁开采不同。缓斜长壁工作面沿倾斜方向布置，工作面长度为分段斜长（一般 150～250 m），工作面开采煤层的上方是直接顶和基本顶，工作面下方是底板，形成了一个"基本顶—直接顶—支架—底板"力学承载系统。而水平分段放顶煤开采工作面是沿煤层的水平厚度方向布置，工作面长度 L 有限，即煤层的水平厚度（$L = h_m/\cos \alpha$，式中：h_m 为煤层厚度，α 为煤层倾角），直接顶和基本顶在工作面的一侧，底板在工作面的另一侧，形成的是"残留煤矸—顶煤—支架—底煤"力学承载系统（图 6-18）。

模拟实验表明，急斜煤层水平分段放顶煤开采围岩的破坏主要向顶煤和顶板两个方向

图 6-17　开采 2 号煤层围岩和顶煤破坏运动特征及地表破坏发展状态

（a）直接顶及上覆层的破坏；（b）地表塌陷最初形成的孔洞；（c）地表塌陷后的顶板破坏；

（d）煤矸及地表土向下方采空区的垮落；（e）基本顶沿层埋方向的裂纹；（f）扩展裂纹的发展；

（g）初始裂纹的闭合；（h）基本顶垮落后形态；（i）顶板及地表破坏后的遗留岩柱；（j）围岩破坏全景图

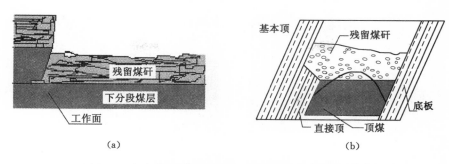

图 6-18　急斜煤层水平分段放顶煤开采工作面及围岩状态
(a) 工作面；(b) 围岩状态

发展。随着顶煤的放出，破坏向上发展，但是，顶煤可能成拱。一旦成拱后，顶煤从工作面支架的放出过程就自然终止。因此，合理的水平分段高度，一般情况下应该与自然成拱的高度相适应。随着工作面煤炭的开采放出，顶板破坏，因而构成了围岩破坏运动的主方向，基本上是煤层的法线方向，随着倾角的增大，向上方偏移。但是顶板的破坏，有以下特点：由于急斜煤层倾角大，因而顶板的离层力较小，一般水平分段高度 10～20 m，较为坚硬的基本顶在第一个分段开采时，呈一狭长条形，一般不会发生破坏失稳。但是随着开采向下部的分段发展，当基本顶悬露到一定面积时，就会发生破坏。如联合开采的近距煤层(3 号和 4 号煤层)开采到第三水平分段时，顶板破坏的法线厚度达到 6 m，说明顶板方向的破坏已开始发展到基本顶。破坏沿倾斜的发展方向呈不对称状，上部垮落角 78°，下部垮落角 66°。开采到第四个水平分段时，破坏沿顶板方向继续发展。顶板法线最大垮落厚度 10.2 m，沿倾斜方向上部垮落角 74°，下部垮落角 62°。

（2）地表沉陷过程分析

5 号煤层开采过程中，经全站仪观测地表测点后发现煤层上方 9、10、Y_4 及 Y_5 测线的测点基本上无变化。

3 号、4 号急斜近距煤层联合开采过程中，在前三个分段开采后，经全站仪观测地表测点基本上无变化。第四分段开采后，采空区上方煤柱由内向处采出过程中，伴随着基本顶和一水平覆岩层的拱形破坏垮落。当煤柱采过 45 m 后，地表首先出现一近似圆形的孔洞，距开切眼 35 m 处，孔半径 3 m 左右[图 6-19(a)]。当煤柱采过 75 m 后，距第一孔洞 70 m 处产生第二个孔洞，孔半径 2.8 m 左右[图 6-19(b)]。随着煤柱的持续采出，双孔间的地表覆盖层逐渐垮落贯通[图 6-19(c)]。由图 6-19(d)知，地表最终出现深槽形塌陷坑，平均深 50 m，纵深最长长度 128 m，上口最宽处 30.3 m，槽底最宽处 45.6 m，即形成"口小、肚子大"的槽形塌陷坑。上口小是由于靠底板处截面形状为三角形的残煤及地表砂土层没有垮落所致。

2 号煤层开采中，经全站仪观测地表测点发现：首分段开采时，煤层上方 4、5、6 测线的测点随工作面推进，位移有一定变化，而 Y_1 测线(底板岩层中)及 Y_2 测线(顶板岩层中)测点位移基本无变化。利用 VB 编程计算，将全站仪观测地表测点坐标代入式(6-2)～式(6-4)，得出工作面分别推进 25 m、50 m、75 m、100 m、125 m 及 150 m 后 4、5、6 测线测点的位移变化。图 6-20、图 6-21 分别给出 4 测线测点水平位移 X 值及 6 测线测点水平位移 X 值。由图可知，位于煤层底板侧上方的 4 测线测点水平位移量明显小于 6 测线测点水平位移值，由此说明急斜煤层顶板侧的破坏要比底板严重。靠近 2 号煤层走向主断面的 5 测线测点的竖

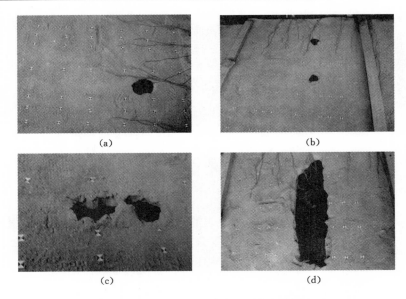

图 6-19　3 号、4 号煤层联合开采地表破坏发展过程

（a）地表初期塌陷孔；（b）地表的双孔破坏；

（c）孔洞的扩展破坏；（d）地表垮落最终形态

向位移量随工作面推进的变化如图 6-22 所示。由图 6-22 知工作面推进一定距离后采空区中部是竖直位移最大的区域。

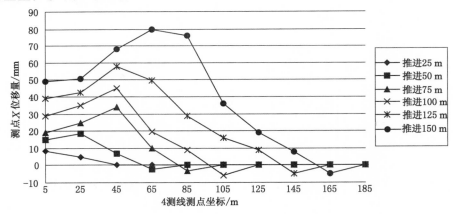

图 6-20　4 测线测点水平位移 X 值

当首分段工作面推进 130 m 时,距开切眼 55～66 m 处首先产生类似三角形的塌陷孔[图 6-23（a）],孔周边有较明显裂纹,塌陷孔由三角形向圆形扩展,孔深 9.8 m。工作面继续推进至 138 m 时,距第一塌陷孔前方 23 m 处产生第二处塌陷孔[图 6-23（b）]。

塌陷面积大于第一塌陷孔,并随着工作面的后续推进,第二处塌陷孔快速向第一处塌陷孔发展[图 6-23（c）],双孔贯通后如图 6-23（d）所示,塌陷坑长约 47.6 m,平均宽 18.7 m,深处塌陷为 9.1 m,浅处为 5.9 m。

二分段开采过程中,受采动影响,塌陷坑面积进一步扩大,沿走向垮落程度明显大于顶

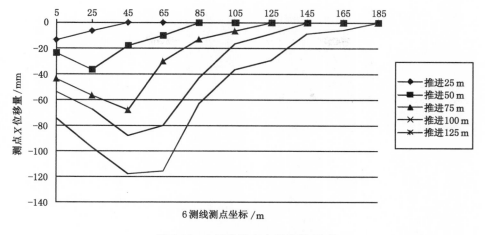

图 6-21　6 测线测点水平位移 X 值

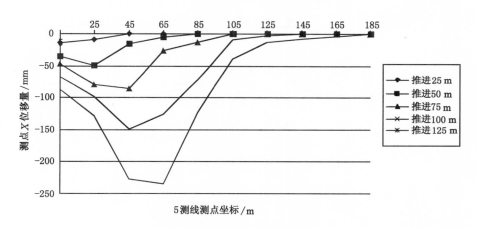

图 6-22　5 测线测点竖向位移变化值

底板侧垮落程度。图 6-24(a)为工作面推进至 75 m 时塌陷坑形状,塌陷坑长 69.7 m,平均宽 28.7 m,深处塌陷为 10.2 m,浅处为 6.3 m。工作面推进 150 m 后地表整体塌陷坑形状如图 6-24(b)所示。

　　三分段开采后,由内向外将采空区上方煤柱采出。应用全站仪观测 Y_2 测线 4 测点水平位移 X 变化量如图 6-25 所示。由图知随着煤柱的采出,4 测点水平位移 X 变化量呈递增趋势。当煤柱采出 75 m 后,测点水平位移值增量加快,表现为图中曲线的斜率呈加速递增。图 6-26(a)表示当煤柱采过 25 m 后,距原有垮落边界约 18.3 m 处(4 测点处测量)产生的细微裂纹。由图知裂纹基本上沿走向及原有垮落边界发展。图 6-26(b)表示当煤柱采过 50 m 后,裂纹沿走向及原有垮落边界的发展。图 6-26(c)表示当煤柱采过 75 m 后,裂纹沿走向及原有垮落边界的发展。图 6-26(d)表示当煤柱采过 100 m 后,裂纹发展情况。图 6-26(e)当煤柱采过 125 m 后,裂纹发展情况。当煤柱采至 145 m 后,裂纹突然快速发展并使上覆岩土层垮落。分析图可知,煤柱采过 75 m 后裂纹发展速度明显加快。在采 100～145 m 煤柱过程中,原快速发展裂纹内部又产生新裂纹,即受损岩体内产生多组裂纹。上覆岩土层垮落后形态如图 6-26(f)所示。由图可明显看出地表沉陷沿走向为深槽形。在深槽形塌陷坑内垮落体由底板朝顶板呈台阶形

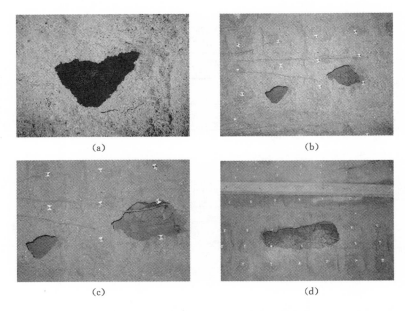

图 6-23 首分段开采后地表塌陷发展过程

（a）周边带裂纹的三角状塌陷孔；（b）双孔沉陷；

（c）塌陷孔快速发展破坏；（d）双孔的贯通破坏

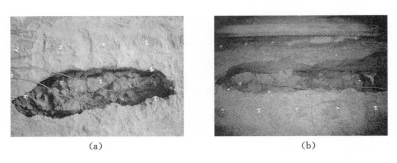

图 6-24 二分段开采塌陷坑发展过程

（a）塌陷坑沿走向的快速扩展；（b）地表塌陷坑整体形态

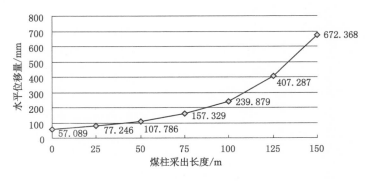

图 6-25 Y_2 测线 4 测点水平位移变化量

分布。塌陷坑最长长度 136.4 m,宽度(距开切眼 60 cm 处)52.7 m,最深深度 50.2 m,靠顶板侧。

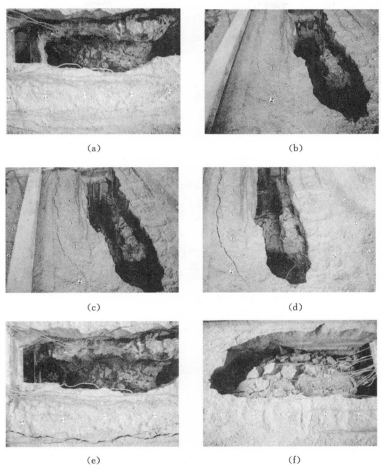

(a)　　　　　　　　　　　　(b)

(c)　　　　　　　　　　　　(d)

(e)　　　　　　　　　　　　(f)

图 6-26　2 煤开采地表裂纹发展及塌陷整体图

(a) 推过 25 m 煤柱后上覆层细微裂纹;(b) 推过 50 m 煤柱后顶板上覆层裂纹;

(c) 推过 75 m 煤柱后顶板上覆层裂纹;(d) 推过 100 m 裂纹的快速发展;

(e) 推过 125 m 后上覆层的多组裂纹;(f) 2 煤地表塌陷后整体图

6.1.4　顶底板应力变化特点

　　本次实验应力测试采用有限测点,从理论上讲,测点越多所反映的应力分布状态越接近于原型的真实状态。但是测点越多,就意味着在模型中装置了大量传感器,以及相应引出的测线。传感器构成了模型原岩的一部分,也就成了原岩性质的干扰因素。而测线穿过岩体,不仅破坏了岩体本身的连续性,而且影响层状岩体的运动。因而我们采用有限个测点,以认识开采过程中顶底板应力变化的特点。课题研究中,以此为依据之一,配合数值模拟的方法,追踪拟合出应力场。

　　5 号煤层第一水平分段开采过程中顶板应力变化曲线如图 6-27 所示。顶板侧共埋设 3 个压力盒。17 号、18 号压力盒埋设在埋深 40 m,距开切眼距离分别为 30 m、75 m,距煤层顶板 10 m 处岩层中。对于厚度在 10 m 左右的急斜单一开采煤层,在第一分段开采过程中,应力变化的幅度并不大,说明顶板处于较稳定状态。由 17 号、18 号压力盒应力变化曲线可知,应力集中区域一般在工作面前方 25～30 m,而应力峰值点一般在工作面前方 5 m 处。当工作面跨过压力盒所在位置后,应力最初处于下降趋势,然后又缓慢回升达到稳定态,但已无法恢复到原岩应力的状态。第二分段开采过程中,34 号压力盒应力变化类似于第一分段开采时的 17 号、18 号压力盒应力变化。而 17 号、18 号压力盒应力呈下降趋势,但幅度不大,即应力有一定的释放,但顶板仍较稳定。第三分段开采后,应力变化曲线呈一定幅度下降趋势,如图 6-28 所示。

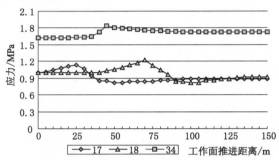

图 6-27　5 号煤层第一水平分段开采过程中顶板应力变化曲线

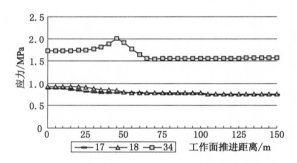

图 6-28　5 号煤层第三分段开采后顶板应力变化曲线

联合开采 3 号、4 号煤层,4 煤顶板侧共埋设 6 个压力盒,分别为 13 号、14 号、15 号、30 号、31 号、32 号压力盒。13 号、14 号、15 号压力盒设计埋深 40 m,距煤层顶板距离分别为 10 m、10 m、15 m,距开切眼距离分别为 30 m、75 m、50 m。30 号、31 号、32 号压力盒设计埋深 65 m,距煤层顶板分别为 10 m、10 m、15 m,距开切眼距离分别为 30 m、75 m、50 m。第一分段开采顶板应力变化曲线如图 6-29 所示。由图 6-29 可知,对于埋深 40 m 的压力盒,在工作面前方 30 m 左右出现应力集中区域,工作面前方 8 m 左右为应力峰值位置。应力释放的过程表现为测点应力值的下降,当工作面推过测点 30 m 左右后,应力值又产生一定的回升,但始终是低于原岩应力的。对于埋深 65 m 的压力盒,工作面前方 5 m 左右为应力峰值位置。测点应力表现为上升—下降—稳定的过程,稳定后的应力值是大于原岩应力(初始应力)的。第三分段工作面开采过程中顶板各则点压力盒应力变化曲线如图 6-30 所示。分析后可知,首分段采空区顶板侧随着三分段工作面的推进,基本顶有垮落产生,因此形成了 13 号、14 号、15 号压力盒应力的台阶形下沉。

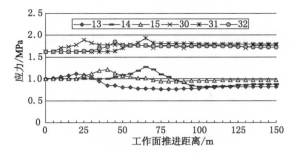

图 6-29 联合开采 3 号、4 号煤层时，4 号煤层第一分段顶板应力变化曲线

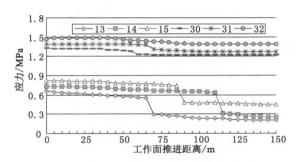

图 6-30 联合开采 3 号、4 号煤层时，4 号煤层第三分段顶板应力变化曲线

2 号煤层第一分段开采过程中，顶板侧（包括煤体中）共埋设 15 个压力盒。4～11 号压力盒设计埋深 40 m，其中 4～7 号压力盒距煤层顶板 10 m，距开切眼距离分别为 20 m、50 m、80 m、120 m；8 号压力盒埋于 2 号煤体中，距开切眼距离为 135 m；9 号、10 号压力盒距煤层顶板 15 m，距开切眼距离分别为 35 m、65 m。11 号压力盒距煤层顶板 20 m，距开切眼距离为 50 m。22～28 号压力盒设计埋深 65 m，22 号压力盒埋于 2 号煤体中，距开切眼距离为 135 m。23～25 号压力盒距煤层顶板 10 m，距开切眼距离分别为 20 m、60 m、80 m。26 号、27 号压力盒距煤层顶板 15 m，距开切眼距离分别为 40 m、80 m。28 号压力盒距煤层顶板 20 m，距开切眼距离为 60 m。36 号、37 号压力盒设计埋深 95 m，距煤层顶板 10 m，距开切眼距离分别为 30 m、75 m。图 6-31 给出了 2 号煤层第一水平分段开采过程中 4～9 号和 24 号压力盒的应力变化曲线。以 5 测线为例，工作面前方 30 m 左右为应力集中区域，工作面前方 10 m 左右为应力峰值点位置。当工作面推至 130 m 时，地表距开切眼 55～66 m 处首先产生类似三角形的塌陷孔，应力产生释放，表现为曲线的台阶形下降。当工作面推过 140 m 后，地表沉陷发展扩大，应力产生较大释放，表现为曲线的较大的台阶形下降。2 号煤层中的 8 号压力盒的曲线表明，煤体中工作面前方 5 m 左右为应力峰值位置。埋深 65 m 的 24 号压力盒的应力曲线与 5 煤二分段开采的 34 号压力盒的应力曲线，以及联合开采的 30 号、31 号、32 号压力盒的应力曲线是不同的，24 号压力盒的应力值有较大的下降，并低于原岩应力，其原因是由于地表产生沉降后应力得到一定释放所致。2 号煤层二分段开采中，该分段内各对应位置处应力曲线与首分段开采时有类似之处。2 号煤层三分段开采后，顶板应力将处于逐渐释放之中。

6.1.5 水平分段放顶煤开采沉陷特征

此次模拟实验以乌鲁木齐矿区为背景，仍然属于较浅部煤层的开采，模拟实验的结果与

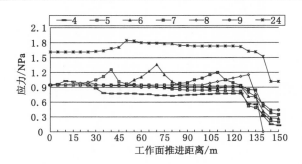

图 6-31　2 号煤层第一水平分段开采过程中顶板应力变化曲线

地表实际现象一致。单一开采的急斜特厚煤层(2 号煤层)地表破坏的基本特征是深槽形塌陷,总体特征是串珠状塌陷坑和塌陷槽,深槽形塌陷坑直接出现于煤层露头上方,其主要特点如下:

(1)塌陷主要向顶板方向发展(模拟煤层倾角 65°条件下)。一般情况下,由于浅部岩层受到长期风化作用,基本顶的强度明显降低,因而在不实施人工充填的条件下,随着开采深度的发展,可能发展到较大范围。但是,如果基本顶属于坚硬稳定的岩层,就可能成为围岩破坏发展的"阻隔层",而在相当长时期成为塌陷坑的上部边界。立体模拟实验反映的是前一种情况。

(2)在深槽形塌陷坑的顶板方向,还会发展明显的开裂裂隙,基本上与煤层的走向平行,随着时间的推移,就会发生塌落,塌陷坑宽度加大。因而,深槽形塌陷坑的发展是一个时空发展过程,如果不加控制,在顶板方向的影响范围会不断扩大。

(3)底板方向一般为煤层上方露头线的底边界。由于在深槽形塌陷坑内垮落体由底板朝顶板呈台阶形下降分布,底板的错动破坏将受到抑制。

大型立体模拟实验说明深槽形塌陷坑的形成分为以下几个发展阶段:

(1)顶煤成拱阶段。即开采过程中,顶煤可能成拱,此时,地表不会有塌陷的发生。

(2)塌陷孔形成阶段。立体模拟实验表明,开采随时间和空间的发展,到一定程度发展到地表,首先是出现塌陷孔,塌陷孔一般不只一个。实验在煤层开采中出现了双孔。

(3)塌陷孔扩展阶段。塌陷孔形成后逐步扩展,扩展的特点主要是沿走向周边明显沉陷,然后塌落,孔之间逐步贯通。

(4)槽形塌陷坑形成阶段。塌陷孔间的扩展贯通形成塌陷坑。

(5)槽形塌陷坑扩展阶段。在槽形塌陷坑形成后,在顶板方向发育有开裂裂隙,随着时间推移,裂隙开裂不断发展,随后塌落,槽形塌陷坑扩展。

(6)深槽形塌陷坑形成阶段。塌陷坑内垮落体由于分段工作面的向下延伸表现为由底板朝顶板侧的台阶式下降,从而形成槽底偏向顶板侧的深槽形塌陷坑。岩层倾角越大,偏移程度越小。

6.1.6　实验结论

(1)急斜煤层沿倾斜方向顶板侧的破坏要比底板侧严重,沉陷主要向顶板方向发展。沉陷最初由在地表生成的孔洞发展为孔洞间的贯通,形成塌陷坑,塌陷坑沿最初从周边开始发展(主要在顶板及走向周边发展)。

(2)急斜煤层开采后,其沉陷随着分段工作面的向下延伸表现为反复多次沉陷,塌陷坑内垮落体表现为由底板侧朝顶板侧的台阶式下降分布,最终形成深槽形塌陷坑(浅部开采)。

(3)为有效地防止塌陷坑面积的扩大以及有充足的充填体向下部槽形采空体下移支承顶板侧岩层,必须多次重复地向槽形塌陷坑内进行填充,并采取由底板侧沿台阶式下降体开始多次充填的方式。

6.2 充填平面模拟实验研究

6.2.1 充填模拟实验设计

充填体[107-108]模拟实验将借用第 3 章倾角为 65°煤层模拟开采完毕后的模型体进行研究。首先将按一定比例配制的充填体由塌陷坑内填入,然后自模型最终开采标高处将"收口"之下槽形充填空间内的煤矸体及已冒拱的顶板岩块逐渐放出,由此观察充填体的下移过程及围岩运移变化的特征。

观测围岩运移特征时,在模型顶底板处布置 5 个测点,埋入 BW 型箔式微型压力盒(图 6-32),其最大设计量程为 0.05 MPa。实验中选用华东电子仪器厂生产的 YJ-31 静态电阻应变仪(图 6-33)。

图 6-32　BW 型箔式微型压力盒　　　　　图 6-33　YJ-31 静态电阻应变仪

充填体模拟实验整体设计如图 6-34 所示。顶底板 5 个测点的坐标分别为:1 号测点(189,198)、2 号测点(354,96)、3 号测点(330,240)、4 号测点(385,258)、5 号测点(366,339)。

6.2.2 实验过程及现象

实验所用充填体为河砂与黄土,按 1∶1 比例加水配制而成(图 6-35)。第一次用于充填的黄土充填体质量为 50 kg,地表塌陷坑充填后如图 6-36(a)所示。在第 3 章中,该模型最终开采至第三水平(+430～+540 m)标高为+430～+450 m 的工作面。本实验即在+430 m 标高处将开采区域的煤矸充填体及塌陷区域的黄土充填体逐渐放出。模型梯形收口之下的槽形采空区域的煤矸充填体首先被放出。初期被放出煤矸体量达到 2.52 kg 前,地表没有变化。说明地表的变化与采空区内煤矸体的下移过程并不一定是同步的,槽形采空区域的煤矸充填体在下移过程中可能形成一定的结构体。放出量超出 4.54 kg 后,煤矸充填体在放出过程中,地表塌陷区域的黄土充填体开始发生下沉,地表变形表现为非连续性特征。放出量达到 6.75 kg 时,由于放出过程中槽形采空区域的煤矸充填体在下移过程中形成暂时稳定的横跨顶底板的结构,煤矸体暂时不能放出。图 6-36(b)为距地表 282 m 处形成的一个临时稳定结构,称为一次稳定结构,相当于一个拱形结构,结构体之下由于煤矸体的放出形成了较大的空场区域。通过采取一定的震动措施(类似于开采过程中的爆破震动),拱形结构失稳,并向槽形采空区域下方移动。如图 6-36(c)所示,结构失稳下移后,其上

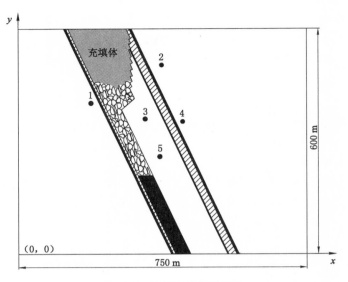

图 6-34　模拟实验整体设计

方煤矸体在下移过程中能再次形成暂时稳定的拱形结构,称为二次稳定结构,所放出充填体整个质量为 8.78 kg。二次稳定结构相对于一次稳定结构向浅部方向发展。此时空场区域由失稳的煤矸体及小部分黄土充填体充填,地表的下沉表现为靠顶板侧的下沉速度明显大于底板侧。

图 6-35　配制好的充填体

　　结构稳定至失稳的反复过程伴随着对顶板岩层起一定支承作用的煤矸体形成的结构遭到破坏后的煤矸体的不断下移,而结构实质上是朝着收口处位置上移了。黄土充填体在结构反复上移后很容易渗过形成结构的煤矸体的间隙向下方槽形采空区域大量移动,如图 6-36(d)所示,此时所放出充填体整个质量为 15.83 kg。当充填体放出整个质量达到 28.35 kg,结构上移至模型"梯形"收口位置,而其下方的槽形采空区域已全部由黄土充填体填满。此时依据急斜煤层的沉陷特点进行二次充填,充填量为 38.5 kg。

　　二次充填后,模拟工作面煤体被完全放出并与上方采空区连通时的情况。此时,黄土充填体会快速通过梯形收口位置,并在地表形成"喇叭口"形急速下沉,黄土充填体快速填满槽形采空区域,如图 6-36(e)所示。由于黄土是新近纪地质时期形成的土状堆积物,所以其性质比较疏松、特殊。作为充填材料的黄土,可看成是由大量大致同样的单个颗粒组成的散粒体,其颗粒具有流动性,仅在一定范围内能保持其形状,对顶底板能产生一定的压力。在填入沉陷区后,黄土充填体最初只是处于一种不稳定的松散状态。由于梯形收口处对上覆岩层承载作用的降低,顶板岩层向采空区域弯曲变形,槽形采空区域的黄土充填体受到挤压,并且自上而下强度逐渐增强。顶板岩层在根部(最低标高位置)处开始产生阶梯形断口的断裂,在距顶板岩层 39 m 处产生裂缝[图 6-36(f)],类似于悬臂梁式断裂。阶梯形收口对顶板岩层支承作用的降低同时导致了地表破坏区域的进一步扩大,地表 10 号煤处产生裂缝。

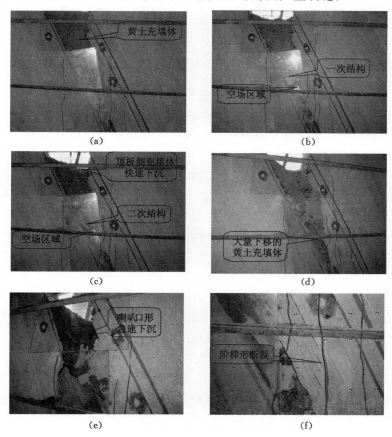

图 6-36 充填体对围岩控制作用模拟过程

(a)地表充填后的整体模型;(b)放出过程中的一次稳定结构;

(c)放出过程中的二次稳定结构;(d)黄土充填体渗过结构间隙大量下移;

(e)二次充填时形成喇叭口形急速下沉;(f)岩层阶梯形断裂

　　3 号测点处的压力盒在整个充填实验中变化最明显。图 6-37 表示应变增量随充填体放出量变化关系。地表初次充填后,随着模拟过程中充填体的放出,应变值增加,应力呈现逐步增加的趋势,这与充填体沿槽形采空区域放出过程中结构的不断上移,而 3 号测点处的压力盒位于阶梯形收口处有关。当收口处的结构最终破坏瞬间,该点应变值急剧减小,应力产生释放。

6.2.3 实验结论

　　(1)急斜煤层开采,当分段放顶煤工作面向下部水平延伸几个分段高度后,将在地表形成深槽形沉陷区域。沉陷区垮落体(包括垮落的煤矸体及顶板岩层)最初在顶板侧阶梯形收

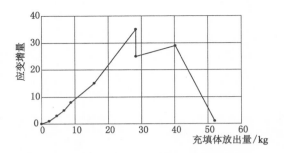

图 6-37　应变增量随充填体放出量变化关系

口处对顶板岩层起到较好的支承作用,有效阻止了顶板破坏区域进一步扩大。

　　(2)位于阶梯形收口之下的分段放顶煤工作面开采过程中,随着槽形采空区域的进一步扩大,作为顶板拱结构的上支撑端的收口位置处的支承压力增大。部分垮落体受挤压后逐渐沿槽形采空区域向下部水平下移,下移过程中可能形成暂时稳定的横跨顶底板的结构,一方面对顶板起到临时支护作用,另一方面将阻止其上的煤矸体及已垮落的顶板岩块暂时不能放出。该结构随着开采的持续将失稳,其上方垮落体沿槽形采空区域下移过程中可能再次形成暂时稳定的拱形结构。结构稳定至失稳的反复过程伴随着对顶板岩层起一定支承作用的垮落体形成的结构遭到破坏后的垮落体的不断下移,而结构实质上是朝着收口处位置上移了,并最终上移至收口位置。

　　(3)黄土充填沉陷区域后,最初顶板阶梯形收口处的垮落体的间隙较小,一小部分土体会漏过收口处的垮落体间隙沿槽形采空区下移,此时充填的黄土体呈现非连续性的下沉;随着对顶板岩层起一定支承作用的垮落体形成的结构在槽形采空区域稳定至失稳过程的反复,垮落体不断下移,造成收口处垮落体间隙增大,此时充填的黄土体会顺着大的间隙快速漏过收口位置,从而使充填的黄土体形成喇叭口形的急速下沉。

　　(4)黄土充填体最初处于一种不稳定的松散状态。在充填的早期阶段,对于顶板的稳定起支承作用的是地表浅部预留煤柱体破坏垮落后的煤体及垮落的顶板岩层及黄土体的共同作用。在充填后期,当收口处受挤压的垮落体形成的结构不足以支撑顶板压力时,结构破坏,垮落体下移,此时槽形采空区域充填有大量的黄土体;但其承载强度低,最终导致顶板岩层在根部(一般在开采的最低标高位置)处产生新的阶梯形断口的断裂,表明阶梯形收口的位置会随着分段工作面的下移向下部水平下移,而新的阶梯形收口处也将再次成为支承顶板的主要位置。

6.3　充填体控制作用研究

6.3.1　力学分析

　　通过以上分析,可将充填分段工作面开采后形成的槽形采空区域的充填体分为两部分:一为自带充填体,即地表浅部预留煤柱体破坏垮落后的煤体及受采动影响垮落的顶板岩层;二为人工充填体,即人为填入沉陷区域的黄土充填体。模拟实验的过程表明,在充填的早期阶段,对顶板的稳定起支承作用的是自带充填体与人工充填体的共同作用。自带充填体沿槽形采空区域向下部水平下移过程中可能形成暂时稳定的横跨顶底板的结构,该结构稳定至失稳的反复过程伴随着结构向阶梯形收口处的上移,可看作是对工作面开采后所形成采空区域的裸露岩板的中上部起支承作用;人工黄土充填体可漏过形成横跨顶底板的结构的垮落体的间隙向采空区域底部堆积,主要对工作面开采后所形成采空区域的裸露岩板的下部起支承作用。在充填的后期,当收口处受挤压的垮落体形成的结构不足以支撑顶板压力时,结构破坏,垮落体下移,此时收口之下的槽形采空区域充满黄土充填体,对顶板岩层起支承作用的主要为黄土体。基于充填过程中槽形采空区域的整个裸露顶板始终受到充填体的支承作用,将整个裸露顶板受到的支撑力在采空区域内看作是均布的,裸露顶板岩层看作三边固支、一边自由的薄板,其所受上方岩体的载荷 q 分解为横向载荷 $q_1 = q\cos\alpha$ 及纵向载荷 $q_2 = q\sin\alpha$ 的作用,而将充填体对薄板的支撑作用设为均布载荷 q_3,方向与 q_1 相反,如图 6-38 所示。

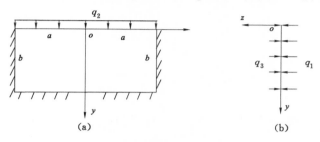

图 6-38　充填体作用时板破断力学模型

考虑薄板为小挠度薄板问题的脆性岩板,计算时分别计算两向载荷引起的应力,然后叠加。借鉴 4.3 节的计算过程,在横向与纵向载荷共同作用下,呈现脆性破坏的岩板,破坏主要是由横向载荷造成,薄板承受的最大拉应力位于薄板上表面(背向采空其区侧)$x = 0$,$y = b$,$z = -\dfrac{t}{2}$ 处,即:

$$\sigma_{\max} = \frac{64a^4(q\cos\alpha - q_3)}{15t^2\left[\dfrac{128}{25}b^2 + \dfrac{1\,024}{315}a^2\left(\dfrac{a^2}{b^2} + 2 - 3\mu\right)\right]} + q\sin\alpha\left(\frac{60}{36 + 160\dfrac{a^2}{b^2} + 21\dfrac{a^4}{b^4}} - 1\right)$$

(6-5)

因此充填体作用时岩板最终产生沿薄岩板根部的折断,这与充填模拟实验的结果是一致的。在充填体作用下,令 $q_3 = k\cos\alpha$,k 值反映充填的强度。则工作面合理段高 h 的取值应满足关系式:

$$\frac{64a^4(q - k)\cos\alpha}{15t^2\left[\dfrac{128}{25}b^2 + \dfrac{1\,024}{315}a^2\left(\dfrac{a^2}{b^2} + 2 - 3\mu\right)\right]} + q\sin\alpha\left(\frac{60}{36 + 160\dfrac{a^2}{b^2} + 21\dfrac{a^4}{b^4}} - 1\right) \leqslant \sigma_{拉} \quad (6\text{-}6)$$

其中 $\sigma_{拉}$ 表示层状岩体的单向抗拉强度,$h = b\sin\alpha$。

第 4 章曾结合乌鲁木齐矿区煤岩地质情况,对倾角 55° 煤层,在不考虑充填作用下,求得合理的工作面分段高度的极值为 29 m。在充填体作用下,假定其他参数不变,即来压步距在 10～15 m 之间,取实际值 $a = 10.5$ m,岩层均厚 $t = 4$ m,泊松比 $\mu = 0.3$,层状岩体的单向抗拉强度 $\sigma_{拉} = 1.6$ MPa,煤层埋深 200 m。随着充填强度的增加,k 值的取值分别取 0.01 MPa、0.02 MPa、0.07 MPa、0.12 MPa、0.17 MPa、0.22 MPa、0.27 MPa、0.32 MPa 及 0.37 MPa。将以上参数代入求解程序(图 6-39),得合理的岩板斜长的最大值及合理的工作

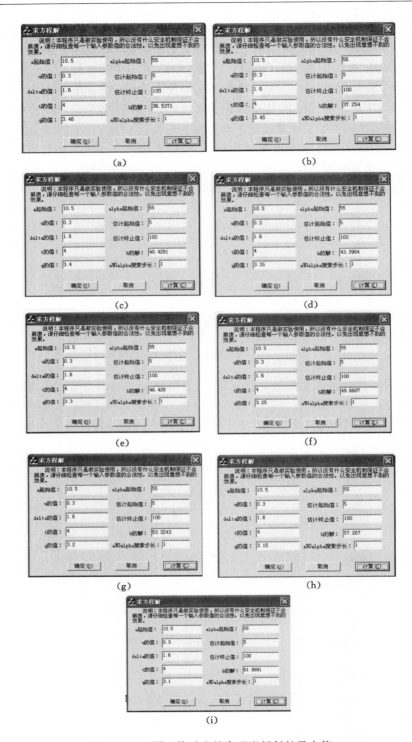

图 6-39　不同 k 值对应的合理岩板斜长最大值

(a) $k=0.01$ MPa；(b) $k=0.02$ MPa；(c) $k=0.07$ MPa；(d) $k=0.12$ MPa；
(e) $k=0.17$ MPa；(f) $k=0.22$ MPa；(g) $k=0.27$ MPa；(h) $k=0.32$ MPa；(i) $k=0.37$ MPa

面分段高度的极限取值如表 6-3 所列。h 与 k 值对应关系如图 6-40 所示。

表 6-3　　　　　　　　　　　　　　不同 k 值对应的 b,h 值

k/MPa	0.01	0.02	0.07	0.12	0.17	0.22	0.27	0.32	0.37
b/m	36.54	37.25	40.43	43.40	46.43	49.66	53.22	57.27	61.99
h/m	29.93	30.52	33.12	35.55	38.03	40.68	43.59	46.91	50.78

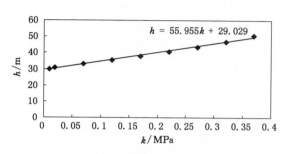

图 6-40　h 与 k 值对应关系

图 6-40 表明，k 与 h 值基本呈直线对应关系，其拟合曲线方程为：

$$h = 55.955k + 29.029 \tag{6-7}$$

因此，随着 k 值的增大，即随着充填强度的增强，分段放顶煤工作面合理段高的极限取值呈线性增加。表明充填作用下，顶板岩层的稳定性增强，充填措施对大段高开采是非常有利的。

6.3.2　充填体控制作用

对于充填体的支护作用，南非专家布雷迪和布朗提出三种形式的充填机理[109-110]：一是充填体表面支护作用，即充填体通过对采场边界关键块体的位移施加运动约束，使充填体可以防止低应力状态下近场岩体在空间上的渐近破坏；二是充填体局部支护作用，即由邻近的采矿活动引起的采场边壁岩体的准连续性刚体位移，使充填体发挥被动抗体的作用。作用在充填体与交界面上的支护压力在采场附近产生较高的局部应力梯度；三是充填体总体支护作用，即岩体与充填体在交界面的采矿活动所产生的位移将引起充填体的变形，变形又导致整个矿山近场区域中应力状态的降低，使矿山结构可以起到一种总体支护作用。以上三种充填机理表明充填体的支护效果既与开采区域的岩体性质有关，也与充填体的本身的性质相关。

急斜煤层开采后的充填实际及充填模拟实验表明，充填体的控制作用主要表现在以下四点：

（1）复合控制作用

在充填的早期阶段，对顶板的稳定起支承作用的是自然充填体与人工充填体的共同作用。自然充填体主要对工作面开采后所形成采空区域的裸露岩板的中上部起支撑作用，而人工充填体主要对裸露岩板的下部起支撑作用。到充填的后期，对顶板岩层起主要支承作用的充填体才转化为黄土体。

（2）移动控制作用

与近水平或缓斜煤层开采后的充填过程不同,急斜煤层分段放顶煤的开采方式决定了充填体对于顶板岩层的支承作用是一种动态的支承。急斜煤层的倾角决定了随着分段工作面向下部水平下移,上分段工作面开采时对顶板起支承作用的充填体将沿槽形采空体向下部水平下移。如此反复,顶板受到的是充填体的动态控制作用。

(3) 结构控制作用

充填体的结构控制作用主要是针对自然充填体而言。自然充填体沿槽形采空区域向下部水平下移过程中可能形成暂时稳定的横跨顶底板的结构,该结构稳定至失稳反复过程伴随着结构向阶梯形收口处的上移。当收口处受挤压的垮落体形成的结构不足以支撑顶板压力时,结构破坏,垮落体下移,此时收口之下的槽形采空区域充满黄土充填体。但其承载强度低,最终导致顶板岩层在根部(一般在开采的最低标高位置)处产生新的阶梯形断口的断裂,而新的阶梯形收口处将成为支承顶板的结构所在位置。

(4) 让压控制作用

充填体的让压控制作用主要是针对人工充填体而言。人工黄土充填体可承受较大变形,起到缓慢让压的作用,这样就减缓了围岩的能量释放的速度,同时也起到了对围岩的柔性支护作用。

6.4　本章小结

(1) 充填体对顶板岩层的控制作用概括为四点:复合控制作用、移动控制作用、结构控制作用及让压控制作用。充填体对顶板岩层的控制作用,有利于形成工作面上方稳定的结构,控制顶底板的运动,防止工作面大范围悬空后可能形成的灾害。

(2) 从充填形式上讲,顶板岩层的控制有赖于自然充填体与人工充填体的共同作用。自然充填体主要对工作面开采后所形成采空区域的裸露岩板的中上部起支撑作用,而人工充填体主要对裸露岩板的下部起支撑作用。

(3) 从充填体结构上讲,自然充填体沿槽形采空区域向下部水平下移过程中可能形成暂时稳定的横跨顶底板的结构,该结构稳定至失稳的反复过程伴随着结构向阶梯形收口处的上移。当收口处受挤压的垮落体形成的结构不足以支撑顶板压力时,结构破坏,垮落体下移,此时收口之下的槽形采空区域充满黄土充填体,但其承载强度低,最终导致顶板岩层在根部(一般在开采的最低标高位置)处产生新的阶梯形断口的断裂,而新的阶梯形收口将成为支承顶板位置所在。如此反复,顶板始终受到充填体的结构支承作用。

(4) 充填体对于顶板岩层的移动控制作用,使得顶板岩层得不到充填体持续稳定的支承作用,顶板岩层处于充填体间断支承作用下,最终受到破坏,但其破坏的剧烈程度明显降低。特别是对于塌陷坑内的顶板岩层来说,正是黄土充填体对顶板岩层的支承作用,有效抑制了顶板岩层发生大范围垮落的可能性。

(5) 随着 k 值的增大,即随着充填强度的增强,分段放顶煤工作面合理段高的极限取值呈线性增加。表明充填作用下,顶板岩层的稳定性增强,充填措施对大段高开采是非常有利的。

7 数值分析研究

岩石力学数值模拟实验主要用于研究岩土工程活动和自然环境变化过程中岩体及其加固结构的力学行为和工程活动对周围环境的影响,具有劳动强度小、投资省、可操作性强等优点。可在较短时间内模拟各种工况条件,并得到任意点的位移、应力、速度、加速度和塑性状态等相似材料模拟实验无法直接测得的内变量分布,实验结果可永久保留,实验状态可任意重复再现。通过对现场原型或实验段的实测与反分析,可校准或得到现场节理岩体的等效力学模型,逐步取代昂贵的、只有重大工程才能支付得起的现场原型实验,加快工程进度,且可以考虑不同的地形、地质与施工条件,推广、扩大分析实验结果的应用范围与使用条件。

目前,在矿山开采研究中主要采用的数值模拟方法有离散单元法、有限元法[111-112]、有限差分法[113-117]、边界元法[118-120]等,每种方法都具有各自的特点和优势。而离散元法能较真实地表达求解区域中的几何形态以及大量的不连续面,比较容易处理大变形、大位移和动态问题,而且所用材料的本构关系比较简单,材料参数数目相对较少,所反映的岩体开采后的运移过程更为直观,因此本章将利用二维离散元程序 UDEC 和 FLAC3D 程序对急斜煤层开采过程中地表的破坏过程进行模拟,利用 PFC2D 程序对顶煤放出规律进行模拟。

7.1 数值分析方法在我国岩石力学与工程领域的研究与发展

从"岩石力学"和"矿山岩体力学"形成一门科学起,为了说明巷道开挖引起的应力重新分布,都是从圆孔应力分析解析解讲起的。矩形巷道的解析解要通过保角映射。但是矿山巷道绝大多都不是一个典型的圆形和矩形,以最简单的也是最普遍应用的梯形巷道并开挖水沟为例,从有限元数值模拟可以看出,已无法用一个解析解来计算和说明,而采用有限元分析,就可以给出它的应力场。而采场开采是在更复杂的层状岩体中逐步开采、逐渐破坏的一个复杂的力学过程,绝大多数情形下找不到一个可求解析解的力学模型。数值分析方法是在计算机日新月异发展的背景下,不断发展的力学计算方法,并且已被证明在解决复杂的岩体力学课题中是一种十分有效的手段。数值分析方法实质是把连续体的基本原理进一步推广到处理岩体的非均质、不连续性、岩石的各种复杂的非线性状态,以及在不同应力状态下液体、气体在岩体中流动等复杂问题。

有限单元法的基本思想最早出现于 20 世纪 40 年代,但是直到 1960 年,美国的克拉夫(R. W. Clough)在一篇论文中首次使用"有限元法"这个名词。由于 20 世纪四五十年代,美、英等国飞机制造业有了大幅度发展,为了研究随飞机结构的变化其静态与动态特性的变化,推动了有限元法的发展,20 世纪 60 年代末 70 年代初,有限单元法在理论上已基本成熟,并开始出现商业化的有限元分析软件。1979 年我国出版的《有限单元法原理与应用》,以水利电力系统的技术基础为主,较集中地反映了我国岩土工程领域应用有限单元法的最初成果。

1983 年出版的于学馥教授等主编的《地下工程围岩稳定性分析》一书,是我国一部研究地下工程围岩稳定和支护原理的科学论著。由西安科技大学刘怀恒教授编写的第十一章至第十五章,集中介绍了岩石力学与工程的有限单元法,其中弹塑性分析、弱面岩体非线性模型等都反映了当时我国岩土工程界数值分析研究的最高水平。该书第十五章介绍的NCAP-1 程序,是我国最早自主创新的岩石力学与工程的有限单元法程序之一,对于推动数值分析方法在岩石力学与工程领域的应用,做出了不可低估的贡献。在 NCAP-1 程序基础上发展的 NCAP-Ⅱ程序,至今仍是我国岩土工程、采矿工程等领域广泛应用的软件。1989年出版的周维垣主编的《高等岩石力学》,是研究生教育的主要教学参考书,至今仍有广泛的影响。由刘怀恒教授编写的第四、五、八章分别讲述了岩石力学的有限元法、边界元法和岩体工程中的反分析法。由于现场工程岩体性质的复杂性,仅由实验做出的岩石力学参数作为计算参数所导致的实验结果,与工程实际往往差别很大。而现场以位移测量为主的现场观测有成效的发展,提供了以实测参数为基础的反演分析方法,这就是岩体工程中反分析法的基本思想。

岩体工程中的反分析法一直是数值分析方法中十分关注的领域,2002 年出版的普通高等教育"十五"国家级规划教材《岩石力学与工程》第五章专列了一节"位移反分析法",指出位移反分析的主要任务均是利用较易获得的位移信息,反演岩体的力学特性参数及初始地应力或支护载荷或工程边界载荷。根据岩体所处的力学状态不同,反分析需采用不同的本构关系(应力与应变之间的关系式),同时得到不同的力学特性参数。如弹性参数(弹性模量、泊松比等)、黏弹性参数(黏弹性模量、黏弹性系数、黏塑性系数等)、弹塑性参数(弹性模量、内黏结力 c、内摩擦角 φ 等)、黏弹塑性参数(黏弹性模量、黏塑性模量、黏塑性系数、c、φ等)。它们分别对应的分析方法称为弹性位移反分析法、黏弹性位移反分析法、弹塑性位移反分析法和黏弹塑性位移反分析法。

1997 年,西安理工大学李宁教授和奥地利茵斯布鲁克大学的 G. Swoboda 教授发表了《当前岩石力学数值方法的几点思考》,提出岩石力学数值方法的主要作用是:室内实验和实际工程之间的桥梁作用;对模型实验的补充、替代作用;对现场原型实验的补充、替代作用。而当前岩石力学数值方法存在的问题是:很多工程技术人员对岩石力学数值方法的特殊作用和重要性认识不足,仅仅作为一种计算工具,而没有把它看作研究手段;数值分析人员相当一部分追求新理论,而考虑实际应用的少;作为数值方法理论与方法载体的数值分析软件不足,而一些通用的大型计算软件,不能适应复杂的岩体工程计算。因而导致了数值分析方法在岩石力学与工程界"信誉高,声誉低"。

为了推动数值分析方法的应用,中国岩石力学与工程学会成立之初就设立了岩体物理数学模拟专业委员会。例如:1998 年召开了岩体物理数学模拟与岩石动力学学术会议,2000 年召开了岩体物理数学模拟与深层岩石力学学术会议。会议交流的 100 多篇论文,反映了我国在岩石力学与工程领域数值计算方法与应用的蓬勃发展。例如:周维垣等的《三峡船闸高边坡岩体渗流及稳定分析》,对三峡船闸高边坡的渗流场和开挖卸荷应力场进行了计算分析。由应力场和渗流场的耦合作用出发,分析了三峡船闸高边坡的稳定,给出了三峡永久船闸考虑渗水作用情况下的屈服区。何满潮等的《滑坡大变形理论分析及滑坡过程模拟》,运用大变形理论及有限元方法分析了抚顺露天矿的断裂岩体产生滑坡大变形的全过程,展示了大变形理论的应用前景。

这一阶段我国岩石力学与工程界在数值分析研究方面的一项重大成果,是东北大学唐春安教授提出的"岩石力学数值试验"方法。唐春安教授提出,"数值试验"这一术语来自英文 numerical test,尽管数值试验与数值模拟(numerical simulation)同为利用数值计算方法研究力学的各种问题,但数值模拟主要是指通过数值计算方法再现已知的现象,强调运用数值模拟的结果加深对实际实验中观测到的已知现象的解释。而数值试验则更注重于通过数值计算方法,对一些由于经费、时间、难度等因素的制约而难以实施实验室再现的未知现象进行虚拟显现,更强调运用数值试验的结果加深对未知现象的探索。多年来,我国对岩石破裂与失稳过程进行数值试验研究,开发了一套岩石破裂与失稳分析系统(rock failure process analysis,RFPA)。西安科技大学石平五科研团队与东北大学岩石破裂与失稳研究中心签订了协议,建立了岩石破裂与失稳实验室,探索应用岩石破裂与失稳分析系统,研究煤矿开采的岩层控制问题。

中国工程院院士谢和平教授等指出,数值计算方法经过几十年的发展,目前已形成许多岩石力学计算方法,主要有有限元法、边界元法、有限差分法、离散元法、流形元法、拉格朗日元法、不连续变形法及无单元法等。它们各有优缺点,有限元的理论基础和应用比较成熟,在金属材料和构件的计算中应用十分成功,但它是以连续介质为基础,似乎与岩体的非连续性有一定差距,流形元法等数值方法虽然考虑了岩体中的节理效应,但其理论基础还不完全成熟。应该说,这是目前对数值分析方法在岩石力学与工程应用现状的一个恰当的定位。

7.2 数值分析方法在矿山压力领域的研究与应用

煤矿岩层控制研究方法主要有三个方面,即现场观测研究、实验室实验研究和理论计算研究。但是面对复杂的矿山岩体及开采工程,研究方法的发展都还存在着一定的缺陷。现场观测是直接在工程现场进行的,直接接触实际。但是,现场实际是通过文字、数字、图像表述的,这就必须通过实时信息的观测、搜集和处理过程,这个过程一般又是通过观测仪器仪表进行的。反之,也受到观测仪器仪表本身性能的限制。如,研究矿山岩层控制的最基本问题是开采后的上覆岩层破坏运动规律,但是,至今观测水平只能是在开采工作面观测矿山压力显现的有限指标,以及在地面观测地表沉陷,而整个开采引起的动态的岩层运动过程,实际上是看不到的,只能是虚拟和推断。这就是前面我们所说的,还需要进行模拟研究,包括物理模拟和数学模拟。

20 世纪 70 年代,有限元方法开始在我国得到应用,从事矿山压力研究的学者就致力于数值分析方法的应用。矿山压力是由于工作面开挖在采煤工作面和巷道周围岩体以及支护结构物上形成的力,研究矿山压力就必须了解和分析相应开采阶段的围岩应力。但是,要想通过观测的方法知道矿山开采过程中围岩中任何一点的力,实际上是非常困难的。因而数值计算方法在矿山压力研究中的应用,主要的一个方面是分析计算开采中采煤工作面和巷道周围的应力分布特征,从而研究它的影响。

我国矿山压力的研究是 20 世纪 50 年代学习苏联开始的,因而相当长一个时期矿山压力的学术观点和研究方法也都是学习苏联的。1976 年联邦德国雅各毕等编著的《实用岩层控制》一书出版,1980 年我国翻译了这部著作,反映了欧洲学派研究煤矿岩层控制的观点和方法。雅各毕等认为"必须把岩层压力同矿压显现和支架负荷严格区别开;岩层压力是不可见的。它不使支架受负荷,但它的大小和变化影响岩层的破断变形,从而也影响支架的变形"。由于岩层压力是不可见的,他们主张计算的方法,从而分析其影响。爱维林博士等在1972 年建立了数学模型,可以对 4 个煤层开采过程的岩层压力变化进行分析,后来又发展为 6 个煤层。20 世纪 80 年代中期,煤炭科学研究总院北京开采所还引进了这一程序,并在此基础上有所发展。

1983 年在昆明开展的第二届煤矿采场矿压理论与实践讨论会上,煤炭科学研究总院北京开采所史元伟等发表了《长壁工作面支承系统与上覆围岩力学关系的有限元分析》。采用"组合结构有限元通用程序",分析了 24 个方案算例,计算了采场周围的应力分布、直接顶板的位移、基本顶的挠曲变形特征、剪切滑移区和破坏区,从而提出了改善顶板控制的技术措施。中国矿业大学乔福祥教授等发表了《用有限元法计算分析采场支架—围岩相互作用之间的关系》。从 20 世纪 80 年代开始,数值分析方法在采矿工程矿山压力研究领域应用越来越广泛。可以说,矿山压力研究方向的研究生应用数值分析方法已是主要的研究手段。北京科技大学王金安教授 1982 年在西安矿业学院攻读采矿工程硕士研究生时,就是以无煤柱开采的数值分析为研究领域,并且创造性地借鉴刘怀恒教授的 NCAP-1 程序计算了采场矿压问题。1990 年初,应新疆煤炭科学研究所要求,石平五教授和王金安合作用数值分析方法研究采用超前预爆破方法处理艾维尔沟坚硬顶板的机理问题。研究表明,超前预爆破的目的不是一般意义上的预先切断顶板,而是使欲破断的顶板处强度降低到一定程度,达到采空区后能够破坏垮落。也没有必要对整个坚硬顶板实施爆破,而是间隔一定距离,达到无灾害垮落即可。同期,石平五教授等还用数值分析的方法研究了控制急斜煤层大范围岩层垮落机理。1994 年,太原理工大学(原山西矿业学院)赵阳升教授编写了《有限元法及其在采矿工程的应用》一书,较全面地反映了我国采矿界当时在应用数值分析方法所达到的前沿水平。

"岩层控制的关键层理论"是钱鸣高院士在"砌体梁"理论基础上的再创新,提出了矿山开采岩层控制基础理论。在关键层理论的相关课题研究中,广泛地应用了数值分析方法。如砌体梁上载荷一直是按照均布载荷计算的,运用有限元方法,分析关键层上部载荷和下部的支承压力,受软弱层几何特征及力学特征的影响表明,受采动影响后,关键层上部岩层的作用一般不能视为均布载荷。重庆大学刘立等运用有限元及自编 CRAP 程序处理分析了大量观测数据,在得到巷道地压及底板应力分布基础上,确定底板巷道合理位置、断面形式及支护方式。贵州大学叶明亮教授应用 ADINA 自动增量非线性分析有限元程序,对白腊坪矿 K_{13} 煤层坚硬顶板的围岩应力场进行数值模拟,从而对矿山压力显现、合理巷道位置、支护方式进行了研究。西安科技大学李云鹏和王芝银教授应用和刘怀恒教授创建发展的NCAP-Ⅱ程序,对跨上山过程中顶板垮落对巷道的冲击影响进行了分析。

有限差分法程序 FLAC 也是在煤矿开采岩层控制和矿山压力研究中广泛应用的数值分析方法。FLAC 是岩石失稳过程分析程序,是基于有限元计算的原理而开发的,但又不同于传统的有限元基本思路,主要用于研究岩体材料从细观损伤到宏观破坏的整个过程,它不仅可以模拟由加载引起的破裂过程等基本岩石力学问题,而且可以模拟诸如巷道开挖引起的破坏过程、边坡破坏滑移过程、地表沉陷、采动影响以及煤层顶板垮落等[27]。北京科技大学王金安教授应用 FLAC 程序研究了不少煤矿开采的岩层控制问题,其中对靖远矿区王家山煤矿大倾角特厚煤层走向长壁放顶煤开采的数值分析,在这一开采难题的创新中起到重要作用。该项目获得了2004年度甘肃省科技进步一等奖,煤炭工业科技进步特等奖(煤炭工业协会奖)。

我国采矿界目前较广泛应用的离散元数值分析程序是UDEC(universal distinct element code),用以解决连续介质力学数值方法难以处理的工程节理岩体的计算问题。曹胜根博士学位论文《采场整体力学模型及其应用研究》中,应用UDEC程序分析了直接顶不同高度时的变形特征,得到传统的 p-Δl 双曲线关系并不适用于直接顶的高度成倍增加以后的情况,由此提出直接顶"临界高度"的概念,并将直接顶按照"临界高度"分为零刚度、似零刚度和中间型刚度三类。在《采场"支架—围岩"关系新研究》一文中有集中反映。在综合机械化放顶煤开采的研究中,离散元数值分析多有应用。中国矿业大学方新秋等在《综放开采不同顶煤端面顶板稳定性及其控制》一文中,采用UDEC程序模拟分析了不同顶煤条件下端面顶板的稳定性与支架阻力及端面距的关系,提出了不同硬度条件下端面控制的原则。中国矿业大学谢文兵在《综放沿空留巷围岩稳定性影响分析》中,采用UDEC程序详细分析了综放沿空留巷围岩移动规律,研究了基本顶断裂位置等诸多因素对围岩稳定性的影响。中国科学院地质与地球物理研究所程国明等,研究了综放开采顶煤应力分布特征及其对渗透性的影响。

数值分析方法在矿山开采广泛应用的又一个领域是开采沉陷研究,随着可持续发展观念的日益深入,保护因地下开采而造成的环境损害越来越引起重视。因而关于开采沉陷与预计方法的研究,近年在我国有很大的发展。中国工程院院士谢和平教授等认为现有的开采沉陷理论基本上都是以均匀连续介质假设作为理论研究的前提,不能考虑岩层中存在的不连续面的影响,而目前的开采沉陷预计理论(如概论积分法)的关键参数必须经过现场观测才能确定。因而应用FLAC程序对鹤壁矿务局4矿开采沉陷进行了预计,通过对比分析经典的概论积分法计算,发现FLAC能真实地模拟现场地质条件,弥补经典方法不能考虑断层影响的不足。重庆大学尹志光等的"大倾角煤层开采岩移基本规律研究",针对南桐煤矿大倾角煤层的复杂条件,运用相似材料物理模拟和FLAC程序数值模拟,对开采后的岩层移动和地表沉陷的基本规律进行了研究。安徽理工大学高明中教授等运用FLAC程序,结合淮南矿区某矿河堤下开采原型进行开采沉陷预计,认为无需像概论积分法需要事先一些假设和确定的关键参数,预计方法是建立在客观力学原型和开挖过程基础之上的。

有限元法是在开采沉陷研究中应用最早,也是最多的数值分析方法。国外Hackott(1959年)、Berry(1960年)、Berry和Sales(1961年)以及Salemon(1963年)应用平面线弹性有限元法计算开采沉陷问题,之后Berry和Sales(1962年)、Salemon(1963年)开始使用三维线弹性有限元法。Marshall和Berry(1966年)进行了黏弹性分析,H. Doughes和Dahl(1972年)分别用二维、三维弹塑性有限元法进行开采沉陷分析,H. J. Siyiwandane(1985年)考虑位移不连续弹塑性模型模拟了长壁开采沉陷。西安科技大学刘怀恒教授指导测量学科研究生以他创建的NCAP程序,结合山体下开采的沉陷规律进行了分析计算。煤炭科学研究总院唐山分院戴华阳和中国矿业大学王金庄教授,提出了急斜煤层开采地表非连续变形的度量方法,采用有限元法分析了层间弱面条件下地表非连续变形的影响因素,创建了相应的数值计算方法。辽宁工程技术大学麻凤海和杨帆教授在《地层沉陷的数值模拟研究》一文中,系统地总结了该校应用有限元、离散元等数值分析方法研究开采引起地层沉陷的一些成果。东北大学汪泳嘉等在《离散单元法及其在岩土力学中的应用》中,反映了我国应用离散单元法进行地表沉陷预计的最初成果。

数值模拟方法已经广泛应用于煤矿开采岩层控制的各个方面。如由于地下开采造成的采动损害,引起的地表和地下含水层的水渗流问题,既可能造成地表水体的破坏,又可能造成地下水的流失,还可能由于大量水的涌入矿井而造成矿井水灾。对于它的相似模拟实验发展还远不成熟,且造价较高。而"固—液"、"固—流"耦合数值分析模型多有应用。太原理工大学赵阳升教授在《岩石流体力学及其发展》一文中指出,复杂数学模型的求解大都是以有限元法为基础的,而且已相对成熟,其他数值方法也应提倡发展。又如传统的矿山压力计算一般不考虑构造应力的影响,而越来越多的实践表明,构造应力对围岩破坏、巷道支护特别是动力现象有重要影响,煤炭科学研究总院西安分院张泓教授等,在分析鄂尔多斯盆地构造应力场时,就应用了有限元法。西安科技大学夏玉成教授在《构造环境对煤矿区地表环境灾害的控制作用》一文中,应用 RFPA[2D]数值试验程序分析了不同构造应力环境下对地下开采围岩破坏的影响。

7.3 围岩的变形破坏过程模拟

7.3.1 离散单元法基本原理

离散元法[121-126]（discrete element method）是 P. A. Cundall 于 1971 年提出的分析裂隙块状岩体稳定性的一种数值方法,尤其适用于节理岩体的应力分析,在隧道开挖、矿山开采、边坡支护等方面都有一定的应用。其基本原理是将节理裂隙所切割的岩体作为完全分割的块体镶嵌系统。在岩体开挖前,系统处于平衡状态。开挖后由于作用力的变化会引起块体运动,运动将产生新的位移,如此循环,使得各个块体在每一时刻各有其空间位置和相应的受力状态,由此可模拟岩体从开裂到塌落的全过程。离散元方法适用于研究在静力或动力条件下的节理系统或块体集合的力学问题,它既可处理完全被节理切割的围岩,也可处理不完全被节理切割的围岩。其最大优点是能够模拟包括岩块破坏、运动的大位移。离散单元法是一种显式求解的数值方法。该方法与在时域中进行的其他显式计算相似,"显式"是针对一个物理系统进行数值计算时所用的代数方程式的性质而言。在用显式法计算时,所有方程式一侧的量都是已知的,而另一侧的量只要用简单的代入法就可求得。在用显式法时,限定在每一迭代时步内,每个块体单元仅对其相邻的块体单元产生力的影响,这样,时步就需要取得足够小,以使显式法稳定。由于用显式法时不需要形成矩阵,因此可以考虑大的位移和非线性,而不必花费额外的计算时间。

在离散单元法计算中交替使用接触处的力与位移关系以及针对块体的 Newton 第二运动定律,然后运用力与位移关系从已知位移求得接触力,并通过 Newton 第二定律求得块体在已知力作用下的运动。一个块体的平衡方程可表示为:

$$\ddot{X}_i + a\dot{X}_i = \frac{F_i}{m} + g_i \qquad (7\text{-}1)$$

其中　　$\dot{X}_i$——块体形心运动速度;

　　　　a——黏性阻力系数;

　　　　F_i——作用于快体形心合力;

　　　　m——块体质量;

　　　　g_i——重力加速度。

运用中心差分法可按时步对块体的受力及运动进行迭代解。块体平移及转动增量可表示为：

$$\Delta X_i = \dot{X}_i\left(t + \frac{\Delta t}{2}\right)\Delta t \qquad (7\text{-}2)$$

$$\Delta \theta = \omega_i\left(t + \frac{\Delta t}{2}\right)\Delta t \qquad (7\text{-}3)$$

计算过程中如果块体是可变形的,还需计算块体中三角形常应变单元节点处的运动,最后应用块体材料的本构关系得到单元的应力。图 7-1 为离散单元法计算原理图。

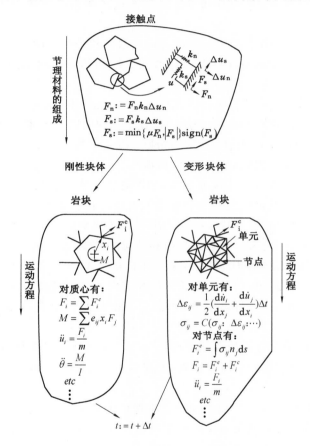

图 7-1　离散单元法计算原理图

F_n——法向应力；F_s——剪切应力；Δu_n——节理面的法向位移变化量；

Δu_s——节理面的切向位移变化量；k_s——切向刚度系数；k_n——法向刚度系数；

M——合力矩；u——岩块的加速度；θ——岩块的角加速度；m——岩块质量

7.3.2　UDEC 介绍

UDEC 是由美国明尼苏达州 Itasca 咨询集团有限公司开发出的一款基于离散单元法,针对非连续介质,适用于岩石、土体、支护结构等土工分析的二维数值分析软件,可模拟不连续介质(如节理岩体)在静载或动载作用下的响应。UDEC 将不连续介质视为离散块体的集合,不连续性则看作块体之间的边界条件,允许离散块体沿不连续面发生大变形、滑动、转动和脱离垮落,并且在计算的过程中能够自动识别新的接触。程序在数学求解方式上采用了与 FLAC 一致的有限差分方法,力学上则增加了对接触面的非连续力学行为的模拟。因此,UDEC 被普遍用来研究非连续面(与地质结构面)占主导地位的工程问题,特别适合于模拟节理岩石系统或者不连续块体集合体系在静力或动力荷载条件下的响应,目前在矿山、核废料处理、能源、坝体稳定、节理岩石地基、地震、地下结构等问题的研究日益发挥重要作用。该程序的主要功能与特征如下:

(1)程序采用显示求解方式,可实现对物理非稳定问题的稳定求解。

(2)程序模拟中将非连续介质材料模拟为凸或凹形多面体的组合;模拟界面为不连续面,并被处理成块体的边界。

(3)程序可模拟非连续介质材料中沿离散界面的滑动和张开大位移问题。

(4)程序设计时认为块体沿不连续面的运动在法向和切向方向都服从线性和非线性力—位移关系。

(5)程序所划分块体可以处理为刚体或变形体,或者是刚体与变形体的组合。

(6)考虑多种岩石材料的破坏特点,程序中设置了多种内置变形体材料模型,如开挖模型(Null)、弹性模型(各向同性)、塑性模型(Drucker-Prager 模型、Mohr-Coulomb 模型、应变硬化/软化模型、遍布节理模型和双曲线屈服模型)。

(7)程序中设置了多种内置非连续面模型,如库仑滑动模型(点接触式和面接触式,其中面接触包括库仑滑动和有残余强度的库仑滑动)、连续屈服模型和 Barton-Bandis 节理模型。其中 Barton-Bandis 节理模型提供了一系列用于描述接触面粗糙程度对不连续介质变形和强度影响的经验关系,并定义了接触面法向和切向的力学行为特征。

(8)程序中设置了温度分析模块,可提供若干不同的温度边界,能够模拟介质中的瞬态热传导,并可以考虑由于温度差异引起的系统变形和应力;流体分析模块可用于模拟不透水块体间节理内部的流体特征,可实现承压水、瞬态流、二相流以及含有自由液面的流体分析等的水力模拟。

(9)UDEC 提供结构单元以模拟支护结构。锚索单元可以实现系统局部或全局加固。面支撑通过梁单元(该单元可模拟混凝土衬砌、喷混凝土、钢拱架等)和一维支撑类型结构单元(木质或填充料)。

(10)UDEC 程序可利用强度折减法计算二维边坡的安全系数,并提供多种加固措施。同时,考虑边坡稳定系数计算方便及边坡设计需要,程序中内置隧道生成器和节理生成器方便建立模型。

UDEC 中的基本节理模型(库仑滑动节理模型),即库仑滑动节理模型规定:

在法线方向,假定应力与位移关系为线性的,则其表达式如下:

$$\Delta\sigma_n = -k_n \Delta u_n \qquad (7\text{-}4)$$

式中　　$\Delta\sigma_n$ ——有效法向应力增量;

　　　　Δu_n ——法向位移增量;

　　　　k_n ——节理刚度。

类似地,在剪切方向,如果满足,$|\tau_s| \leqslant C + \sigma_n \tan\varphi = \tau_{max}$,则节理的应力-位移关系可表述如下:

$$\Delta\tau_s = k_s \Delta u_s^e \qquad (7\text{-}5)$$

如果 $|\tau_s| \geqslant \tau_{max}$，那么节理的应力-位移关系为：

$$\tau_s = \text{sign}(\Delta u_s)\tau_{max} \tag{7-6}$$

式中　τ_s——剪切应力；

　　　k_s——节理剪切刚度；

　　　C——黏聚力；

　　　φ——摩擦角；

　　　Δu_s^e——剪切位移增量的弹性分量部分；

　　　Δu_s——剪切位移的总增量。

节理在出现滑动的初始阶段有可能发现剪胀。在库仑滑动节理模型中引入剪胀角 φ 描述节理的剪胀现象。图 7-2 形象地表示出库仑滑动节理模型。

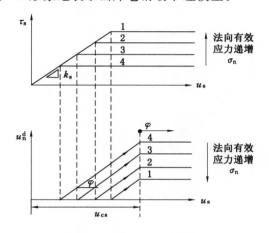

图 7-2　库仑滑动节理模型

σ_n——法向应力；τ_s——剪切应力；k_s——切向刚度系数；

u_s——剪切位移；u_n^d——法向位移剪胀部分；φ——剪胀角；u_{cs}——剪胀位移极限值

为了确保离散单元法的数值稳定性，需要对时步做出限制，确定时步时规定：

$$\Delta t_n = 2\min\sqrt{\frac{m_i}{k_i}} \tag{7-7}$$

式中　m_i——块体节点 i 的质量；

　　　k_i——节点 i 周围单元刚度。

对于块体间相对位移计算，时步可以由单自由度体系的解析解求得：

$$\Delta t_b = (frac)2\sqrt{\left(\frac{M_{min}}{K_{max}}\right)^t} \tag{7-8}$$

式中　M_{min}——系统中最小块体的质量；

　　　K_{max}——最大接触刚度。

$frac$ 值可以反映出单个块体可能同时与多个块体发生接触这一事实，一般取 $frac=0.1$。

UDEC 计算中，时步可由下式得到：

$$\Delta t = \min(\Delta t_n, \Delta t_b) \tag{7-9}$$

7.3.3　数值模型的建立

与第 3 章相似模拟实验所取模型相对应,以倾角 45°、75°及 84°煤层的开采为研究对象分别建立数值计算模型,研究三种不同倾角情况下煤体开采后围岩的运移过程及其控制方法。岩体中存在断层、节理、层面等不连续面,这些不连续面对岩体的力学性质有重要影响。离散元法考虑了介质内存在的大的位移、旋转、滑动乃至块体的分离,从而可以较真实地模拟岩体中的不连续面,因此数值模拟采用 UDEC 离散元程序[127-131]。

（1）45°数值模型的建立

模拟以铁厂沟煤矿 45# 煤层开采为例,其地质概况详见第 3 章。数值模型为沿煤层倾向剖面,模型走向长度 700 m,垂直高度模拟到煤层地表露头,高度为 430 m。模型底部边界固定,左右边界水平方向固定,上部边界为自由边界。划分块体后的模型如图 7-3 所示,其中不同的颜色代表构成模型的不同材质。模拟假定块体不可变形,整个块体受重力作用,重力加速度取 $9.8\ \mathrm{m/s^2}$。取节理刚度系数在 $1.0\times10^8\sim1.1\times10^{10}\ \mathrm{MPa/m}$ 之间。

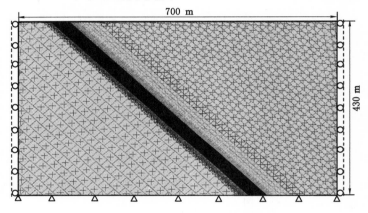

图 7-3　划分块体后的 45°煤层模型

（2）65°数值模型的建立

以六道湾煤矿 B_{4+6} 煤层开采为例,其地质概况详见第 3 章。数值计算模型为沿煤层倾向剖面,模型走向长度 750 m,垂直高度模拟到煤层地表露头,高度为 600 m。模型底部边界固定,左右边界水平方向固定,上部边界为自由边界。划分块体后的模型如图 7-4 所示。假定块体不可变形,整个块体所受重力加速度取 $9.8\ \mathrm{m/s^2}$。刚度系数作为传力因子,其不同取值将直接影响计算结果的稳定性和精确性,选用较大的刚度系数能保证计算结果的准确和稳定。模拟中取节理刚度系数在 $1.0\times10^8\sim1.5\times10^{10}\ \mathrm{MPa/m}$ 之间。

（3）84°数值模型的建立

以碱沟煤矿 B_{19}、B_{20} 煤层联合开采为例,其地质概况详见第 3 章。数值计算模型为沿煤层倾向剖面,模型走向长度 200 m,垂直高度模拟到煤层地表露头,高度为 200 m。模型底部边界固定,左右边界水平方向固定,上部边界为自由边界。划分块体后的模型如图 7-5 所示。假定块体不可变形,整个块体所受重力加速度取 $9.8\ \mathrm{m/s^2}$。节理刚度系数保持在 $1.0\times10^8\sim1.2\times10^{10}\ \mathrm{MPa/m}$ 之间。

7.3.4　数值计算过程及分析

为保证相似模拟与数值模拟两种实验研究方式在分析过程上的一致性,要求数值计算

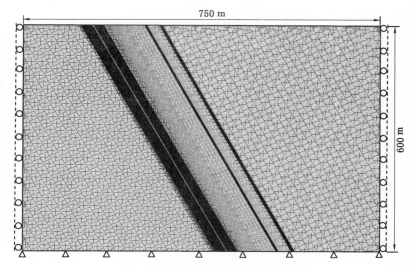

图 7-4 划分块体后的 65°煤层模型

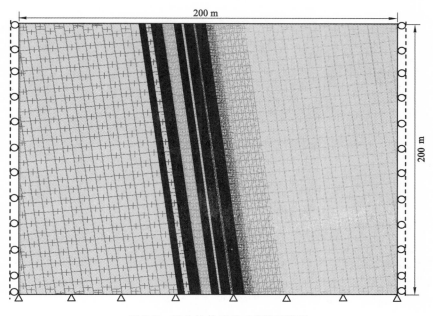

图 7-5 划分块体后的 84°煤层模型

三个模型煤体开挖的过程与相似模拟实验保持基本一致。以下就三种不同倾角下的急斜煤层开挖过程中围岩的破坏过程及其运移特征分别进行重点论述。

7.3.4.1 45°数值模型计算过程、分析及结论

数值模型模拟地面标高为+800 m,开采工作面模拟分段高度30 m。自平衡后模型如图 7-6(a)所示。首采分段工作面上部标高定为+721 m,采高2.5 m。在120 m垂高范围内,共模拟四个分段工作面开采。

首分段工作面开采中,段高30 m。煤体采出后,直接顶受采动影响及基本顶岩层的压

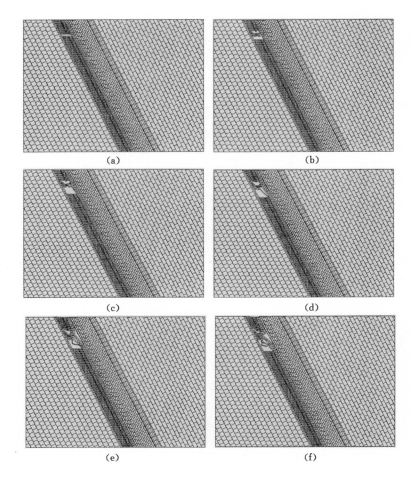

图 7-6　45°煤层开采后围岩垮落过程

（a）自平衡后数值模型；（b）首分段开采后；（c）二分段开采后；

（d）三分段开采后；（e）四分段采出 10 m 煤体后；（f）四分段采出 20 m 煤体后

力作用，产生朝采空区膨胀变形，在与基本顶岩层产生离层后持续垮落。同时，浅部预留煤柱体在顶板压力作用下，作为拱上支承端的煤体破碎垮落，如图 7-6（b）所示。

　　二分段工作面开采过程中，直接顶持续向采空区垮落。由于采空区域的增大，顶板破坏范围进一步加大，基本顶下位岩层产生离层垮落，并堆积在已垮落的直接顶岩层上。基本顶岩层中未垮落的裸露岩层呈暂时稳定的铰接结构。从垮落整体形态看，顶板岩层中存在一拱形结构，这与相似模拟实验中顶板岩层中的卸载拱现象是一致的。该结构上拱脚位于地表浅部预留煤柱体上，并呈现向浅部预留煤柱体上方移动的趋势；下拱脚位于采动工作面下方未采煤体上。对于顶板岩层来说，拱结构的存在，使工作面支架仅承受拱结构内已垮落岩体的压力作用，如图 7-6（c）所示。

　　三分段工作面开采过程中，工作面后方存在一高度达 90 m 的采空区域。随着开采推进，顶板岩层破坏快速朝基本顶上位岩层发展。随着顶板中卸载拱结构高度（拱的矢高）增加，最终导致顶板岩层中关键结构失稳，从而引起地表的沉降。此阶段矿压显现显著。同时,数值实验表明粉细砂岩层是对整个岩体的稳定性起关键作用的岩层,如图 7-6(d)所示。

　　四分段工作面开采过程中,首先开采工作面上方 30 m 煤体中的 10 m 煤体[图 7-6(e)],再开采工作面上方所剩余 20 m 煤体中的 10 m 煤体[图 7-6(f)]。此分段数值模拟的过程表明:当工作面上方 30 m 煤体仅剩余 10 m 煤体后,由于地表已产生沉陷,该部分煤体在其上方沉陷体及顶板压力作用下易破碎垮落,并造成该部分煤体被其上方沉陷体及顶板侧垮落岩层所大部分覆盖,一方面增加了含矸率,另一方面形成大量的三角残煤损失,煤炭回采率降低。

　　图 7-7 为 45°煤层开采后沿倾向间距 20 m 测点的位移变化曲线,图 7-8 为开采后顶底板边界角情况。由图可知,顶板边界角 32°,底板边界角 44°,因此 45°煤层开采后顶板侧破坏远大于底板侧。

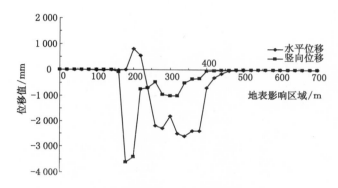

图 7-7　45°煤层开采后倾向位移变化曲线

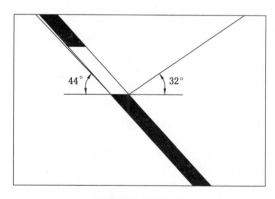

图 7-8　45°煤层开采后顶底板边界角

　　综合分析数值模拟的四个步骤表明,倾角 45°的急斜煤层,随着开采向下方分段工作面转移,并不适合于分段高度 30 m 的大段高开采。主要原因是大段高开采时煤炭的含矸率增加及采出率大幅降低。此类煤层大段高开采过程中,开采工作面所在段高内的采空区基本由本分段范围内的顶板垮落岩层占据,上分段采空区的垮落体不易沿槽形采空体向下方采空区滑移形成对裸露顶板的支承作用,从而造成煤体开采后围岩变形破坏的影响范围较大。

7.3.4.2　65°数值模型计算过程、分析及结论

模拟井田地面标高＋800 m。实验共模拟三个水平的开采，其中第一水平（＋650～＋740 m）分为 6 个分段开采，段高均为 15 m；第二水平（＋560～＋650 m）分为 6 个分段开采，段高均为 15 m；第三水平（＋430～＋540 m）为深部水平开采，划分为 4 个分段，段高分别为 30 m、30 m、30 m、20 m。

第一水平开采，阶段高度 90 m，工作面段高均为 15 m。首分段工作面开采后，顶板岩层及采空区上方遗留煤柱体无明显变化，如图 7-9（a）所示；二分段工作面开采过程中，采空区上方遗留煤柱体下部受顶底板压力作用开始破碎垮落，直接顶岩层产生向采空区侧的膨胀变形，如图 7-9（b）所示；第三分段工作面开采后，直接顶与基本顶岩层发生离层，并产生向采空区侧的弯曲变形后垮落，如图 7-9（c）所示；第四分段工作面开采过程中，直接顶持续垮落，基本顶下位岩层产生离层，离层岩层破断后并没有直接垮落，而是形成暂时稳定的铰接结构，如图 7-9（d）所示；第五分段开采后，基本顶下位岩层中的离层岩层向采空区垮落过程中可能与上部采空区的垮落煤矸体共同形成一暂时稳定的承载体系，如图 7-9（e）所示；第

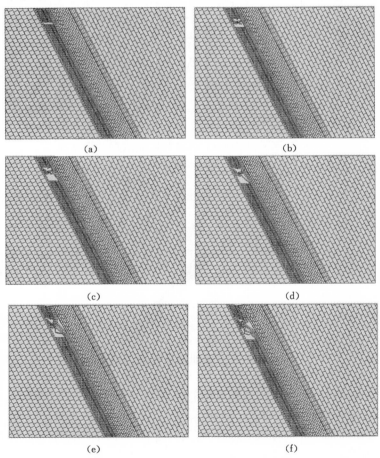

（a）　　　　　　　　　　　　　　（b）

（c）　　　　　　　　　　　　　　（d）

（e）　　　　　　　　　　　　　　（f）

图 7-9　第一水平各分段工作面开采后围岩垮落形态

（a）首分段开采后；（b）二分段开采后；（c）三分段开采后；

（d）四分段开采后；（e）五分段开采后；（f）六分段开采后

六分段开采过程中,如图 7-9(f)所示,上分段工作面开采过程中形成的暂时稳定的承载体系发生失稳,并向其下方采空区垮落,地表浅部预留煤柱体受顶板压力作用持续破碎垮落,地表产生较明显的沉陷(图 7-10)。产生显著沉陷的部分是 B_6 煤层露头部及距 B_6 煤层 30 m 范围内的地表,沉陷的主要影响范围在顶板侧,对底板侧影响并不明显。测点最大沉陷深度 3.75 m,靠顶板侧地表影响范围距煤层顶板 333 m(按顶板边界角确定)。

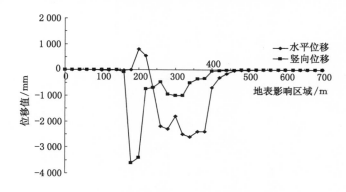

图 7-10 第一水平六分段开采后倾向位移变化曲线

第二水平开采,阶段高度 90 m,工作面段高均为 15 m,共开采 6 个分段工作面。图 7-11 各分段工作面开采围岩垮落形态图表明:顶板中垮落带的高度(距煤层顶板 12 m)并没有随着分段工作面的下移而增高。基本顶上位岩层随着分段工作面的下移发生破断,范围向浅部方向扩展。该部分岩层破断后,并没有直接垮落,而是形成暂时稳定的铰接结构。至第四分段开采时,在 B_9 煤层处产生明显的离层裂隙。因此裂隙带的高度在 B_{10} 煤层处,距煤层顶板大约 120 m。基本顶下位岩层破断后与采空区的垮落煤矸体在顶板岩层的"阶梯形"收口处可以形成较稳定的承载体系,抑制了基本顶上位岩层的活动,有助于顶板的稳定性及工作面的安全开采。第二水平开采完毕后,地表的沉陷深度与影响范围均增大了。图 7-12 表明,测点最大沉陷深度 13 m,靠顶板侧地表影响范围距煤层顶板 513 m(按顶板边界角确定)。

第三水平开采,各分段工作面高度分别为 30 m、30 m、30 m、20 m。在 30 m 大段高开采条件下,应重视巨大采空区形成后围岩的大范围垮落问题。在如此大段高开采条件下,应重视巨大采空区形成后围岩的大范围垮落问题。图 7-13 第三水平各分段开采后围岩垮落过程表明:倾角 65°左右的急斜煤层,在深部区域进行 30 m 大段高开采是可行的。首先,基本顶下位岩层与随着分段工作面下移持续垮落的煤矸体在阶梯形收口处可形成较稳定的承载体系,能有效地抑制基本顶上位岩层的运动;其次,收口之下的基本顶下位岩层在其下方分段工作面开采过程中将与基本顶上位岩层发生离层。离层破断后的基本顶下位岩层不直接垮落,断裂岩块间呈铰接结构,并与持续垮落的煤矸体在基本顶下位岩层最下方断口处形成的阶梯形收口处再次形成暂时稳定的结构。如此反复,工作面始终受到其上方临时稳定结构的保护作用,降低了采空区内顶板大范围垮落的危险,从而避免了工作面急剧来压情况的发生。图 7-14 表明:进入深部大段高开采后,地表沉陷的深度并没有大幅增加,测点最大沉陷深度 16 m,而地表沉降变形的范围增大了。

图 7-15 为 65°煤层三个水平开采后顶底板边界角情况。第一水平开采后,顶板边界角

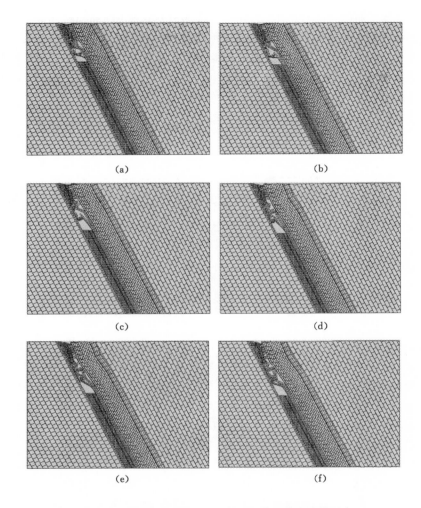

(a)　　　　　　　　　　　　(b)

(c)　　　　　　　　　　　　(d)

(e)　　　　　　　　　　　　(f)

图 7-11　第二水平各分段工作面开采后围岩垮落形态

（a）首分段开采后；（b）二分段开采后；（c）三分段开采后；

（d）四分段开采后；（e）五分段开采后；（f）六分段开采后

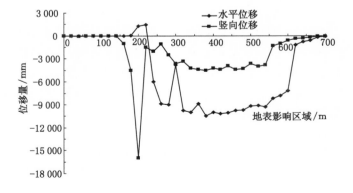

图 7-12　第二水平六分段开采后倾向位移变化曲线

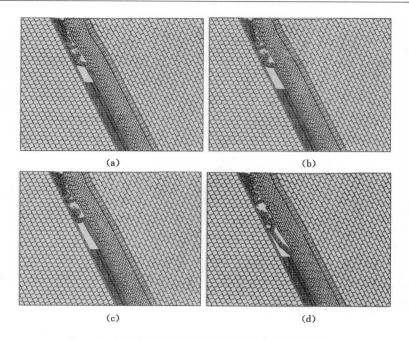

图 7-13　第三水平各分段工作面开采后围岩垮落形态

(a) 首分段开采后；(b) 二分段开采后；

(c) 三分段开采后；(d) 四分段开采后

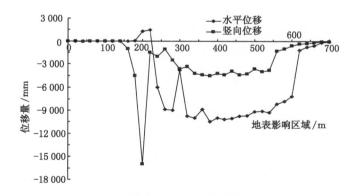

图 7-14　第三水平四分段开采后倾向位移变化曲线

30°,底板边界角 65°；第二水平开采后,顶板边界角 31°,底板边界角 65°；第三水平开采后,顶板边界角 32°,底板边界角 65°。由此表明,急斜煤层除了顶板侧破坏程度明显大于底板侧外,随着开采向深部水平延伸,顶板侧边界角呈缓慢增长趋势,说明顶板侧的破坏范围并不会随采深增加而急剧增加,其稳定程度反而会逐渐加强,这与急斜煤层深部开采时顶板侧易受到垮落体支承结构作用是相关的。

综合分析数值模拟三个水平的开采过程表明：倾角 65°的急斜煤层,适合于分段高度 30 m 的大段高开采。主要原因可概括为以下几点：

（1）地表沉陷后,垮落体在阶梯形收口处可以形成暂时稳定的结构,从而使工作面始终受到其上方临时稳定结构的保护作用,大幅降低了采空区内顶板的大范围垮落,从而避免了

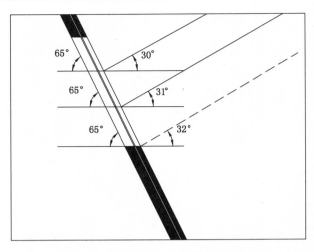

图 7-15　65°煤层开采后顶底板边界角

工作面急剧来压的危险。

（2）随着分段工作面向深部水平下移,收口之下的工作面开采后的槽形采空区域可由垮落体充填,使顶板岩层始终受到自带充填体的支承作用。当收口处受压的垮落体强度不足以支承顶板岩层时,收口处的支承结构破坏,垮落体向下部水平垮落。同时,在原收口失去作用后可在开采工作面区域形成新的收口,如此反复,顶板岩层始终受到收口处垮落体的强支承作用。

（3）随着开采向下部水平延伸,顶板侧破坏开始以水平位移为主,顶板侧边界角呈缓慢增长趋势,顶板侧的破坏范围并不随采深增加而急剧增加。

7.3.4.3　84°数值模型计算过程、分析及结论

与第 3 章相似模拟实验相一致,对＋650 m 水平 B_{19} 和 B_{20} 煤层进行联合开采。共设 4 个分段工作面,段高分别为 20 m、20 m、20 m、30 m。

图 7-16 为 84°煤层各分段工作面开采后围岩垮落形态。首分段工作面开采过程中,直接顶向采空区膨胀变形,并与基本顶岩层产生离层。B_{19} 和 B_{20} 煤层间的夹矸层在工作面推进过程中受压弯曲变形。二分段开采过程中,地表预留煤柱体在自重及顶底板压力作用下,其下部首先破碎垮落,充填采空区,地表呈现明显的变形。此阶段 B_{19} 和 B_{20} 煤层间的夹矸层已无法保持自身的暂时平衡,断裂垮落后充填采空区底板侧。直接顶随着离层程度的加大发生垮落,充填采空区顶板侧。三分段开采过程中,地表预留煤柱体破坏后垮落加剧,直接顶持续破碎垮落,采空区得到充填后对顶板侧形成了良好的支撑作用,顶板稳定程度提高。同时,此阶段基本顶下位岩层产生离层。四分段工作面虽为段高为 30 m 的大段高开采,但从图 7-16(d)可看出,顶板岩层受到垮落煤矸体的有效支撑,基本顶下位岩层随着离层程度的加剧并没有直接垮落,呈现结构性破坏的特点。整个顶板的稳定程度大幅提高,工作面开采时也避免了顶板大面积垮落的危险,安全程度得到保障。

图 7-17 表明:地表沉陷的范围主要在顶板侧,地表沉降明显的区域集中在煤层露头位置。84°煤层开采后顶板边界角 58°,底板边界角 78°(图 7-18),与 45°和 65°煤层顶底板边界角相比,说明随着煤层倾角的增加,顶底板边界角基本表现为逐渐增加趋势,地表沿倾向的

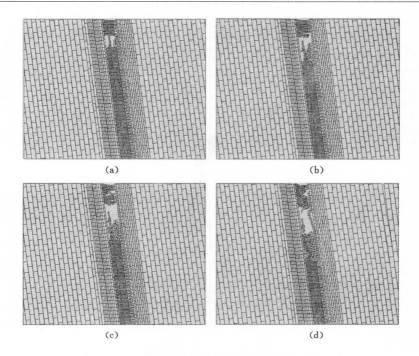

图 7-16　84°煤层各分段工作面开采后围岩垮落形态
(a) 首分段开采后;(b) 二分段开采后;
(c) 三分段开采后;(d) 四分段开采后

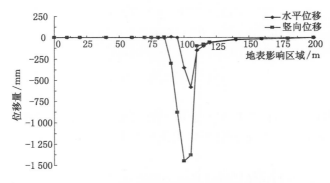

图 7-17　84°煤层开采后倾向位移变化曲线

影响范围呈逐渐减小趋势。

综合分析数值模拟四个分段的开采过程表明,84°急斜煤层适合于 30 m 左右的大段高开采。主要原因是分段工作面下移开采过程中,顶板岩层受到的法向分力很小。顶板岩层同时得到了垮落煤矸体的有效支撑,基本顶下位岩层呈现结构性破坏的特点,整个顶板的稳定程度大幅提高,工作面开采时避免了顶板大面积垮落的危险,安全程度可以得到保障。

7.3.5　模拟结论

(1) 倾角 45°的急斜煤层,通过 30 m 大段高的开采表明,工作面所在段高内的采空区基本由本分段范围内的顶板垮落岩层占据,上分段采空区的垮落体不易沿槽形采空体向下方采空区滑移形成对裸露顶板的支承作用,从而造成煤体开采后围岩变形破坏的影响范围较

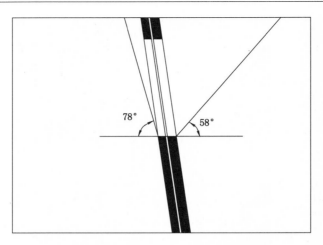

图 7-18　84°煤层开采后顶底板边界角

大,煤炭损失也大,此类煤层并不适合于 30 m 大段高开采。

（2）倾角 65°的急斜煤层,分段工作面开采过程中原始煤柱的垮落体与垮落的顶板岩层在阶梯形收口处可以形成暂时稳定的结构,而收口之下的工作面开采后的槽形采空区域可由原始煤柱的垮落体与垮落的顶板岩层充填,从而使顶板岩层始终受到自带充填体的支承作用。当收口处受压的垮落体强度不足以支承顶板岩层时,收口处的支承结构破坏,垮落体向下部水平垮落。在原收口失去作用后可在开采工作面区域形成新的收口,如此反复,顶板岩层始终受到收口处垮落体的强支承作用,降低了采空区内顶板的大范围垮落,从而避免了工作面急剧来压的危险。由此说明倾角 65°的急斜煤层适合 30 m 大段高的开采。

（3）倾角 84°的急斜煤层,在分段工作面下移开采过程中,顶板岩层受到的法向分力小,并受到了垮落煤矸体的有效支撑,基本顶下位岩层呈现结构性破坏的特点,整个顶板的稳定程度大幅提高,避免了顶板大面积垮落的危险,安全程度可得到保障,适合于 30 m 左右的大段高开采。

（4）急斜煤层开采,其沉陷区域主要在顶板侧。随着煤层倾角的增加,顶底板边界角基本表现为逐渐增加趋势,地表沿倾向的影响范围呈逐渐减小趋势。

7.4　围岩应力变化数值模拟

以碱沟煤矿开采为例。对碱沟煤矿来说,岩体的范围比我们所要研究的矿区或采场要小得多,因此从矿山岩体工程的宏观范围考虑,可以将其看作是似均质各向同性介质,可将岩体视为弹塑性介质。

有限元数值仿真实验模型采用的是弹塑性模型,屈服条件为 Druck-Prage 屈服准则,其函数形式为:

$$f = \alpha I_1 + \sqrt{J_2} - k = 0 \tag{7-10}$$

式中　α, k ——材料常数;

　　　I_1, J_2 ——应力张量第一不变量和应力偏量的第二不变量。

对于平面应变问题:

$$\alpha = \frac{\sin\varphi}{\sqrt{3(3+\sin^2\varphi)}}; k = \frac{\sqrt{3}\cos\varphi \cdot c}{\sqrt{3+\sin^2\varphi}} \qquad (7\text{-}11)$$

式中　c, φ——材料的黏聚力和内摩擦角。

弹塑性本构关系的增量形式为：

$$d\{\sigma\} = [D_{ep}] d\{\varepsilon\} \qquad (7\text{-}12)$$

式中　$d\{\sigma\}$——应力增量列阵；

　　　$[D_{ep}]$——弹塑性矩阵；

　　　$d\{\varepsilon\}$——应变增量列阵[36]。

分析模拟采用增量形式加载模式，基本方程为：

$$[\overline{K}]\{\Delta u\}_i = \{\Delta f\}_i + \{\Delta f_p\}_i \qquad (7\text{-}13)$$

式中　$[\overline{K}]$——加载系数；

　　　$\{\Delta u\}_i$——初始边界或第 i 次开采边界释放等效节点位移增量列阵；

　　　$\{\Delta f\}_i$——初始边界荷载或第 i 次开采边界释放等效节点力列阵；

　　　$\{\Delta f_p\}_i$——由塑性应变引起的附加等效节点力列阵。

碱沟煤矿的地质条件及岩体结构条件比较复杂，计算模型中不可能充分反映和考虑。在模拟采场范围内未见对稳定性起控制作用的大型或较大型的结构面，数值模拟计算模型对小型的结构面如节理、裂隙等则在岩体的结构属性或其力学参数中予以适当考虑。

对碱沟煤矿的数值模拟的平面模型使用了西安科技大学刘杯恒教授、王芝银教授的NCAP-2 计算程序，该程序较好地适应了分步开挖回采数值模拟的要求；对立体模型的模拟尝试采用了 ANSYS 大型通用有限元软件，该软件拥有完备的前处理功能、灵活快速的求解器、方便的后处理器以及提供了多种二次开发的工具。

7.4.1　采场结构的简化和计算剖面的选择

数值模拟的可靠性在一定程度上取决于所选取的计算模型，包括根据数值模拟的目的及矿山的实际情况，选择适当的计算剖面及剖面的计算范围；确定计算模型的约束条件及边界条件；根据计算机容量对计算模型进行离散化处理，并选择适当的分步（层）开挖步数。

根据碱沟煤矿急斜近距煤层开采的具体情况，包括采场结构和所受外力两方面问题，沿煤层的倾向可以将其简化为平面问题。采场未开始回采前在文中简称为"未回采的采场"，沿走向可视为一很长的柱形体，由于煤层赋存稳定，即沿倾向截面上模拟煤层的形状不发生变化，体力平行于截面并且不沿长度变化，同时约束反力也作用在截面内且不沿长度变化，也就是讲，未回采的采场从内在因素到外来作用都不沿长度变化，故可将其简化为平面应变问题进行模拟。

7.4.2　计算区域及计算模型的离散化

计算区域的大小对数值模拟的结果有重要的影响，计算区域取得太小容易影响计算的精度可靠性，但如计算区域取得太大又使单元划分过多，受计算机容量的限制往往会给计算带来困难，因此计算区域要取得适中，既保证计算工作的顺利进行，又要保证计算结果具有一定的精度。

碱沟煤矿矿区稳定性研究需要综合评价开采效应对整个开采区域稳定性的影响，沿煤层倾向需模拟 B_{18}、B_{19}、B_{20} 三层煤层的 +530～+650 m 及 +650～+770 m 两个生产水平范围内的采动效应。模拟区域范围根据可能出现的最大移动或变形范围确定，依据碱沟煤矿的赋存条件以及原乌鲁木齐矿务局地测处和碱沟煤矿地测科 1988 年提供的岩移数据,顶、底板移动角分别取 $60°$ 和 $75°$,据此确定计算剖面的高度为 310 m,宽度为 450 m。应该指出,上述计算区域取得比较小,但是根据数值模拟的实践,上述计算模型的结果还是可以获得比较可靠的工程精度,满足稳定性评价的需要。

计算模型离散化是实现有效模拟的重要方面,对数值模拟有重要影响。按照几何近似、物理近似的原则,碱沟煤矿数值模拟离散化考虑了如下几个方面:

(1)同一单元不能跨越不同的区域,既不能包括两种以上的具不同物理力学性质的岩体,又不能同时包含采动及未采动的部分。

(2)岩层界线、矿体的开挖分层界线都应作为单元边界,保证分层范围的一次开挖。

(3)单元的大小要满足计算精度的要求,对需重点分析的矿体开挖部位及其周围围岩,单元应划分得细一点,较远离的部位单位可划分得大一点。

(4)单元的形状要与计算机源程序的要求相匹配,这次采用的源程序可采用三角单元及四边形单元,亦可用三角形及四边形两种单元的综合单元。单元的形状力求规范,以便减少计算误差。本次模拟采用了四边形单元。

(5)一般说来单元的大小与计算精度成反比,因此在可能的条件应使单元小些,特别是对于需重点分析研究的部位。

根据上述原则针对碱沟煤矿沿煤层倾向方向计算剖面进行了离散化处理,其网格剖分情况如图 7-19 所示。

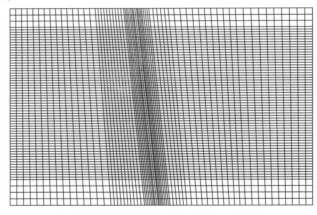

图 7-19　网格剖分图

7.4.3　原岩应力场及约束条件

地层本身存在着应力场,地层内各点的应力称为原岩应力,或称地应力。它是未受工程扰动的原岩体应力,亦称原始应力。习惯上将其分为重力应力场和构造应力场两类。这两类应力场的基本规律有明显差异。地心与岩体之间有引力,由地心引力引起的应力习惯上都称为重力应力,或自重应力。地层是由于过去地质构造运动产生的,和现在正在活动与变化的应力,统称为构造应力。这种应力往往呈现某种特殊分布规律,它决定着构造体系的形成和发展[38]。

此次对碱沟急斜近距煤层联合开采的数值模拟中,自重应力以体力的形式进行考虑,即岩体的自重应力可以根据其体积质量、泊松系数及上覆岩层的深度通过理论计算加以确定;

而地质构造应力则必须通过对地质构造进行分析并进行现场岩体应力量测才能确定其大小和作用方向,碱沟煤矿目前尚缺乏此类资料,而且由于目前开采仍在浅部,一般情况下,按照采矿界的观点,构造应力的影响也很小,故在进行数值模拟时未予以考虑。

计算模型的约束条件是计算模拟的重要内容,直接影响计算结果的可靠性及精度,为此必须对计算模型采取适当的边界约束。本次数值模拟的平面模型,底部、左侧及右侧边界均采用法向约束,即只限制物体的法向位移而不限制其切向位移;计算模型的左下角和右下角则采用了固定铰链约束,它限制物体在平面内任何方向的位移(图 7-20)。上述边界条件比较符合碱沟煤矿的实际情况。

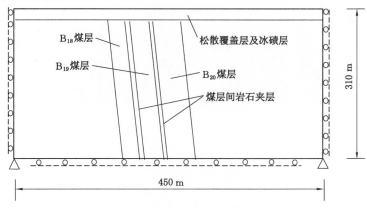

图 7-20　计算及力学模

7.4.4　模拟开采设计

本次模拟不但模拟实验工作面 B_{19}、B_{20} 煤层联合开采的 +650～+770 m 生产水平范围内的采动效应,而且对 B_{18}、B_{19}、B_{20} 煤层分别独立开采及三层煤体联合开采进行了研究;不但对现有工作水平进行了模拟开采,而且对 +530～+650 m 下一工作水平的采动效应进行了模拟研究。

模拟研究提出了 3 个开采方案:① 独立开采 B_{19} 煤层;② 联合开采 B_{20} 煤层和 B_{19} 煤层,即两层煤联合开采;③ 联合开采 B_{20} 煤层、B_{19} 煤层和 B_{18} 煤层,即三层煤联合开采。

选择独立开采 B_{19} 煤层,主要是便于研究其采出后对上方 B_{20} 煤层和下方 B_{18} 煤层的影响;联合开采 B_{20} 煤层和 B_{19} 煤层,即两层煤联合开采,是对碱沟煤矿的实际生产情况进行模拟研究;联合开采 B_{20} 煤层、B_{19} 煤层和 B_{18} 煤层,即三层煤联合开采的目的是为了进一步研究扩大联合开采的范围后围岩运动的规律,以期为碱沟煤矿的后期扩大生产提供一定的参考依据。

7.4.5　模拟开采过程

沿矿体倾向模拟了两个生产水平的回采,生产水平高度为 120 m,生产水平间留 20 m 煤柱,水平内每 20 m 划分一个水平分段,分段内采用放顶煤一次采出,分段采用下行开采。共进行了 10 步模拟开挖,+650～+770 m 生产水平和 +530～+650 m 生产水平各为 5 个模拟开挖步。对于不同的模拟方案,在同一水平分段内的煤体完全采出为一模拟开挖步。每一回采开挖步的数值模拟计算均可获得相应的应力场及位移场。应力场包括最大主应力、最小主应力及最大剪应力分布状态;位移场包括竖向和横向两种不同的位移场。对于开挖后的应力分布状态,重点研究了三种方案的 3 步、5 步及 10 步模拟开采后的三种采动效应;围岩的位移分布状态,着重考虑了每一生产水平采空后的竖向位移场,即 5 和 10 步后的位移场。

图 7-21 为 3 步开采结束后的三种不同方案的最大主应力等值线对比图。图 7-22 为 5 步开采结束后的三种不同方案的最大主应力等值线对比图。图 7-23 为 10 步开采结束后

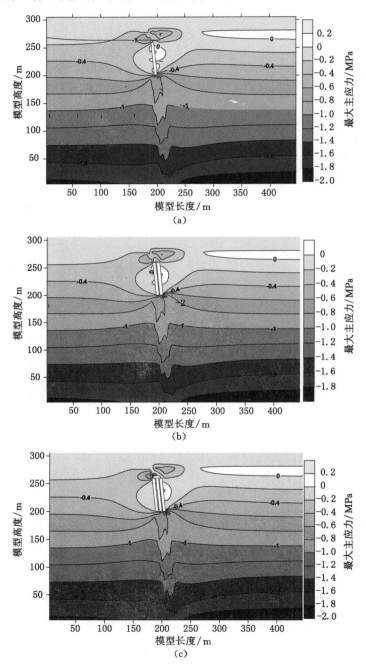

图 7-21　3 步开采最大主应力 σ_1 等值线对比图

(a) 方案一;(b) 方案二;(c) 方案三

的三种不同方案的最大主应力等值线对比图。图 7-24～图 7-26 为最小主应力等值线对比图；图 7-27 和图 7-28 为最大剪应力等值线对比图。

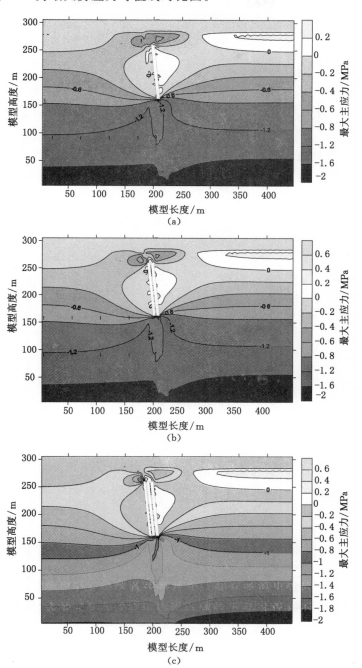

图 7-22　5 步开采最大主应力 σ_1 等值线对比图

（a）方案一；（b）方案二；（c）方案三

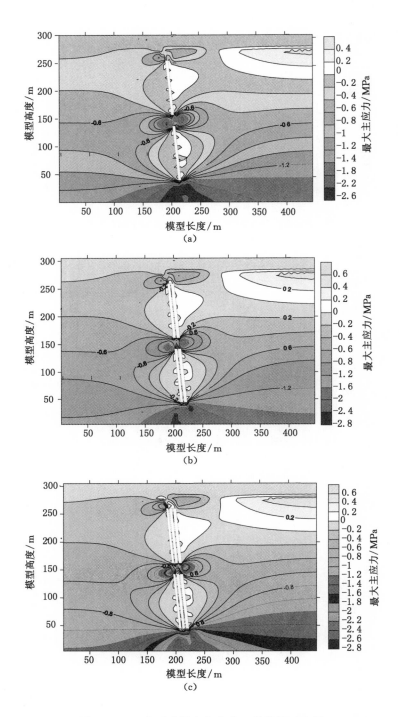

图 7-23　10 步开采最大主应力 σ_1 等值线对比图

（a）方案一；（b）方案二；（c）方案三

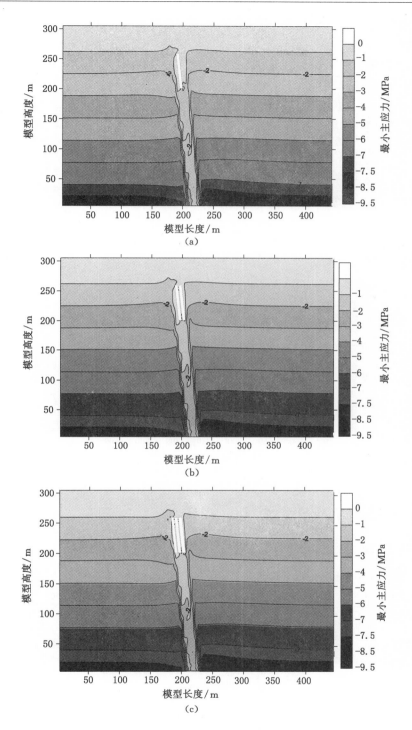

图 7-24　3 步开采最小主应力 σ_3 等值线对比图

(a) 方案一；(b) 方案二；(c) 方案三

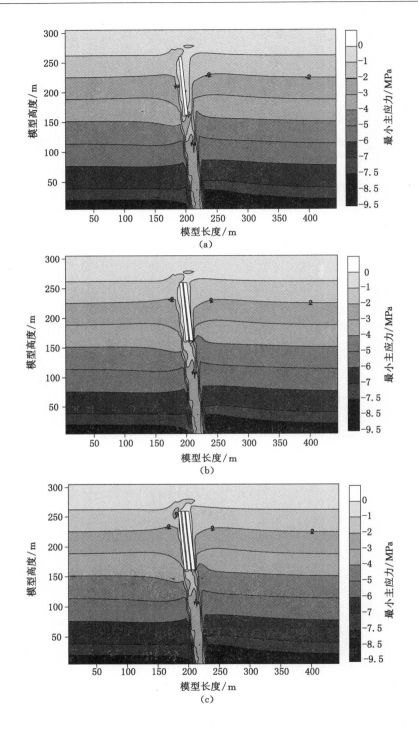

图 7-25　5 步开采最小主应力 σ_3 等值线对比图

（a）方案一；（b）方案二；（c）方案三

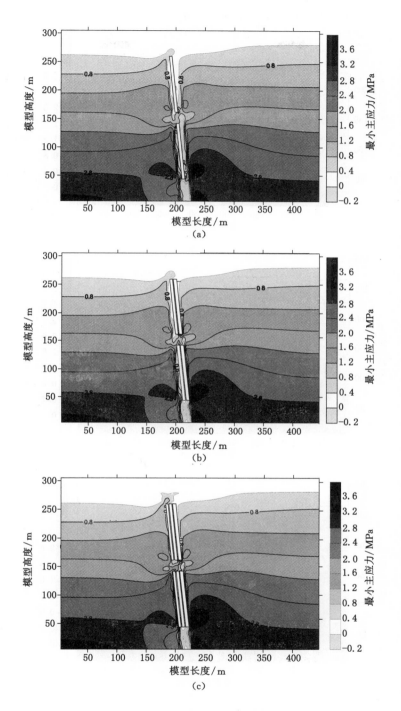

图 7-26 10 步开采最小主应力 σ_3 等值线对比图

(a) 方案一;(b) 方案二;(c) 方案三

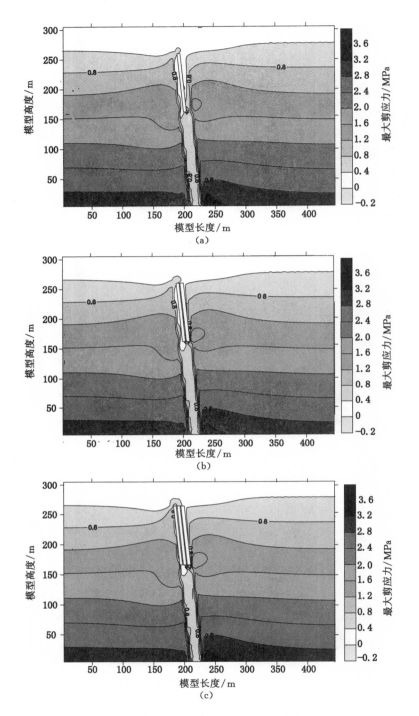

图 7-27 5 步开采最大剪应力 τ_{max} 等值线对比图

(a) 方案一；(b) 方案二；(c) 方案三

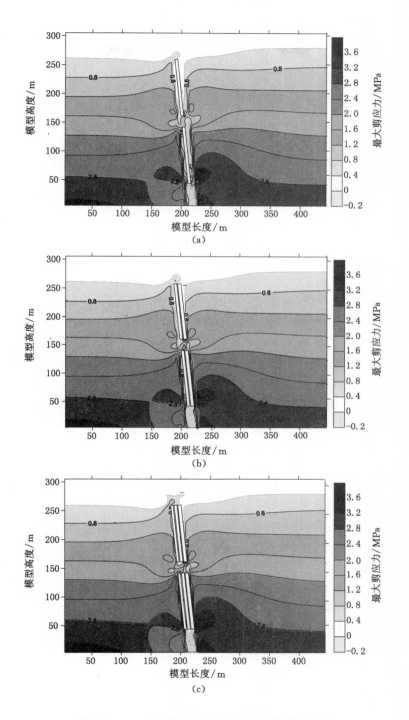

图 7-28　10 步开采最大剪应力 τ_{max} 等值线对比图

（a）方案一；（b）方案二；（c）方案三

7.4.6 模拟结果及分析

7.4.6.1 最大主应力 σ_1 分布特征

从图 7-21～图 7-23 可以看出,最大主应力 σ_1 分布有以下特征:

(1) 采场及围岩中的最大主应力分布比较复杂,但是总体上存在一些规律性结论。

无论是采用哪种方案,在开采煤层的顶板,都出现较大范围的拉应力区。如果按照岩体存在有弱面的脆性材料,承受拉应力即遭到破坏,那么破坏发展主要是在顶板方向,尽管煤层倾角已达 84°。

一般情况下开采煤层的底板也出现有拉应力区,但其发展的范围和连续性比顶板方向要差得多,即底板稳定性与顶板相比较好。

最大压应力出现在煤柱,且在煤柱内形成最为明显的应力集中现象。随着深度的增加最大主应力值亦逐渐增加。应力集中系数也在增加,最高处可达 4 倍左右,因而煤柱是压应力最为集中的区域。显然,与缓斜煤层开采一样,当煤层采出后,煤柱要承受较大的支承压力。因此,急斜煤层开采中,也存在合理煤柱尺寸问题。

(2) 独立开采 B_{19} 煤层时,在 B_{20} 煤层中形成明显的应力释放区并产生大范围的拉应力区域,使 B_{20} 煤层基本上处于破坏状态,无法开采。因而,近距煤层如果采用单一开采方案时,原则上不应采用先采下方煤层的方案。

独立开采 B_{19} 煤层时,在 B_{18} 煤层中也形成了拉应力区域,而拉应力区范围较小且呈不连续分布状态,破坏显然不像对 B_{20} 煤层那么严重,但仍会对 B_{18} 煤层开采带来困难。因此近距煤层应尽可能采取联合开采同时采出,如有困难,可考虑采用下行开采,但对下方煤层已受上方开采的影响要有科学的估计。

随着开采深度的不断增加,仅在局部小范围内出现了拉应力,说明对 B_{18} 煤层的再次开采影响较小。这是由于深度增加自重应力相应增加的结果。

(3) 由于开采引起的应力释放在 B_{20} 煤层及沿煤层法线方向的岩层中形成的拉应力区域,随着开采区域的不断增大,即在同一水平中独立开采,B_{19}、B_{20} 两层煤联合开采乃至 B_{18}、B_{19} 和 B_{20} 三层煤联合开采时顶板拉应力区域的面积之比为:1:1.09:1.13,有逐渐增大的趋势,但整体来讲开采范围的增大对拉应力区的范围及数值影响不大,表明初期开采时应力释放梯度较大,随后则逐渐递减并趋于稳定。从而说明联合开采时并未引起围岩破坏运动范围的急剧增加,近距煤层联合开采一般情况下不会对岩层控制带来难以预计的困难。

在同一水平 B_{19}、B_{20} 两层煤联合开采与 B_{18}、B_{19} 和 B_{20} 三层煤联合开采时,拉应力区沿煤层顶板的法线方向的影响高度几乎未见增大。进一步说明,发展联合开采不仅有利于增加产量,而且岩层控制上也不会增加困难。

(4) 当开采深度增加时,即开采+530～+650 m 生产水平时,上一水平围岩中的拉应力区域增加地极为有限,表明开采下一水平时围岩未产生变化剧烈的运动。

(5) 开采下一水平时,围岩中出现拉应力区域的规律与开采上一水平时一致,但通过上下两个水平开采后围岩中的拉应力对比发现下一水平开采后其围岩中的拉应力在数值与范围两方面均比上部围岩中的小,这是由于原岩应力场作用的结果。表明随着开采深度的增加,岩层控制将越来越容易,当然这一结论未考虑上部围岩破坏后的作用。

(6) 急斜水平分段放顶煤与缓斜煤层长壁工作面放顶煤相比,开采所引起的围岩破坏运动范围有很大区别。急斜煤层工作面采放出一个水平分段的煤体后,工作面上方是残留和随后由于岩层破坏而充填的煤、岩、土体。煤层的直接顶、基本顶在开采中虽然也会发生变形甚至产生破坏,但它对工作面的影响仅仅是工作面靠顶板的一部分,而且倾角越大,影响的范围越小。

7.4.6.2 最小主应力 σ_3 分布特征

从图 7-24～图 7-26 可以看出,最小主应力 σ_3 分布有以下特征:

(1)在未开始开采前,由于煤层与岩石的材料性状存在差异,而煤层的弹性模量和重量均较低,故在煤层中的第三主应力与同一水平岩石中的相比较低,计算结果显示低 $40\%～70\%$,即 $2～5$ MPa。

(2)总体来讲,煤体采出后对围岩最小主应力的重新分布有较大的影响,但不如最大主应力那样显著,煤层开采后的应力释放导致的应力重新分布由于原岩应力效应影响而有减弱的趋势。

(3)在放顶煤开采后,采场范围内第三主应力仍然以压应力状态出现,即最小主应力未出现拉应力区域,即采场内未出现双向受拉的最不利情况。

(4)在采空区的四角岩体内及煤柱内也形成了应力集中现象,尤以锐角部位为甚,且随着深度的增加最小主应力值亦逐渐增加,应力集中系数也在增加,有 2 倍左右,煤柱是应力集中最严重的部位,再次显示其在采场结构中的支撑作用。但是,随着开采深度的加深,最小主应力有逐渐增大的现象,反而使采空区四角岩体及阶段煤柱的破坏极限强度提高了。即随着开采深度的加深,破坏主要是在拉应力作用下,向顶板方向发展。

(5)当开采范围增大时,即两层煤联合乃至三层煤联合时不仅应力集中的区域增大,而且应力集中系数也有增大的趋势。从图中可以看出,应力集中的区域主要是在开采煤层的顶底板,即围压的增加,有可能使相应区域的围岩破坏极限强度相应提高。

(6)在开采区域下方区段煤体中,除了两个角部有应力集中现象外,其余部分存在着应力降低的现象,并且沿着煤层有向下不断发展的趋势,这对放顶煤开采下一区段是一有利因素,即沿倾斜上部煤体在采前受到了一次"预破坏",松动爆破时应予以相应考虑。

(7)由同一水平单一煤层开采、两层煤联合开采与三层煤联合开采时应力对比可知,应力降低区域变化并不明显,表明由于开采引起的原岩应力释放几乎是一次性完成的。这就表明,无论是单一煤层开采、两层煤联合开采与三层煤联合开采,开采层数的变化一般没有引起围岩破坏范围的明显变化,也就不会因此而引起工作面矿山压力显现的剧烈变化。

(8)随着开采深度的不断增加,采场的低应力区域有加大的趋势,表明急斜煤层开采的矿压显现在现阶段开采水平下,不会因采深的加大而剧烈,即不会因采深的加大,给岩层控制带来困难。

7.4.6.3 最大剪应力 τ_{max} 分布特征

从图 7-27 和图 7-28 可以看出,最大剪应力 τ_{max} 分布存在以下特征:

(1)在采场及围岩中,最大剪应力分布随着深度的增加而增加,在同一水平围岩中的应力要比煤层中的高,表明在急斜煤层开采时围岩为高剪应力区域,而煤层为低剪应力区域,通常仅为围岩中的 $0.25～0.5$ 倍。

(2)在煤层与顶、底板的交界面附近存在较大的应力梯度,表明在此处剪应力的变化最为剧烈,因此在交界面上有可能形成剪切滑移失稳,而煤、岩间经常存在的软弱夹层使之更加加剧。从近距煤层联合开采的角度,这一特征显然是有利的,只要煤层间的岩层强度明显高于煤层,放顶煤过程的煤岩分离就易于实现。

(3) 在开采区域的下部锐角处的围岩内形成了较为明显的剪应力集中区域,而这些区域也正是最大和最小主应力产生应力集中的区域,因此这些区域可能形成复杂的压、剪复合破坏。

(4) 由于 B_{18}、B_{19} 和 B_{20} 煤层的厚度都在 $4.5\sim6.0$ m,放置两架宽度为 3.0 m 支架,而剪应力的发展基本是沿着煤层的。因此在一般情况下,有利于煤体的放出,但它对巷道的稳定性有一定影响,在生产过程中,需要做出评价,要进行对巷道稳定性的观测。

7.4.7 模拟结论

(1) 在同一水平 B_{19}、B_{20} 两层煤联合开采乃至 B_{18}、B_{19} 和 B_{20} 三层煤联合开采时,由于应力重新分布,形成的拉应力区虽然较某一煤层单独开采有增大趋势,但整体来讲开采范围的增大对拉应力区的范围及数值影响不大,表明初期开采时应力释放梯度较大,随后则逐渐处于稳定。从而说明联合开采时并未引起围岩破坏运动范围的急剧增加,近距煤层联合开采一般情况下不会对岩层控制带来难以预计的困难。

(2) 从独立开采、二层煤联合、三层煤联合开采最大主应力及最小主应力对比图中可以看出,开采后有一明显的采动影响域。围岩采动影响域是围岩应力高于围岩强度极限(包括抗拉和抗压强度极限)而在围岩中形成的破坏区域。围岩采动影响域随三种不同的开采方案有不断增大的趋势,但通过对比发现:采空区四角处及煤柱中由于压应力产生的采动影响域增加较为剧烈;顶、底版中部由于拉应力产生的采动影响域变化则趋于平缓,即从独立开采、二层煤联合直至三层煤联合开采在顶、底板中部并未形成围岩运动的急剧增加,而煤柱中由于压应力产生的采动影响域变化则相对较为明显。

7.5 地表变形破坏过程模拟

7.5.1 FLAC3D 程序简介

岩土工程领域常用的 FLAC(fast lagrangian analysis of continua)程序是由美国 ITASCA 公司开发的显式有限差分程序,其计算过程如图 7-29 所示。该程序是建立在拉格朗日算法基础上,以介质物理力学参数和地质构造特性为计算依据,客观反映原型(地质体几何形态与物理状态)和仿真其动态演化过程力学效应基础上的一种新型数值方法,能较好地模拟地质材料在达到强度极限或屈服极限时

对模型每个节点,通过其运动方程:
(1) 利用虚功原理由应力及外力求节点不平衡力
(2) 由节点不平衡力求节点速率

通过本构方程,对模型每个节点:
(1) 由节点速率求应变增量
(2) 由应变增量求应力增量及总应力

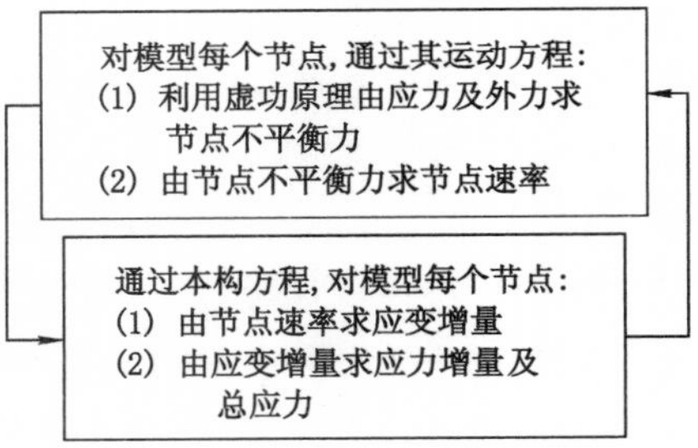

图 7-29 FLAC3D 计算过程

发生的破坏或塑性流动的力学行为,分析渐进破坏和失稳过程,特别适用于模拟大变形。由于对模拟塑性破坏和塑性流动采用的是"混合离散法",因此这种方法比有限元法中通常采用的"离散集成法"更为准确、合理。即使模拟的系统是静态的,仍采用了动态运动方程,这使得 FLAC3D 在模拟物理上的不稳定过程时不存在数值上的障碍。程序设有七种基本材料本构模型(各向同性弹性材料模型、横观各向同性弹性材料模型、莫尔—库仑弹塑性材料模型、应变软化/硬化塑性材料模型、双屈服塑性材料模型、遍布节理材料模型、空单元模型)及界面单元(可模拟断层、节理和摩擦边界的滑动、张开和闭合行为)。支护结构,如砌衬、锚

杆、支架或板壳等与围岩的相互作用也可用 FLAC3D 来模拟。程序计算中采用显式算法来获得模型全部运动方程的时间步长解,从而可以追踪材料的渐进破坏和垮落,追踪介质动态演化的全过程,这对研究开采的时间效应和空间效应是非常重要的。另外程序允许输入多种材料类型,亦可在计算过程中改变某个局部的材料参数,这增强了程序使用的灵活性,对于模拟采动区域的垮落和充填过程是非常有利的。用户还可根据需要在程序中创建自己的本构模型,进行各种特殊修正和补充。程序具有强大的后处理功能,用户可以直接在屏幕上绘制或以文件形式创建和输出打印多种形式的图形。使用者还可根据需要,将若干个变量合并在同一幅图形中进行研究分析。必须指出的是,对于线性问题的求解,FLAC3D 比有限元程序运行得要慢,因此当进行大变形非线性问题或模拟实际可能出现不稳定问题时,FLAC3D 是最有效的工具。由于 FLAC3D 程序是时间渐进的,相应的计算次数隐含了时间因素,和物理时间具有一定的对应关系,因而一般来讲,计算步数越多,对应时间越长,模型发生的变形也越大,这一特性有别于其他种类的数值计算程序,用户在确定计算步数时应特别注意,应根据开挖一定长度所需要的时间来确定计算步数,并确定计算步是否已达到所求问题的最终解。

7.5.2 数值模型的建立

为在数值模型中能综合考虑赋存条件不同的煤层在开采后引起的地表不同变化情况,结合乌鲁木齐矿区煤岩原始地质资料及赋存情况,取煤层平均倾角 65°,计划模拟以下几层煤开采(模型地表模拟 15 m 厚的黄土层和砾石层):

① 1 号煤层,倾角 65°,为单一开采煤层,煤层水平厚度 16 m。

② 2 号煤层,煤层倾角 65°,为单一开采煤层,煤层水平厚度 28 m,与上层煤间距 47 m。

③ 3 号、4 号,倾角 65°,为联合近距煤层开采,煤层厚度分别为 8 m 和 6 m,间距 3.15 m,与上层煤间距 70 m。

④ 5 号煤层,倾角 65°,为单一开采煤层,煤层厚度 10 m,与上层煤间距 50 m。

数值模拟利用 FLAC3D 程序,取模型整体尺寸为 360 m×250 m×180 m,采用分区组合方式,先分块构造各分层,再生成单元网格,最后将各分块黏合在一起形成最终三维有限元计算模型,共划分六面体单元 58 500 个,节点 66 464 个。模型网格剖分如图 7-30 所示。

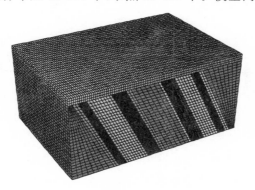

图 7-30　模型网格剖分图

模型模拟地面标高为+780 m,一水平+750 m 水平由于原有小煤矿开采放弃,实验模拟浅部二水平+630 m 水平开采,分段高度 20 m。煤层开采顺序为:5 号煤层—联合开采煤层(3号、4号煤层)—2号煤层,1号煤层为备选煤层,视2~5号煤层开采效果而定。

7.5.3 实验过程分析

首先开采5号煤层。5煤二水平开采地表竖向位移等值线如图7-31所示。5煤二水平开采地表倾向水平位移等值线如图7-32所示。由图7-32知首分段开采过程中,地表沉陷主要是沿走向的槽形沉陷。随着下分段工作面的开采,地表沉陷在原有沉陷基础上产生再次沉陷,因此急斜煤层的沉陷具有反复多次沉陷的特点。同时,地表槽形沉陷在多次反复沉陷发展为深槽形沉陷的过程中,沉陷也向顶板方向发展,底板侧的破坏程度小于顶板侧。

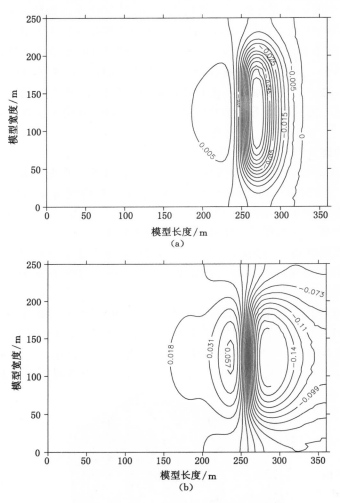

图 7-31 5煤二水平开采地表竖向位移等值线

(a) 首分段开采;(b) 第五分段开采

3号、4号近距联合煤层开采后,地表竖向位移等值线如图7-33所示,地表倾向水平位移等值线如图7-34所示。由图7-34可知,联合开采的3号、4号煤层,由于煤层总的水平厚度(包括夹矸)达19.5 m,因此地表沉陷的程度相比于单一开采的5号煤情况严重。同时,急斜煤层开采后,若不及时采取地表塌陷坑的充填处理,沉陷将随着分段工作面的向下延深,使顶板侧的破坏加剧。图中可明显看出,3号、4号近距联合煤层与5号煤层间所夹岩

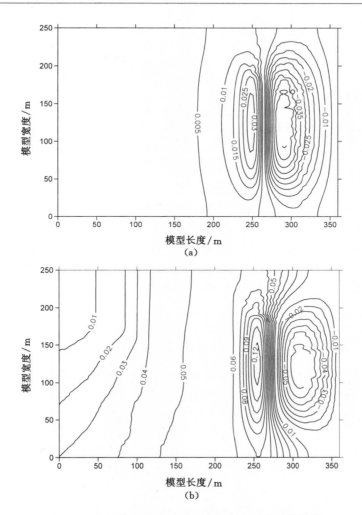

图 7-32　5 煤二水平开采地表倾向水平位移等值线

（a）首分段开采；（b）第五分段开采

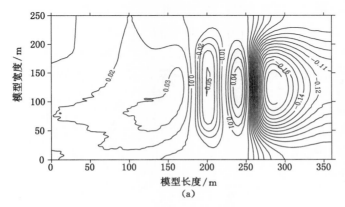

图 7-33　联合开采地表竖向位移等值线

（a）首分段开采

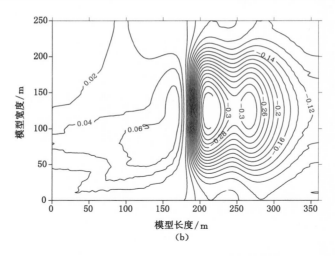

（b）

续图 7-33　联合开采地表竖向位移等值线

（b）第五分段开采

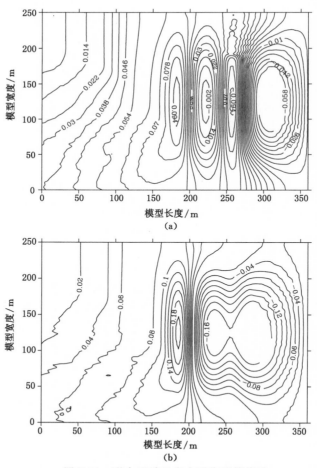

图 7-34　联合开采地表水平位移等值线

（a）首分段开采；（b）第五分段开采

体,在首分段开采时是双侧发展的水平位移,到第五分段开采时,已发展为明显的朝 3 号、4 号近距联合煤层采空区的单向水平位移。

2 号煤层开采后,地表竖向位移等值线如图 7-35 所示。地表垂直于走向的水平位移等值线如图 7-36 所示。由图 7-36 知,2 煤(水平厚度 28 m)开采后,地表沉陷的程度要比 3 号、4 号近距联合煤层及 5 号煤层剧烈。首分段开采时形成主要沿走向的槽形塌陷,随着下分段的开采,在形成重复沉陷的同时,破坏也朝着顶板侧岩体发展,底板侧岩体的破坏要比顶板侧小。

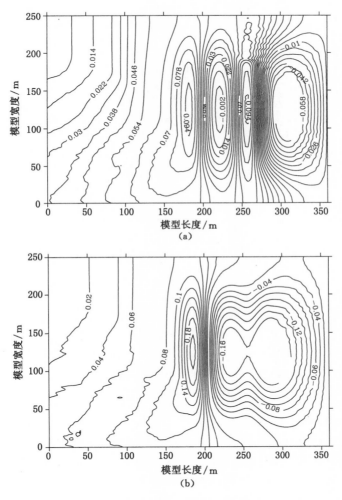

图 7-35　2 煤开采地表竖向位移等值线

(a) 首分段开采;(b) 第五分段开采

7.5.4　模拟结论

通过数值模拟实验,将急斜煤层开采后地表破坏主要特点归纳如下:

(1) 塌陷主要向顶板方向发展。一般情况下,由于浅部岩层受到长期风化作用,基本顶的强度明显降低,因而在不实施人工充填的条件下,随着开采深度的发展,可能发展到较大范围。但是,如果基本顶属于坚硬稳定的岩层,就可能成为围岩破坏发展的"阻隔层",而在

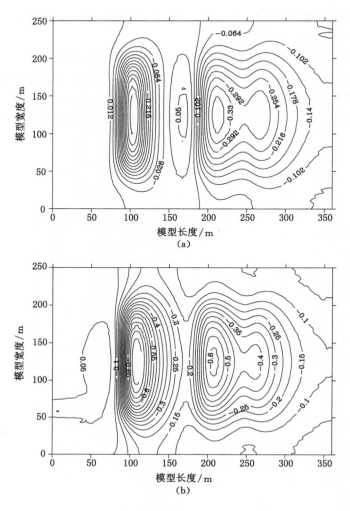

图 7-36　2 煤开采地表水平位移等值线

（a）首分段开采；（b）第五分段开采

相当长时期成为塌陷坑的上部边界。

（2）在深槽形塌陷坑的顶板方向，还会发展明显的开裂裂隙，随着时间的推移，就会发生塌落，塌陷坑宽度加大。因而，深槽形塌陷坑的发展是一个时空发展过程，如果不加控制，在顶板方向的影响范围会不断扩大。

（3）底板方向一般为煤层上方露头线的底边界。由于在深槽形塌陷坑内垮落体由底板朝顶板呈台阶形下降分布，底板的错动破坏将受到抑制。

7.6　顶煤放出规律模拟

7.6.1　PFC2D 程序介绍

PFC2D（particle flow code in 2 dimensions）即二维颗粒流程序，由 Itasca 公司开发，是通过离散单元方法来模拟圆形颗粒介质的运动及其颗粒间的相互作用。其理论基础是颗粒流方法,首先由 P. A. Cundall 在 1972 年提出了细观力学的颗粒流数值模拟分析方法,颗粒流方法是 P. A. Cundall 定义的一种离散元方法(discrete/distinct element method,DEM)。基于颗粒流理论的 PFC2D 程序可以模拟颗粒(块体)单元的连接和破坏引起颗粒的分离,它采用数值方法将物体分为有代表性的数千以及上万个颗粒单元,利用这种局部的模拟结果来研究边值问题连续计算的本构模型。由于通过现场实验得到颗粒介质本构模型相当困难,且随着微机功能的增强,用颗粒模型模拟整个问题成为可能,一些本构特性可以在模型中自动形成,因此 PFC 便成为用来模拟固体力学和颗粒流问题的一个有效手段。因此该软件可用来模拟急倾斜水平分段放顶煤的顶煤放出规律。

7.6.2　PFC2D 基本原理

由 Cundall & Strack 首创的离散元方法的基本思想是把介质离散成独立的元或粒子(对于颗粒系统,单个颗粒就是一个元),相邻元之间存在某几种作用,元的运动受牛顿定律支配。

研究对象不同,离散元的单元模型也不同,常见的模型有块体单元、圆盘单元、球体单元等。

对于接触模型来说,PFC2D 采用的是软球模型。

软球模型中假定颗粒碰撞时保持形状不变,而是互相叠加,如图 7-37 所示,u 是两个颗粒的法向叠加量,叠加量越大,颗粒所受的力也就越大,与叠加量成正比。两个颗粒的切向力也与切向叠加量成正比。即:

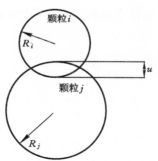

图 7-37　模型的碰撞叠加

$$\Delta F_n = k_n \Delta u_n$$
$$\Delta F_s = k_s \Delta u_s \tag{7-14}$$

接触模型是颗粒离散元法的核心,许多研究者仍采用弹簧阻尼器模型。圆盘单元接触模型如图 7-38 所示,其法线方向的相互作用简化为一个弹簧阻尼器,切线方向的相互作用简化为一个弹簧阻尼器和一个滑动摩擦器。当切向力大于摩擦力时两颗粒之间即产生相对滑动,此时滑动摩擦器起作用,否则,弹簧阻尼器起作用。所以考虑阻尼器是用以模拟颗粒接触时能量损失的影响。合力、合力矩可用下式形式表示:

$$\begin{cases} \overrightarrow{F_i} = \sum_{j=1}^{k_i} (\overrightarrow{f_{c,ij}} + \overrightarrow{f_{d,ij}}) + m_i g \\ \overrightarrow{M_i} = \sum_{j=1}^{k_i} R_i (\overrightarrow{f_{c,ij}} + \overrightarrow{f_{d,ij}}) \end{cases} \tag{7-15}$$

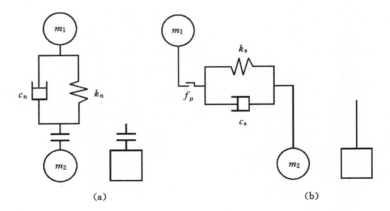

图 7-38 颗粒元接触模型

（a）法向作用；（b）切向作用

式中 $f_{c,ij}$——颗粒 i 和 j 间的接触力；

$\quad\quad f_{d,ij}$——颗粒 i 和 j 间的黏滞力。

目前常用的是 Hertz-Mindlin 接触模型，该模型是法向作用根据 Hertz 理论，切向作用根据 Mindlin 和 Dereciewicz 理论计算。该模型假定颗粒之间无拉力作用，确定该模型主要有两个参数，即剪切模量(G)和泊松比(μ)。对颗粒间的接触，其弹性属性取接触颗粒的平均值；对颗粒与墙体的接触，假定墙体是刚性的，其弹性属性取颗粒的值。其 k_n 与 k_s 的取值可按下式得出：

$$\begin{cases} k_n = \dfrac{\langle G \rangle \sqrt{2\overline{R}}}{1-\langle \mu \rangle} \sqrt{U_n} \\ k_s = \dfrac{2\ (\langle G \rangle^2 3\,(1-\langle \mu \rangle)\overline{R})1/3}{2-\langle \mu \rangle} \mid F_n^i \mid 1/3 \end{cases} \tag{7-16}$$

式中，当颗粒元间接触时，有：

$$\overline{R} = \frac{2R_A R_B}{R_A + R_B}, \langle G \rangle = \frac{1}{2}(G_A + G_B), \langle \mu \rangle = \frac{1}{2}(\mu_A + \mu_B)$$

当颗粒与墙体接触时，有：

$$\overline{R} = R_{ball}, \langle G \rangle = G_{ball}, \langle \mu \rangle = \mu_{ball}$$

对于不同的单元模型，DEM 的原理和计算过程都是一样的，即在计算过程中交替应用牛顿第二定律与力—位移定律，即在任意时刻 t，考虑每一单元受力作用后产生的运动，由牛顿第二运动定律可得：

$$\begin{cases} \dfrac{\partial^2 x_i^{(t)}}{\partial t^2} = \dfrac{\left(\sum F^{(t)}\right)_i}{m_i} \\ \dfrac{\partial^2 \theta_i^{(t)}}{\partial t^2} = \dfrac{\left(\sum M^{(t)}\right)_i}{I_i} \end{cases} \quad (i = 1, 2, \cdots, n) \tag{7-17}$$

式中 $x_i, F^{(t)}, m_i$——分别表示位移、力和质量；

$\quad\quad \theta_i, M^{(t)}, I_i$——分别表示角位移、力矩和转动惯量。

对时刻 t 的加速度用中心差分格式可表示为：

$$\begin{cases} \dfrac{\partial^2 x_i^{(t)}}{\partial t^2} = \dfrac{\dfrac{\partial x_i^{(t+\frac{\Delta t}{2})}}{\partial t} - \dfrac{\partial x_i^{(t-\frac{\Delta t}{2})}}{\partial t}}{\Delta t} \\[4mm] \dfrac{\partial^2 \theta_i^{(t)}}{\partial t^2} = \dfrac{\dfrac{\partial \theta_i^{(t+\frac{\Delta t}{2})}}{\partial t} - \dfrac{\partial \theta_i^{(t-\frac{\Delta t}{2})}}{\partial t}}{\Delta t} \end{cases} \tag{7-18}$$

将式(7-17)代入式(7-18)可得：

$$\begin{cases} \dfrac{\partial x_i^{(t+\frac{\Delta t}{2})}}{\partial t} = \dfrac{\partial x_i^{(t-\frac{\Delta t}{2})}}{\partial t} + \dfrac{\left(\sum F^{(t)}\right)_i}{m_i}\Delta t \\[4mm] \dfrac{\partial \theta_i^{(t+\frac{\Delta t}{2})}}{\partial t} = \dfrac{\partial \theta_i^{(t-\frac{\Delta t}{2})}}{\partial t} + \dfrac{\left(\sum M^{(t)}\right)_i}{I_i}\Delta t \end{cases} \tag{7-19}$$

由 $t + \Delta t/2$ 时刻的速度可得 $t + \Delta t$ 时刻的位移为：

$$\begin{cases} x_i^{(t+\Delta t)} = x_i^{(t)} + \dfrac{\partial x_i^{(t+\frac{\Delta t}{2})}}{\partial t}\Delta t \\[4mm] \theta_i^{(t+\Delta t)} = \theta_i^{(t)} + \dfrac{\partial \theta_i^{(t+\frac{\Delta t}{2})}}{\partial t}\Delta t \end{cases} \tag{7-20}$$

通过对 t 时刻加速度用中心差分形式导出 $(t + \Delta t)$ 时刻的位移,这样,颗粒 i 就移动到一个新的位置,并产生新的接触力和接触力矩,计算其所受的合力和合力矩,返回式(7-17)计算。这个过程一直循环下去,即可得到每个颗粒以及整个颗粒体的运动形态。

7.6.3 PFC2D 数值模拟实验步骤

用颗粒流方法进行数值模拟的步骤主要为：

(1) 定义模拟对象

根据模拟意图定义模型的详细程序。如要对某一力学机制的不同解释作出判断时,可以建立一个比较粗略的模型,只要在模型中能体现要解释的机制即可,对所模拟问题影响不大的特性可以忽略。

(2) 建立力学模型的基本概念

首先对分析对象在一定初始条件下的特性形成初步概念。为此,应先提出一些问题：系数是否将变为不稳定系统,问题变形的大小,主要力学特性是否非线性,是否需要定义介质的不连续性,系统边界是实际边界还是无限边界,系统结构有无对称性等。综合以上内容来描述模型的大致特征,包括颗粒单元的设计,接触类型的选择,边界条件的确定以及初始平衡状态的分析。

(3) 构造并运行简化模型

在建立实际工程模型之前,先构造并运行一系列简化的测试模型,可以提高解题效率。通过这种前期简化模型的运行,可对力学系统的概念有更深入的了解,有时在分析简化模型的结果后(例如,所选的接触类型是否有代表性,边界条件对模型结果的影响程度等),还需将第二步加以修改。

(4) 补充模拟问题的数据资料

模拟实际工程问题需要大量简化模型运行的结果,对于地质力学来说包括：① 几何特性,如地下开挖硐室的形状、地形地貌、坝体形状、岩土结构等;② 地质构造位置,如断层、节理、层面等;③ 材料特性,如弹—塑性和破坏特性等;④ 初始条件,如原位应力状态、孔隙压力、饱和度等；⑤ 外荷载，如冲击荷载、开挖应力等。因为一些实际工程性质的不确定性（特别是应力状态、变形和强度特性），所以必须选择合理的参数研究范围。第三步简化模型的运行有助于这项选择，从而为更进一步的实验提供资料。

（5）模拟运行的进一步准备

① 合理确定每一时步所需时间，若运行时间过长，很难得到有意义的结论，所以应该考虑在多台计算机上同时运行；② 模型的运行状态应及时保存，以便在后续运行中调用其结果。例如如果分析中有多次加卸荷过程，要能方便地退回到每一过程，并改变参数后可以继续运行；③ 在程序中应设有足够的监控点（如参数变化处、不平衡力等），对中间模拟结果随时作出比较分析，并分析颗粒流动状态。

（6）运行计算模型

在模型正式运行之前先运行一些检验模型，然后暂停，根据一些特性参数的实验或理论计算结果来检查模拟结果是否合理，当确定模型运行正确无误时，连接所有的数据文件进行计算。

（7）解释结果

计算结果与实测结果进行分析比较。图形应集中反映要分析区域，如应力集中区，各种计算结果应能方便地输出，以便于分析。

7.6.4 PFC2D 数值模拟实验设计

首先研究单口无边界条件下顶煤放出规律，验证 PFC2D 程序研究放煤规律的适用性，从而进一步研究复杂条件下的放煤规律。

由于数值模拟可以克服现场实测及相似模拟对设备、实验手段的限制，故而在数值模拟中可以更进一步地研究在平行工作面方向上不同的放煤方式对顶煤放出规律的影响及在工作面推进方向上支架上方煤体在不同的放煤步距和不同顶煤垮落角条件下顶煤的放出规律，从而拓展了相似模拟研究的不足，另外鉴于 PFC2D 的特点可以将放出的球体删除，将其他的球体恢复到原始位置即可得到放出体的形态，从而更准确地研究顶煤放出形态。

在模拟过程中，顶煤与上覆矸石体采用不同的颜色加以区分，并在顶煤中每隔一定距离设置一定厚度的煤体颜色不同于煤体主体颜色，其作用即是作为标志层，便于实验中现象的观察。

在模拟顶煤放出规律时，有如下假设：

（1）在放出阶段，顶煤呈松散破坏状态，不能承受拉应力。

（2）在放出阶段，由于顶煤所处应力水平不高，各块体在运动过程中可视为准刚体。

（3）在放出阶段，顶煤与上覆矸石体具有相同的块体大小。

（4）在放出阶段，顶底板可视为准刚体。

（5）在放出阶段，不存在顶煤卡口现象，即在发生卡口时，将放煤口上方一小范围的煤体删除，从而使顶煤继续流动。

7.6.5 实验过程分析

7.6.5.1 单口放煤研究

对放煤口周围是否存在固定边界可将顶煤放出的边界条件分为：无边界条件下顶煤放出和有边界条件下顶煤放出。

急倾斜顶煤放出过程中，其有边界条件下的放煤即是指在煤层顶底板处的放煤和在顶煤垮落面影响下的放煤。对于煤层顶底板处的放煤研究已在前述相似模拟实验中进行了，本节重点研究在顶煤垮落面影响下的顶煤放出。

（1）单口无边界条件下顶煤放出数值模拟

模型宽 30 m，顶煤高 10 m，矸石层高度为 5 m，顶煤的块体大小按从 0.1 m 到 0.3 m 均匀分布。放煤口在模型底部中间，宽为 2 m。顶煤的物理力学特性如表 7-1 所列。选择矸石参数与顶煤参数相同。

表 7-1　　　　　　　　　　　　　顶煤的物理力学性质

密度/(kg/m³)	法向刚度/(N/m)	切向刚度/(N/m)	摩擦系数	黏结力/N
1.44×10^3	1×10^8	1×10^8	0.4	0

实验中为更加形象地观测顶煤放出的过程，在顶煤中每隔 3.3 m 设一标志层。顶煤放出过程如图 7-39 所示。

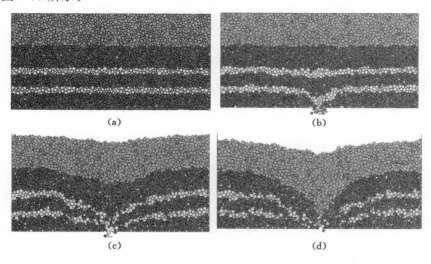

（a）　　　　　　　　　　　　　　（b）

（c）　　　　　　　　　　　　　　（d）

图 7-39　单口无边界条件下顶煤放出过程

（a）初始状态；（b）放出 3.3 m 煤体后状态；

（c）放出 6.6 m 煤体后状态；（d）放出 10 m 煤体后状态

在顶煤中设两层标志层，用于观察试验现象。从图 7-39 可看出，打开放煤口后，随着顶煤的放出，在放煤口上方形成左右对称的下降漏斗。当距放煤口 3.3 m 的顶煤到达放煤口时，漏斗半径为 2.63 m；当距放煤口 6.6 m 的顶煤到达放煤口时，漏斗半径为 7.6 m；当煤岩分界线底端下降到放煤口时，漏斗半径为 10.04 m。可见随着放煤高度的增加，漏斗半径也逐渐增大。煤岩分界线变化状态曲线如图 7-40 所示，其在放煤口中线左右对称。

图 7-41 为煤岩分界线底部到达放煤口时煤体中的压力分布图，图中以线的粗细表示压力的大小。由图 7-41 可看出，放煤口上部一定范围区域压力较其他地方较小，说明其与顶煤的其他部分相比，松散程度较大，是继续放煤要放出的煤体，另外，在放煤口附近形成压力拱，压力拱拱脚位于放煤口两端，在拱内待垮落煤体接触力明显较小，形成免压区。随着顶煤流动的继续，压力拱破坏、上移，整个放煤过程可以看作是压力拱的不断形成和不断破坏

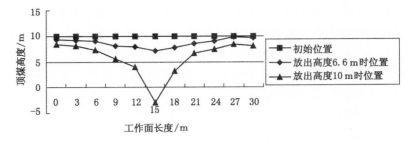

图 7-40　煤岩分界线位置变化

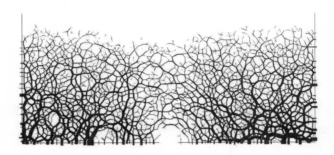

图 7-41　煤体中压力分布

过程。从图 7-42 煤体中放出速度分布也可看出类似特点。

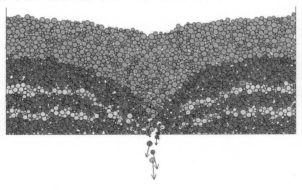

图 7-42　煤体中放出速度分布

（2）单一支架推进方向上顶煤放出规律模拟

在支架推进方向上，影响顶煤放出率的两个关键因素是顶煤垮落角与放煤步距，本模拟即研究这两个因素对顶煤放出的影响。

分别取顶煤垮落角为 60°、90°、120° 时，研究其对顶煤放出的影响。模型建立顶煤厚度为 13 m，上覆矸石厚度 5 m，放煤口水平投影宽度为 2 m，倾角为 45°。顶煤块度大小从 0.1 m 到 0.2 m 均匀分布。

图 7-43～图 7-45 分别为顶煤垮落角为 60°、90°、120° 条件下的单口放煤后状态图、顶煤速度场分布图、顶煤中压力分布图，放出体形态图。由顶煤压力分布图可得出：在放煤口上部会形成压力拱，前拱脚作用于支架尾上，后拱脚作用于后方低位煤体中，拱内也形成免压

区,这种特征与单口无边界条件下相似。另外,由三种不同的顶煤垮落角的放出体形态图可以得出:顶煤破断壁的存在制约了椭球体的发育,当顶煤垮落角为 60°时,其放出体发育不完整,并向着采空区一侧倾斜。当顶煤垮落角为 90°时,其放出体发育基本完整,只是有一部分被垮落面截断。而当顶煤垮落角为 120°时,放出体完全发育,并还向着垮落面一侧发育。可见,在生产实际中,应采取措施尽量增大顶煤垮落角。但过大的顶煤垮落角也是不适宜的,因为过大的顶煤垮落角会造成架前冒顶。

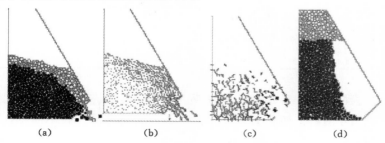

图 7-43　顶煤垮落角为 60°时放煤
(a) 放煤后状态;(b) 顶煤速度;(c) 顶煤压力;(d) 放出体形态

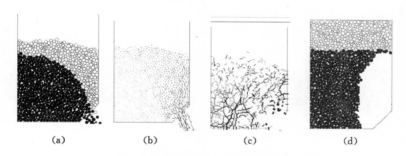

图 7-44　顶煤垮落角为 90°时放煤
(a) 放煤后状态;(b) 顶煤速度;(c) 顶煤压力;(d) 放出体形态

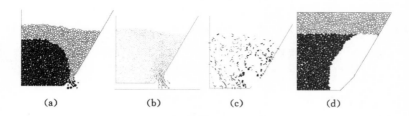

图 7-45　顶煤垮落角为 120°时放煤
(a) 放煤后状态;(b) 顶煤速度;(c) 顶煤压力;(d) 放出体形态

在支架推进方向上,影响顶煤放出的因素主要是放煤步距。计算模型顶煤的块体大小按随机分布,块度级配如表 7-2 所列。顶煤物理力学性质同单口无边界下一样,见表 7-1。模型支架高 2 m,支架尾梁与水平夹角 45°,放煤口长 1.4 m,位于支架后下方。模型中在顶煤上加一组倾斜节理,节理间距为放煤步距,用以模拟顶煤垮落面;加一组水平节理,模拟煤体原生弱面。节理性质如表 7-3 所列。

表 7-2 顶煤块度级配

类型	1	2	3	4
半径/cm	0～10	10～12.5	12.5～15	15～20.4
百分比/%	45	40	10	5

表 7-3 节理力学性质

节理	法向约束力/kN	切向约束力/kN	摩擦系数
水平节理	1×10^3	1×10^5	0.3
倾倾节理	1×10^3	1×10^5	0.6

第一次放煤过程如图 7-46 所示,由图中漏斗曲线下降状态可看出,由于受倾斜支架的影响,漏斗曲线左右不对称。随着支架向前推移,漏斗左端曲线保持不变,但右端曲线会向着支架推进方向移动。如图 7-47 所示,当工作面向前推进一个移架步距后,在支架上前的顶煤下落后形成移动后顶煤下降边界,此时打开放煤口继续进行放煤,见矸关门后形成顶煤流动放出边界。上一放煤过程后形成的顶煤流动放出边界与移架后形成的移架后顶煤下降边界所围煤体即是在移架过程中支架上后方煤体的下落过程。现放煤过程前的顶煤流动放出边界与放煤后形成的移架后顶煤下降边界所围部分煤体即是本放煤过程中被放出的煤体。

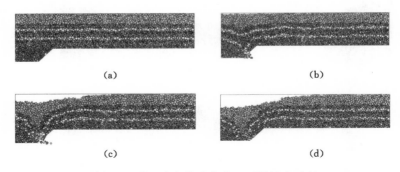

(a)   (b)

(c)   (d)

图 7-46 单一支架推进方向上顶煤放出过程

(a) 初始状态;(b) 标志层 1 形成降落漏斗状态;
(c) 标志层 2 形成降落漏斗状态;(d) 第一放煤口放煤完毕状态

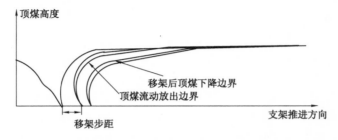

图 7-47 煤岩分界线随支架前移的状态变化图

由该实验现象可得:低位放煤连续推进中的放煤过程可分为两个阶段:① 顶煤的流动

与放出过程,这一过程是散体向着自由面运动的过程;② 移架过程中支架后上方顶煤的下落过程。

工作面推进一段距离后,顶煤损失状况如图 7-48 所示,由图可看出煤岩损失形态为向着采空区的条带状。

图 7-48 顶煤损失状态图

7.6.5.2 多口放煤研究

建立模型为工作面长 30 m,顶煤高度为 5 m,上覆覆盖层为 5 m,煤层倾角为 60°,散体煤颗粒半径为 0.1~0.2 m。下部共 20 个放煤口,每个放煤口宽度为 1.5 m。

实验分别研究在顺序一次全量放煤方式与隔架一次全量放煤方式下,顶煤的放出情况。放煤根据由底板向顶板方向依次放煤,见矸关门。

在顺序一次全量放煤方式下,当打开第一个放煤口进行放煤直到见矸为止,其顶煤运动规律与单口无边界放煤规律相同,原先的水平煤岩分界线形成曲线矸石漏斗,漏斗半径为 6.48 m,曲线在靠近底板处遇到底板停止发育,并且其曲线形态更似为一直线,并与底板平行,该线与底板所围部分即无法放出的底板三角煤,该现象与相似模拟是一致的。第一放煤口纯煤放出面积为 20.2 m²;当打开第二个放煤口进行放煤,放出体向上发育到 2.2 m 时与第一放煤口左端漏斗母线相交,在放煤口见到矸石时,纯煤放出面积仅为 2.8 m²,是第一放煤口放出顶煤的 13.9%。依次打开第三放煤口,相应放出的纯煤量提高到 5.32 m²。以相同的方式一直放到第二十个放煤口,最终的煤岩状态如图 7-49 所示。

图 7-49 顺序放煤最终煤岩状态

每个放煤口的顶煤放出量如表 7-4 所列,其图线形态如图 7-50 所示。

表 7-4 顺序一次全量放煤时每个放煤口的顶煤放出面积

放煤口序号	1	2	3	4	5	6	7	8	9	10
纯煤放出面积/m²	20.2	2.8	5.32	5.81	4.23	9.8	3.54	8.04	5.22	6.0
放煤口序号	11	12	13	14	15	16	17	18	19	20
纯煤放出面积/m²	4.2	9.16	3.17	3.55	5.07	3.48	5.10	7.09	2.75	2.0

由图 7-50 可见:随着放煤口由底板向顶板依次打开,第一放煤口放出的顶煤最多,其后

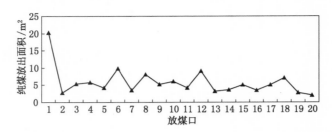

图 7-50　顺序放煤时每个放煤口的纯煤放出面积

放煤口由于受相邻煤岩分界线的影响,放出体高度不可能再达到原始顶煤高度,因而纯放煤口明显少于第一个放煤口,并呈波动线起伏。

放煤前顶煤的面积为 129 m²,放出来的顶煤面积共 116.6 m²,则可得在顺序一次全量放煤方式下,顶煤放出率为 90.4%。

在隔架一次全量放煤方式下,当打开第一个放煤口进行放煤,其放出情况与顺序一次全量放煤时是完全一致的。当隔架打开第三放煤口进行放煤时,其放出量是第一个放煤口的51.5%,比顺序一次放煤方式下打开第二放煤口的放煤量多,这是因为隔架情况下其放煤间距比顺序放煤时大,其放出体的发育高度也大。依次打开奇数放煤口进行放煤,当放完后再从底板到顶板依次打开双号放煤口进行放煤。每一放煤口放出的量如表 7-5 所列,其放出量起伏不像顺序放煤时那么大(图 7-51),在双号放煤口放煤时,其放出量基本上相差不大。

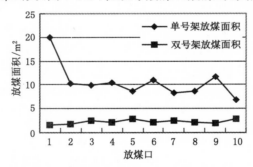

图 7-51　隔架放煤时,每放煤口放煤面积

表 7-5　　　　　　　　　隔架一次全量放煤时每个放煤口的顶煤放出面积

放煤口序号	1	3	5	7	9	11	13	15	17	19
纯煤放出面积/m²	20.0	10.3	9.98	10.5	8.72	10.9	8.32	8.70	11.7	6.8
放煤口序号	2	4	6	8	10	12	14	16	18	20
纯煤放出面积/m²	1.7	1.8	2.5	2.2	2.8	2.2	2.6	2.1	1.9	2.8

单号放煤口放完煤后的煤岩状态如图 7-52 所示,双号放煤口放完煤后的煤岩状态如图7-53 所示。由图可以看出,采用隔架一次全量放煤时,其单号放煤口会将大部分煤体放出,而双号放煤口的放煤量是很少的。

采用隔架放煤时,放煤前顶煤的面积为 129 m²,放出来的顶煤面积共 115.2 m²,则可得

图 7-52 单号放煤口放煤后煤岩状态

图 7-53 双号放煤口放煤后煤岩状态

在这种放煤方式下,顶煤放出率为 89.3%,较顺序一次全量放煤方式的放出率小。

7.6.6 模拟结论

(1)打开放煤口进行放煤时,首先放煤口上方的煤体在重力的作用下向下流动,并发展成拱形状,拱内为免压区,放煤的过程即是拱破坏并向上发展的过程,放煤椭球体即是拱形发展到一定高度后形成的。故而在放煤初期形成拱形,放煤达一定高度后形成椭球体。

(2)低位放煤连续推进中的放煤过程可分为两个阶段:① 顶煤的流动与放出过程,这一过程是散体向着自由面运动的过程;② 移架过程中支架后上方顶煤的下落过程。

(3)在工作面平行方向上多口依次放煤时,第一个放煤口放出的顶煤最多。其余放煤口放煤时由于受第一放出口形成的煤岩漏斗曲线的影响,其放出量大大减少。

(4)采用隔架一次全量放煤方式进行放煤时,单号支架放出的煤体总量大大多于双号支架放出量。

(5)同等条件下,采用顺序一次全量放煤方式较隔架一次全量放煤方式的放出率大。

7.7 液压支架结构分析模拟

7.7.1 概述

从采煤设备的发展过程来看,采用液压支架管理顶板是当代采煤技术史上一次重要的变革,也是煤矿现代化的主要标志。1954 年世界上首个装备液压支架的采煤工作面出现在英国奥尔蒙德煤矿,从此开辟了煤炭工业的新时代。随后的几十年至今,液压支架的设计与使用发生了巨大的变化。

放顶煤支架是随着放顶煤开采方法应运而生的,综合机械化开采运用到放顶煤开采工作面后,使放顶煤开采技术进入了一个新的发展阶段。放顶煤液压支架的发展从低位放顶煤液压支架的研制开始,经历了高位、中位放顶煤支架,现在煤矿又广泛在使用低位放顶煤液压支架[58]。

已有的综采放顶煤支架都是按着高产高效的原则配置的,设备工作能力大、外形尺寸大、吨位重,这些特点不适应急斜特厚煤层水平分段放顶煤开采短壁工作面的需要,在急斜短壁放顶煤工作面中,设备难以发挥出优势,甚至会有诸如移架难、插底严重、拆装运输困难等许多负面影响。因此,需要外形尺寸小、吨位轻的设备来满足急斜放顶煤短工作面的需要。北京开采研究所设计研制了轻型单摆杆放顶煤支架的系列产品比较适应广大中小煤矿的需要和一般矿井开采小块段煤或回收煤柱的要求,在急斜综放开采中也得到了广泛的应用。本章就是以轻型单摆杆放顶煤支架作为分析对象。

我国包括支架在内的众多产品选型,仍然是以传统选型为主。所谓传统选型,就是人们在设计中总是遵循着一定的设计理论,凭借着设计者本身的经验来选择设计参数,并借助一些手册、图表、经验数据来完成选型。这种半经验、半理论的传统方法常常带有一定的盲目性,使得所做的设计与选型很难达到客观存在的最优方案。对于使用条件复杂、受载工况多变的液压支架的设计选型,尤其如此[59]。

研究液压支架一般从两个方面进行。一方面,从液压支架结构本身入手,分析其运动、力学特性以及支架的结构强度和稳定性等,使支架的结构设计达到最优;另一方面,从"支架—围岩"相互作用关系出发,研究围岩的机理,探讨围岩特性对支架性能的影响。研究的最终目的就是使液压支架的设计与选型达到最优,实现支架与围岩的最佳匹配。根据前面对围岩结构的分析,本章运用 CAD 三维生成实体模型后,可以将其导入 ANSYS 有限元软件进行相应的力学结构分析。在不同的围岩载荷场中,根据数值计算模拟结果,对支架本身的受力和变形状态情况进行比较和分析,从而为不同条件下设计合理的支架参数和现场的支架选型提供参考。

7.7.2　急斜综放开采支架受力的动态变化

由"支架—围岩"构成的力学系统中,支架和围岩是相互作用的。基于急斜特厚煤层开采围岩力学场的特点,支架参数的改变不仅对围岩力学状态产生影响,同时对支架本身的受力和变形也会产生影响。以往的支架研究和设计,是一种"不变荷载"下的力学分析。在地下采矿工程中,支架与围岩相互作用的特殊性是支架设计所必须考虑的,应将支架置于围岩载荷场中,考察支架结构的受力和变形状态,提出基于"支架—围岩"相互作用关系的支架设计原则[60-62]。

液压支架在井下的实际工况是非常复杂的,不仅顶板压力的大小和作用位置发生变化,而且支架的顶梁和顶板的接触情况都随机变化。此外,支架还可能承受大小与方向不同的水平载荷。所以,支架应具有适应外载变化的能力。支架在工作面工作过程中,其力学状态即"支架—围岩"相互作用是一个动态平衡的过程。支架所受的载荷和顶板下沉处于不断调整中,支架由初始架设受力状态逐渐趋于稳定。为了反映这种变化规律,在进行数值计算时,可采取函数加载的方法。以达到整体上顶梁处于不同工况的状态,说明顶梁有动态的过程。在急斜综放开采的"支架—围岩"体系中,上覆层运动的剧烈程度对支架所受的载荷大小有直接影响,顶煤作为其传力介质,除了其自重作用于支架外,还要传递上覆残留煤矸及基本顶运动的作用力。

7.7.3　急斜综放开采支架受力分析

（1）支架平面力学分析

假设支架横向均匀受载,忽略支架所受的水平载荷以及因立柱和四连杆机构受力不均匀而引起的支架受扭作用,将载荷简化为支架纵向对称平面内的平面力系,并按平面刚体静力平衡条件的二维受力状态进行求解。以轻型单摆杆支架为例进行受力分析[31],图 7-54 为平面力学模型。

与四连杆机构的支架不同的是,轻型单摆杆支架稳定机构为单一摆杆,受力较简单。在平面简化力系中,摆杆为二力杆。依据图 7-54 的分析,可得:

外力:

$$F = \frac{p_1 \cos(\alpha_1 - \beta_1) + p_2 \cos(\alpha_1 - \beta_2)}{\cos \alpha_1 - f_1 \sin \alpha_1} \tag{7-21}$$

摆杆力:

$$F_1 = \frac{p_1 (\sin \beta_1 + f_1 \cos \beta_1) + p_2 (\sin \beta_2 + f_1 \cos \beta_2)}{\cos \alpha_1 - f_1 \sin \alpha_1} \tag{7-22}$$

式中　α ——顶梁后部的角度;

　　　α_1 ——摆杆角度;

　　　β_1, β_2 ——前后柱角度;

　　　F——支架所受外力;

　　　F_1——摆杆力;

　　　x——合力作用点;

　　　p_1, p_2——前后排立柱工作阻力;

　　　f_1——摩擦因数。

支架在最初的设计思想是前后立柱都处在受压状态下工作,并尽可能是前后立柱受力相等。但在实际的放顶煤工作面中支架前后立柱受力具有不均衡性。在新疆碱沟煤矿、小红沟煤矿中的现场矿压观测时发现:支架前后柱受力差异很大,有时甚至在使用综采支架测压表测压时没有读数。由图 7-54 可以看出,支架所受外力的合力作用点对于支架前后立柱所受载荷的大小非常重要。

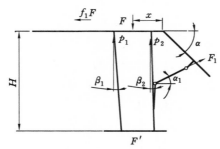

图 7-54　单摆杆放顶煤支架受力分析简图

(2) 支架所承受水平力的来源

支架主动支撑顶板后就会处于被动承载状态,在实际工作中的支架会遭遇非对称载荷、集中载荷等恶劣工况。总体来讲,支架会受到垂直力与水平力的共同作用,支架仅受垂直力作用时顶梁和底座上的载荷分布与受垂直力与水平力的共同作用时是不同的,在三维空间力系的分析能够涵盖这些问题。支架水平力是分析支架受力状态的重要因素,而支架水平力的产生可分为 3 种:

① 支架升降对顶板产生的水平力

根据液压支架四连杆设计原理,支架升降时顶梁运动轨迹为双钮线,水平位移很小,并且在不同支撑高度,顶梁的运动方向也不相同。单摆杆支架顶梁的运动是随着摆杆的运动而变化的,其轨迹曲线是圆的一部分。摆杆角度 α_1 的大小影响整个支架的受力状况。当支架工作在顶梁具有向前运动的高度时,支架将对顶煤产生向前的作用力,这种水平力对控制顶煤端面垮落,保持直接顶的稳定是有利的;如果支架工作面顶梁具有向后运动的高度时,支架对顶煤产生向后的水平力。其水平力的大小取决于顶梁与顶板间的摩擦因数。由于支架连杆机构铰点销孔存在配合间隙,因此其梁端理论运动轨迹一般对摩擦力的方向影响较小。

② 上覆层运动对支架产生的水平力

在支架增阻或恒阻过程中,一般会伴随着顶煤的下沉,顶梁与直接顶有相对水平运动的趋势,亦会产生水平摩擦力。顶梁对顶板的摩擦力的方向取决于相对运动(或趋势)的方向。所以支架的理论梁端轨迹是设计时应予考虑的重要问题。但是,支架在承载下降过程中的梁端实际运动轨迹与理论轨迹往往是不同的。连杆机构的连接间隙、连接件的尺寸公差、部件受载后的弹塑性变形,以及支架下沉前铰链的张紧方向和程度,均会造成实际运动轨迹的改变。

③ 垮落煤矸对支架产生的水平推力

支架尾梁上承受的基本是散碎的顶煤及煤矸,其自重在水平方向上的分力将对支架产生较大的水平推力,力的大小与顶梁、尾梁角度 α 相关。

上述 3 种情况,以第三种情况支架所受到的水平力最为明显且容易确定。另两种情况下力的大小可以共同用顶梁摩擦力表述,顶板与顶梁间的摩擦因数既取决于顶板的特性,如岩顶还是煤顶,干燥还是潮湿,松碎还是坚硬等,也与顶梁受载时的水平位移有关。德国进行的实验研究表明,顶梁与顶板间摩擦因数的绝对值 $f=0.15\sim0.30$。按照上述分析支架设计和实验时应按照 $f=-0.3\sim+0.3$ 全面考核。

7.7.4 数值模型的建立

有限单元法的基本思想是将问题的求解域划分为一系列单元,单元之间仅靠节点连接。单元内部点的待求量可由单元节点量通过选定的函数关系插值求得。由于单元形状简单,易于由平衡关系或能量关系建立节点量之间的方程式,然后将各个单元方程"组集"在一起而形成总体代数方程组,计入边界条件后即可对方程组求解。

在众多可用的有限元软件中,ANSYS 是最为通用有效的商用有限元软件之一,ANSYS软件是融结构、流体、电磁场、声场和耦合场分析于一体的大型通用有限元分析软件,由世界上最大的有限元分析软件公司之一的美国 ANSYS 开发,能与多数 CAD 软件接口,实现数据的共享和交换。ANSYS 的一个显著特点是加入了交互式操作方式,大大简化了模型的生成和对计算结果的评价。用户可以在进行分析之前使用交互式图形来验证模型的几何形状、材料属性和边界条件,在进行求解分析之后检查计算结果。ANSYS 程序中结构静力分析用来分析由于稳态外载引起的系统或部件的位移、应力、应变和力。

本书采用 PRO/E 建模。目前流行的 CAD 软件不仅有国外的 Unigraphics(UG)、SOLIDEDGE, Inventor, MDT, SolidWorks, Cimatron, PRO/ENGINEER, CATIA、I-DEAS,还有国产的高华 CAD,金银花系统,CAXA 电子图板,开目 CAD 等。

PRO/ENGINEER 是美国参数技术公司(简称 PTC)的产品,是国际上最先也是最成熟使用参数化的特征造型技术的大型 CAD/CAM/CAE 集成软件之一（图 7-55）。PTC 公司提出的单一数据库、参数化、基于特征、全相关的概念改变了机械 CAD/CAM/CAE 的传统观念，在 PRO/E 中极为强调特征的全相关性，所有特征按照创建的先后顺序及参考有着严格的父子关系。这种全新概念已成为当今世界机械 CAD/CAM/CAE 领域的新标准。该软件可以很方便地对模型的尺寸进行修改，模型建立好后，利用 ANSYS 的数据接口，以 IGES 文件输入 ANSYS 进行有限元分析。

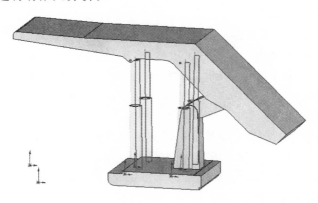

图 7-55　PRO/E 中建立的支架模型

对于支架的计算模型采取以下 4 点简化原则：① 液压支架部件轴心的距离和位置不改动；② 主要部件和零件的尺寸不改动；③ 用力学等效部件代替去掉的部件；④ 次要零件受力较小的部分可以简化，经过简化处理后，结构承受载荷的能力不应增强。

由于众多的软件对 IGES 格式的解释不同，所以不能保证 PRO/E 所建的模型完全准确地导入 ANSYS。导入的模型在 ANSYS 进行修复处理后，利用 ANSYS 网格划分工具对模型进行网格划分，并对某些特定区域，诸如：顶梁、立柱等利用 Smart Sizing 做了细化处理。模型共划分 21 499 个单元（图 7-56），采用 Solid92 实体单元，弹性模量 $E=2.0\times10^5$ MPa，泊松比取 0.3。

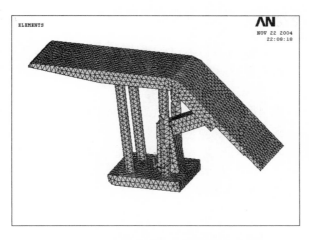

图 7-56　ANSYS 中网格划分后的支架模型

7.7.5 模拟分析的工况

在急斜综放工作面,上覆层施加于液压支架的载荷通过支架的顶梁来传递。因此,外载荷的分布特性以及顶梁与顶板之间的接触状态对于液压支架的结构选型是至关重要的。如前所述,支架顶梁前部支撑力的大小对维护端面稳定性有明显的作用。但在支架实际工作过程中,顶梁与顶板的接触状况是千变万化的。在天然条件下,顶板是不平的,顶梁载荷分布规律对于改善顶板控制无疑是十分重要的因素。实践证明,顶梁接顶情况十分复杂,往往是几个小块面积的局部接触。

根据《液压支架通用技术条件》及《放顶煤液压支架技术条件》中的规定,支架加载方式主要有:① 顶梁(底座)两端集中载荷;② 顶梁(底座)扭转;③ 顶梁偏载;④ 顶梁中部集中载荷;⑤ 水平载荷等。对于低位放顶煤支架的尾梁还有特殊的加载方式,要求加载到1.2倍的工作阻力时,放煤装置不得有损坏和残余变形。这是从液压支架结构本身入手,是通过加不同的垫块来进行模拟的。

为了便于分析,参考碱沟煤矿支架支护阻力及动态变化最大的矿压显现,简化为图7-57所示的载荷工况图对支架模型施加压力,图中最大值为35 MPa。根据现场实践中常见的支架后部散煤大量放空、正常工况、支架前端垮落等情况,通过最大值作用点由前立柱到前后柱中央到后柱的变化过程简化为三种工况。

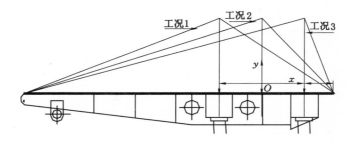

图 7-57 支架顶梁加载示意图

绘制载荷图时作如下几条假设:① 顶板和顶梁全面接触,载荷按线形规律分布;② 沿顶梁宽度方向的载荷是均布的,无偏心载荷。

按照图 7-57 中所示的坐标系,可以得出这三种工况下载荷分布的分段函数:

工况 1:

$$Y_{load} = \begin{cases} \dfrac{1\ 750}{87}x + \dfrac{229 \times 1\ 750}{87} & (-229 \leqslant x < -55) \\ -\dfrac{175}{6}x + \dfrac{65 \times 175}{6} & (-55 \leqslant x \leqslant 65) \end{cases} \tag{7-23}$$

工况 2:

$$Y_{load} = \begin{cases} \dfrac{3\ 500}{220.25}x + \dfrac{229 \times 3\ 500}{220.25} & (-229 \leqslant x < -8.75) \\ -\dfrac{3\ 500}{73.75}x + \dfrac{65 \times 3\ 500}{73.75} & (-8.75 \leqslant x \leqslant 65) \end{cases} \tag{7-24}$$

工况 3:

$$Y_{load} = \begin{cases} \dfrac{3\,500}{266.5}x + \dfrac{229 \times 3\,500}{266.5} & (-229 \leqslant x < 37.5) \\[2mm] -\dfrac{3\,500}{27.5}x + \dfrac{65 \times 3\,500}{27.5} & (37.5 \leqslant x \leqslant 65) \end{cases} \tag{7-25}$$

ANSYS 8.0 版本具有函数加载功能,可以很方便地在模型表面施加函数变化的各种载荷,其思路是:首先选定所要施加函数变化表面载荷的表面上的节点,利用 ANSYS 的参数数组和嵌入函数知识输入命令流,定义好相应节点位置的面载荷值,然后通过在节点上施加面载荷来完成。

顶煤在放出时,作用在支架尾梁上的外力是松散顶煤与矸石。在未打开放煤口之前,松散体施加的力可认为是均布载荷,利用松散介质力学可以求出作用在尾梁上的载荷的大小:

$$Q = \frac{1}{k_s - 1} m \cdot \gamma \cdot l \cdot s \cdot \tan^2\left(\frac{\pi}{4} - \frac{\varphi_1}{2}\right) e^{2a\tan\varphi_1} \tag{7-26}$$

式中　m——分段采煤高度;

　　　k_s——压实阶段的顶煤松散系数;

　　　l——尾梁长;

　　　s——尾梁宽;

　　　φ_1——内摩擦角。

据式(7-26)估算出尾梁上的载荷为 10 MPa,以垂直于尾梁表面的面载荷的方式施力于支架模型。这样的加载方式还可保证支架承受一定水平力。

液压支架是钢构件,对于钢材采用剪应变能理论来研究其屈服(失效)条件,普遍认为是较恰当的,而且《液压支架通用技术条件》中规定的应力当量值 σ_s 也服从于此理论。该理论认为,材料每单位的剪应变能达到某值时,发生屈服(失效)。剪应变能为:

$$U = \frac{m+1}{6mE}\left[(\sigma_1 - \sigma_2)^2 + (\sigma_2 - \sigma_3)^2 + (\sigma_3 - \sigma_1)^2\right] \tag{7-27}$$

因为,简单拉伸时屈服点应变能为:

$$U_1 = \frac{m+1}{3mE}\sigma_s^2 \tag{7-28}$$

因此屈服准则为:

$$\sigma_s = \frac{1}{\sqrt{2}}\sqrt{(\sigma_1 - \sigma_2)^2 + (\sigma_2 - \sigma_3)^2 + (\sigma_3 - \sigma_1)^2} \tag{7-29}$$

7.7.6　ANSYS 计算结果及分析

由于实际工作中,液压支架处于不同的工序中,而本书只考虑它在某个时刻的静态应力,即支架撑起且未放煤时的应力。对立柱的自由度有所限定,所以主要考虑液压支架整体的应力状况。计算结果如图 7-58～图 7-60 所示,图中坐标原点位于前后立柱中间。结果显示,最大等效应力出现在前立柱与顶梁的铰接处,立柱与顶梁之间是以柱头和柱窝的球面进行接触,接触区域的强度直接影响支架整体强度。

由图 7-61～图 7-63 可以清楚地看到,支架在三种工况载荷作用下的变形位移情况,位移的最大点均发生在顶梁前端,最大值出现在工况 1 支架顶梁前端的部位,其最大变形量为 12.504 mm,方向沿 y 轴竖直向下,其余部件的位移变化并不大。

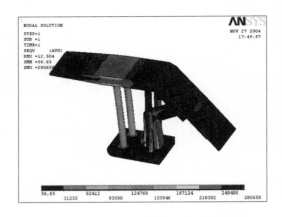

图 7-58　工况 1 支架等效应力图

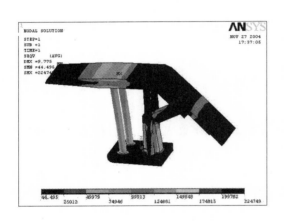

图 7-59　工况 2 支架等效应力图

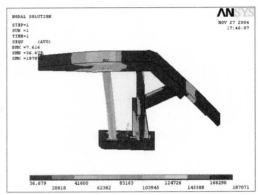

图 7-60　工况 3 支架等效应力图

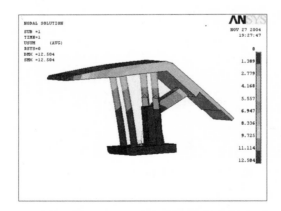

图 7-61　工况 1 支架变形位移图

　　为了能够更清楚地反映三种工况下液压支架的受力状况，可以由图 7-58～图 7-63 得出表 7-6 结果。

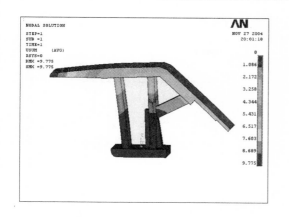

图 7-62　工况 2 支架变形位移图

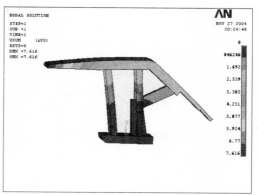

图 7-63　工况 3 支架变形位移图

表 7-6　　　　　　　　　　　　　　支架受力状况对比表

工况	等效应力最大值/MPa	等效应力最小值/kPa	变形位移最大值/mm	变形位移最小值/mm
工况 1	28.066	5.665	12.504	0
工况 2	22.475	4.450	9.775	0
工况 3	18.707	3.668	7.616	0

对比三种工况,随着最大载荷作用点的后移,即合力作用点的后移,等效应力最大值与变形位移最大值越来越小,支架的受力状况越来越好。

利用 ANSYS 8.0 功能强大的通用后处理器,还可以得到支架立柱应力等值线图与顶梁应力等值线图(图 7-64～图 7-69)。

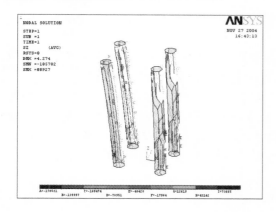

图 7-64　工况 1 支架立柱应力等值线图

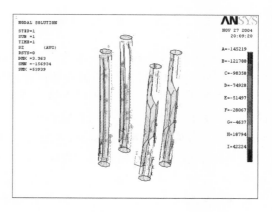

图 7-65　工况 2 支架立柱应力等值线图

立柱是液压支架的主要承载部件,其受力状态直接影响支架使用情况的好坏。数值模拟结果显示:在前立柱分布规律是第一主应力 σ_1 基本上都为压应力($\sigma_1 < 0$),而在后立柱几处出现第一主应力为正的地方,即为拉应力,应力的具体分布规律如下:

(1) 液压支架前立柱压应力沿 y 轴负方向逐渐减小,立柱与顶梁和底座铰接处应力又有所增加,最大压应力出现前立柱与底座的铰接的后端,最大值为工况 1 的 17.052 MPa。

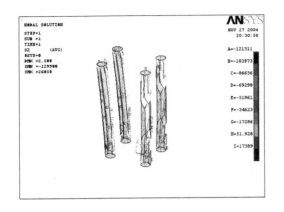

图 7-66　工况 3 支架立柱应力等值线图

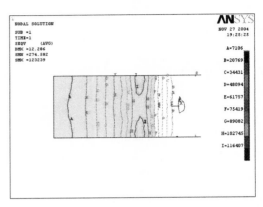

图 7-67　工况 1 顶梁应力等值线图

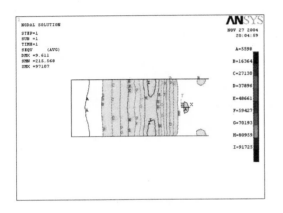

图 7-68　工况 2 顶梁应力等值线图

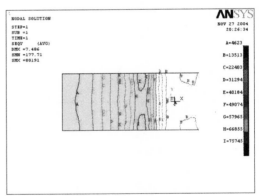

图 7-69　工况 3 顶梁应力等值线图

（2）最大拉应力出现在后立柱与底座的铰接的后端,但其值不大,最大值为工况 1 的 7.367 MPa。远远小于最大压应力的值。立柱的其他位置应力值基本上不变。

顶梁是支护顶板一定面积的直接承载部件,并为立柱、尾梁、护顶装置等提供必要的连接点。这要求顶梁要具有一定的刚度和强度。在顶梁上的应力分布可反映整台支架受力状况的好坏。数值模拟结果显示:最大应力等值线出现在前立柱与顶梁铰接处周围,这不因工况的改变而改变。最大值仍然出现在工况 1,值为 11.641 MPa。在受力状况较好的工况 3 发现前后立柱间应力梯度较另两种工况大。

（1）通过以上的分析,基本掌握了轻型单摆杆液压支架的应力分布规律,为合理改善支架应力分布以达到应力均布提供了可靠的理论依据。应特别注意支架前立柱的工作状况及立柱与顶梁和底座铰接部位的强度。

（2）从支架结构受力方面分析了支架受力状况,随着最大载荷作用点的后移,即合力作用点的后移,等效应力最大值与变形位移最大值越来越小,支架的受力状况越来越好。三种工况下后立柱几处出现受拉应力状况值得注意。

实际的开采过程中,支架前、后立柱都处在受压工作状态的情况很少出现,这种工作状态只有在顶煤硬度比较大,且有一定悬顶时才会出现。对于急斜综放开采来说,工作面支架一般不会出现这种工作状态。

（3）由于计算机硬件条件的限制，本书只对液压支架进行了线性分析。ANSYS 软件也可以利用接触对其进行更为精确的非线性分析。

因此，对于放顶煤工作面应加强监测支架端面支护状况，开采时出现支架压死的现象一般不会出现。时下流行的两柱式掩护放顶煤支架在急斜综放开采中的适应性还需要进一步研究。

7.7.7 模拟结论

（1）通过对急斜综放开采应用较为广泛的轻型单摆杆支架为例进行平面受力分析，得出支架所受外力的合力作用点对于支架前后立柱所受载荷的大小及方向非常重要。

（2）通过大型通用有限元分析软件 ANSYS 8.0 对支架模型进行三种工况的分析，发现随着最大载荷作用点的后移，即合力作用点的后移，等效应力最大值与变形位移最大值越来越小，支架的受力状况越来越好。

（3）通过 ANSYS 的结果分析，可基本掌握轻型单摆杆液压支架的应力分布规律，为合理改善支架应力分布以达到应力均布提供了可靠的理论依据。实践中，应特别注意支架前立柱的工作状况及立柱与顶梁和底座铰接部位的强度。

7.8　本章小结

（1）倾角 45°的急斜煤层，通过 30 m 大段高的开采表明，工作面所在段高内的采空区基本由本分段范围内的顶板垮落岩层占据，上分段采空区的垮落体不易沿槽形采空体向下方采空区滑移形成对裸露顶板的支承作用，从而造成煤体开采后围岩变形破坏的影响范围较大，煤炭损失也大，此类煤层并不适合于 30 m 大段高开采。

（2）倾角 65°的急斜煤层，分段工作面开采过程中原始煤柱的垮落体与垮落的顶板岩层在阶梯形收口处可以形成暂时稳定的结构，而收口之下的工作面开采后的槽形采空区域可由原始煤柱的垮落体与垮落的顶板岩层充填，从而使顶板岩层始终受到自带充填体的支承作用。当收口处受压的垮落体强度不足以支承顶板岩层时，收口处的支承结构破坏，垮落体向下部水平垮落。在原收口失去作用后可在开采工作面区域形成新的收口，如此反复，顶板岩层始终受到收口处垮落体的强支承作用，降低了采空区内顶板的大范围垮落，从而避免了工作面急剧来压的危险。由此也说明倾角 65°的急斜煤层适合 30 m 大段高的开采。

（3）倾角 84°的急斜煤层，在分段工作面下移开采过程中，顶板岩层受到的法向分力小，并受到了垮落煤矸体的有效支撑，基本顶下位岩层呈现结构性破坏的特点，整个顶板的稳定程度大幅提高，避免了顶板大面积垮落的危险，安全程度可得到保障，适合于 30 m 左右的大段高开采。

（4）塌陷主要向顶板方向发展。一般情况下，由于浅部岩层受到长期风化作用，基本顶的强度明显降低，因而在不实施人工充填的条件下，随着开采深度的发展，可能发展到较大范围。但是，如果基本顶属于坚硬稳定的岩层，就可能成为围岩破坏发展的"阻隔层"，而在相当长时期成为塌陷坑的上部边界。

（5）在深槽形塌陷坑的顶板方向，还会发展明显的开裂裂隙，随着时间的推移，就会发生塌落，塌陷坑宽度加大。因而，深槽形塌陷坑的发展是一个时空发展过程，如果不加控制，在顶板方向的影响范围会不断扩大。

（6）打开放煤口进行放煤时，首先放煤口上方的煤体在重力的作用下向下流动，并发展成拱形状，拱内为免压区，放煤的过程即是拱破坏并向上发展的过程，放煤椭球体即是拱形发展到一定高度后形成的。故而在放煤初期形成拱形，放煤达一定高度后形成椭球体。

（7）采用隔架一次全量放煤方式进行放煤时，单号支架放出的煤体总量大大多于双号支架放出量。

（8）同等条件下，采用顺序一次全量放煤方式较隔架一次全量放煤方式的放出率大。

（9）通过大型通用有限元分析软件 ANSYS 8.0 对支架模型进行三种工况的分析，发现随着最大载荷作用点的后移，即合力作用点的后移，等效应力最大值与变形位移最大值越来越小，支架的受力状况越来越好。

（10）通过 ANSYS 的结果分析，基本掌握了轻型单摆杆液压支架的应力分布规律，为合理改善支架应力分布以达到应力均布提供了可靠的理论依据。实践中，应特别注意支架前立柱的工作状况及立柱与顶梁和底座铰接部位的强度。

8 工程实例应用

8.1   六道湾煤矿现场工业性试验

　　神华新疆能源公司六道湾井田位于乌鲁木齐北部,地理坐标东经 87°35′36″,北纬 43°51′18″,区内地势平坦,标高在 780～850 m 之间。井田走向东界水磨沟河,西界是乌鲁木齐河,南以 B_1 煤层露头以南 200 m 为界,北以 B_{33} 煤层露头以北 800 m 为界,井田南为大片农田,北部为林场和荒地。井田含煤地层为中侏罗系水西沟群的西山窑含煤组(J_2x),地层总厚746.16 m,共含煤 36 层,可采 33 层(厚度 0.6 m 以上),最厚为 B_{4+6} 煤层,现生产水平可采煤层平均总厚 141.03 m,含煤系数 18.9%,不可采煤层有 3 层。

　　工业性试验选择+510 m 中央石门下山西翼 B_{4+6} 工作面,可采走向长 648 m,倾角平均63°。工作面+540 m 水平石门口(包括 B_3 煤层)水平厚度 47.7 m,真厚度 42.61 m,有益厚度 35.08 m,内含夹矸 7 层(0.10～6.5 m);+540 m 水平开切巷(不包括 B_3 煤层)水平厚度41.3 m,真厚度 36.8 m,有益厚度 32.92 m,内含夹矸 6 层(0.1～2.4 m);+510 m 水平煤门(包括 B_3 煤层)水平厚度 50.18 m,真厚度 44.77 m,有益厚度 38.41 m,内含夹矸 6 层(0.10～5.7 m);+510 m 水平开切巷(包括 B_3 煤层)水平厚度 51.70 m,真厚度 44.77 m,有益厚度 38.41 m,内含夹矸 11 层(0.10～3.80 m)。根据煤层厚度来看,自东往西、自上而下煤层逐步增厚,B_{4+6} 煤层均厚 39 m。图 8-1 为+510 m 水平西一石门剖面图。

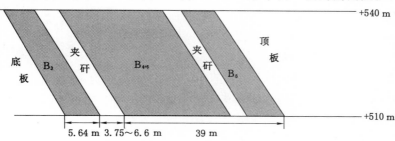

图 8-1　+510 m 水平西一石门剖面图

　　B_{4+6} 煤层伪顶从几厘米到十几厘米、几十厘米不等,其岩性为碳质泥岩、泥岩,伪顶难以控制,大部分随回采而垮落,增加了煤层的灰分。直接顶板大部分发育,其岩性大部分为粉砂岩,次为细砂岩。基本顶大部分为粉砂岩、细砂岩、中粒砂岩,较坚硬。直接底板大部分煤层其岩性为碳质泥岩、泥岩,厚度为 0.05～1.05 m,其次为粉砂岩、砂质泥岩,厚度大于 1 m。基本底大部分为粉砂岩,其次为细砂岩、砂质泥岩。

　　工作面长度确定时,针对六道湾煤矿急斜煤层的具体条件,在 B_3 煤层布置轨道巷,B_6 煤层布置运输巷。为了便于设备布置和工作面开采，两条平巷取直，工作面长度 41 m，采煤过程中 B_{3+6} 煤层由采煤机割煤，放煤只将 B_{4+6} 煤层放出，放煤长度 39 m，工作面采高 3 m。工作面巷道布置如图 8-2 所示。

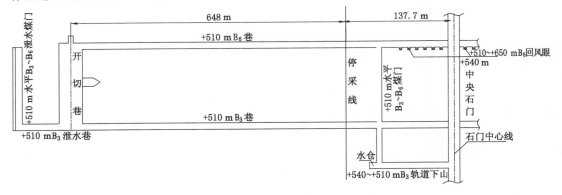

图 8-2　工作面巷道布置

8.1.1　试验工作面矿压显现概况

工作面支架采用郑州煤机厂生产的 ZF5000-17/35 低位放顶煤液压支架[132-139]，支架高 1.7～3.5 m，初撑力 3 985 kN，工作阻力 5 000 kN，中心距 1 500 mm，支架强度 0.77 MPa，底板平均比压 1.67 MPa，适应煤层倾角≤25°，推移步距 700 mm，支架摆角＋11°～－40°。

工作面布置上、中、下三个测站，采用耐振式综采支架专用测压表（图 8-3）。上部测站监测 2# 和 6# 支架；中部测站监测 10#、14# 和 18# 支架；下部测站监测 22# 和 26# 支架。支架工作阻力及频率分布如图 8-4～图 8-9 所示。观测表明上部测站实测工作阻力均值为 1 782 kN/架，中部测站实测工作阻力均值为 1 774 kN/架，下部测站实测工作阻力均值为 1 740 kN/架。整个工作面实测工作阻力均值为 1 765 kN/架，相当于额定工作阻力 5 000 kN/架的 35.3%。工作面上部测站实测工作阻力最大值为 2 418 kN/架，相当于额定工作阻力 5 000 kN/架的 48.4%；中部测站实测工作阻力最大值为 2 606 kN/架，相当于额定工作阻力的 52.1%；下部测站实测工作阻力最大值为 2 552

图 8-3　综采支架测压表

kN/架，相当于额定工作阻力的 51.1%。分析工作面推进过程中实测支架工作阻力载荷频率分布，上部测站位于 1 300～1 700 kN/架的平均频率为 62.6%，位于 2 200～2 500 kN/架的平均频率为 25%，共占 87.6%；中部测站位于 1 300～1 700 kN/架的平均频率为 60%，位于 2 200～2 500 kN/架的平均频率为 25.2%，共占 85.2%；下部测站位于 1 300～1 700 kN/架的平均频率为 56.1%，位于 2 200～2 500 kN/架的平均频率为 19.5%，共占 75.6%。观测支架工作阻力值均小于 2 800 kN/架，工作面所选用支架在该综放面的应用有较大富裕。现场生产中支架运行安全、平稳、可靠，表明高阻力液压支架对于急倾斜煤层可实现中度带压开采及无维修情况下的高速推进开采，工作面所选用 ZF5000-17/35 支架完全适合工作面开采实际。矿压观测表明，六道湾煤矿急斜分段放顶煤开采在目前段高情况下（30 m），段高的大幅增加并没

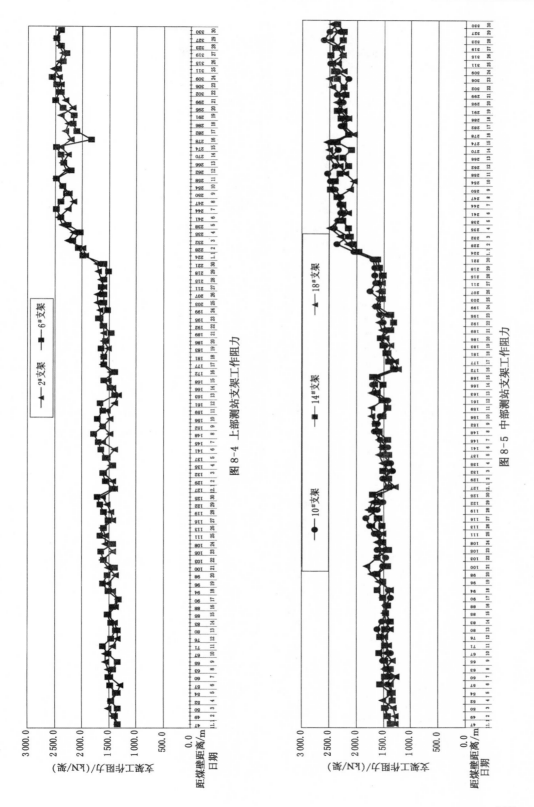

图 8-4 上部测站支架工作阻力

图 8-5 中部测站支架工作阻力

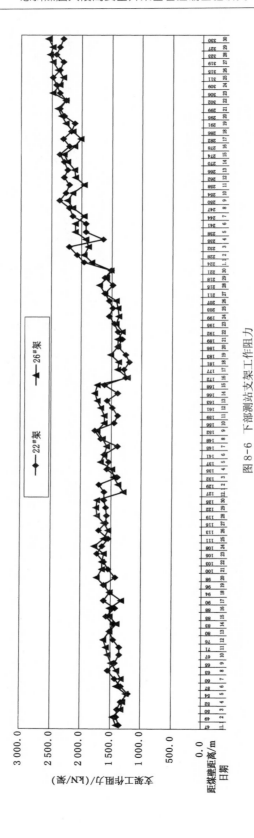

图 8-6　下部测站支架工作阻力

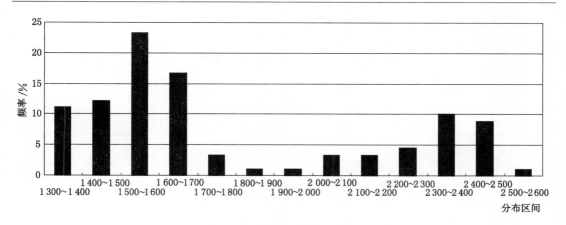

图 8-7　工作面实测上部测站 6# 支架载荷频率分布

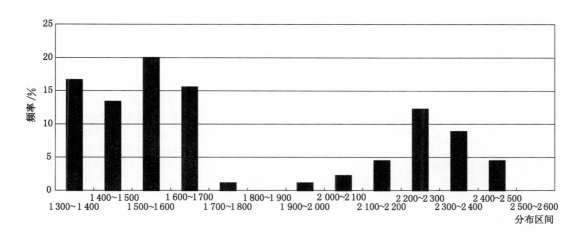

图 8-8　工作面实测中部测站 14# 支架载荷频率分布

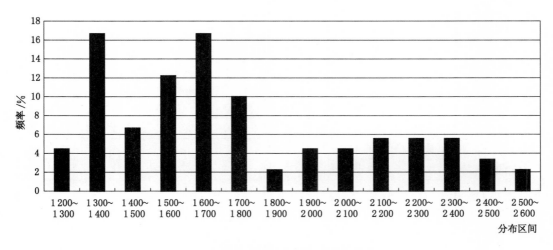

图 8-9　工作面实测下部测站 26# 支架载荷频率分布

有带来支架支护阻力的大幅增加。

8.1.2 试验工作面生产状况

试验工作面安装完毕后开始试刀生产。表 8-1 为工作面 10 d 内的生产指标统计写实，表 8-2 为工作面推进 205 m 后的主要经济指标。

表 8-1 　　　　　　　　　　　工作面生产指标统计写实表

项目　　日期		产量/t		推进度内/m	回采率/%	灰分/%	水分/%
11-27	头班	2 050		4.05		8.55	20.81
	二班	1 980	6 040	3.82	76.24	8.60	21.83
	三班	2 010		3.95		8.33	19.69
11-28	头班	2 050		4.06		8.41	21.17
	二班	1 980	6 050	3.91	75.83	8.38	20.83
	三班	2 020		4.01		8.53	20.34
11-29	头班	1 980		3.85		8.10	21.16
	二班	2 060	6 030	4.08	75.36	8.42	21.92
	三班	1 990		3.96		8.49	21.95
11-30	头班	2 090		4.11		8.30	20.75
	二班	2 070	6 120	4.07	75.47	7.62	21.09
	三班	1 960		3.81		8.18	19.61
12-01	头班	2 040		4.03		8.42	19.96
	二班	1 970	5 960	3.98	74.52	8.41	22.00
	三班	1 950		3.78		8.18	22.25
12-02	头班	1 960		3.96		8.13	22.52
	二班	2 010	5 920	4.01	74.46	8.39	22.18
	三班	1 950		3.93		8.58	21.38
12-03	头班	1 980		3.98		8.52	21.66
	二班	2 030	6 000	4.11	75.13	8.36	22.82
	三班	1 990		3.90		8.49	21.16
12-04	头班	2 040		4.06		8.35	21.38
	二班	1 980	6 010	3.85	75.33	8.47	21.92
	三班	1 990		3.95		8.43	20.64
12-05	头班	1 980		3.85		8.40	21.04
	二班	2 060	6 010	4.08	75.21	8.80	20.72
	三班	1 970		3.83		7.2	21.81
12-06	头班	2 090		4.15		8.40	21.34
	二班	1 980	6 040	3.88	75.63	8.53	21.24
	三班	1 970		3.86		8.57	20.60
合计平均值			6 018	3.96	75.32	8.35	21.30

表 8-2		工作面完成主要经济指标			
工作面长度/m	日产量/t	采出率/%	工作面工效/(t/工)	全员工效/(t/工)	万吨掘进率/(m/万 t)
41	6 000	73	147.4	68.8	20.77

试验工作面日产量基本保持在 6 000 t,可以达到工作面年产 200 万 t 的要求。六道湾煤矿原有工作面推进长度 700 m,工作面长度 35 m,分段高度 18 m,万吨掘进率34.62 m/万 t。现工作面长度 41 m,分段高度 30 m,万吨掘进率 20.77 m/万 t。工作面万吨掘进率可降低 40%,每开采 1 万 t 煤炭可少掘进 13.85 m 回采巷道,每年生产 200 万 t,可少掘进回采巷道 2 770 m,每米巷道掘进费单价按 1 500 元计算,每年仅巷道掘进费可节省资金 415.5 万元。六道湾煤矿原工作面工效为 28.9 t/工(按年产 66 万 t,年工作日 282 d 计)。采用大段高开采,工作面工效 147.4 t/工,比原有工作面回采工效提高了 118.5%,达到了矿井提效。六道湾煤矿当年产 200 万 t 工作面建成后,矿井实现一井一面,矿井年增产 80 万 t,吨煤销售利润 20 元计算,可增利润 1 600 万元。

8.2　铁厂沟煤矿现场工业性试验

铁厂沟煤矿特殊的急斜临界角煤层赋存条件,增加了分段高度合理取值的难度。段高取得低,达不到高产高效得目的;段高取得太高,可能造成一大部分三角煤无法放出。同时,顶煤作为散体矿体,无论是煤矿放顶煤(特别是急斜煤层)还是金属放矿,散体矿体都可能成拱而影响矿体的放出。急斜临界角煤层放顶煤开采顶煤的放出,有区别于金属放矿或储煤煤仓放煤之处,虽然"成拱"只是暂时的,但是,放顶煤的放出空间是在较大的非自由面内不断移动。现场实践中,改变放煤的顺序、轮次、步距,都可能影响放出效果。因此,要实现高产高效的最终目的,合理段高的选择、三角煤的放出及合理的放煤工序都是必须解决的关键性因素。

8.2.1　现场矿压观测

铁厂沟煤矿 45# 煤层＋707 m 水平采煤工作面原设计分层阶段高度 13.5 m。对＋707 m 水平采煤工作面进行矿压观测,图 8-10 为工作面液压支架布置图。共布置 29 架,在工作面设上、中、下三个测站,分别观测 3#、15#、22# 及 28# 架的工作阻力。经观测得以下结论:

(1) 3# 支架压力数值表现为最大压力值是 26 MPa,数值平均在 10 MPa 上下,压力值总体上较平衡、稳定,较少大起大落;该处工作面顶板完整,该处支架范围不在爆破范围,支架处的压力变化不大,并较少外部的剧烈冲击。

(2) 15# 支架压力数值表现为最大压力值达到 53 MPa,压力数值大多从 10 MPa 较短时间增加到 50 MPa,波动时间短,瞬间变化明显,压力值显现较规律的波峰波谷变化,波峰值在 50 MPa 左右,波谷值在 10 MPa 左右,波峰之时间间距在 2 d 左右;顶板压力较稳定,平均在 20 MPa 左右;该处支架范围在爆破范围,支架处的压力变化较大,表现出外部的剧烈冲击;波峰以间隔一天出现,这与实际间隔一天于 15# 支架处进行打眼爆破相符,说明波峰的出现是由于工作面爆破所致。

(3) 22# 支架压力数值表现为峰值不过 30 MPa,平均压力值相比 15# 支架较低,两个波峰值虽也呈现 15# 架的活动规律,但规律变化不明显,瞬间压力值的变化也相对 15# 架较

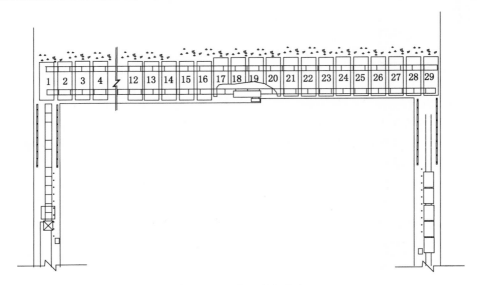

图 8-10　工作面支架分布

少,说明该处支架受工作面爆破冲击,压力反应有变化外,但其余时间工作面上方压力变化均不大。

（4）28$^{\#}$支架压力数值表现为数值有较大的不连续性,间断较多,数值一般在 10 MPa上下变化,很少有较大或较小的变化,无明显的波峰变化规律,表现平平;此处顶板一直较破碎,使 28$^{\#}$支架接顶不严实,反映支架的压力数值较小,与实际相符合;说明该架未承受较大的上方压力,或压力已释放,未通过支架表现。

通过对 4 个测点的数值进行汇总分析,分析＋707 m 水平采煤工作面矿压显现特征如下:

（1）工作面观测数据未表现一定的周期来压,这与实际工作面回采过程中,顶板随采随冒,从而未表现出较大的压力相符合。

（2）4 个测点压力数值一般不超过 20 MPa,最少 10 MPa,而泵站压力设定 30 MPa,工作面支护阻力仅达到初撑力的 33％～66％。

（3）矿压实测结果表明工作面爆破对支架造成剧烈的冲击压力,达到 50 MPa 以上。超过工作面支架额定工作阻力,是支架立柱损坏的主要因素。

（4）＋707 m 水平 45$^{\#}$煤层采煤工作面顶板压力分布位于 15$^{\#}$～22$^{\#}$架以北范围,即工作面中部和底板侧。

＋707 m 水平 45$^{\#}$煤层采煤工作面矿压观测表明,排除工作面爆破对支架影响（可对爆破工艺进一步改进）,ZFS4800 支架工作阻力有相当富裕,这就为进一步合理增加分段高度准备了条件。

8.2.2　水平分段采放高度技术指标对比分析

铁厂沟煤矿特殊的急斜临界角煤层赋存条件,使得工作面段高的合理提升必须充分考虑尽量减少底板三角煤损失量。矿井设计分层高度 12.5 m,矿井试生产前利用露天边坡布置＋721 m 水平 45$^{\#}$煤层平硐工作面,上部为原始煤层露头并部分受到小井破坏,放煤阶段高度不均匀;矿井首采面布置在＋707 m 水平,分层阶段高度 13.5 m。在现有矿井开拓运输系统条件下,对＋707～＋670 m 水平 37 m 的阶段高度重新进行分层水平采放高度的划分,将原来的三个水平分层 12.5 m 的采放高度划分为两个水平分层,每个水平分层的采放高度为 18.5 m。在两种不同采放高度取值下,工作面顶底板丢煤情况如图 8-11 所示。不同采放高度技术指标分析比较如下:

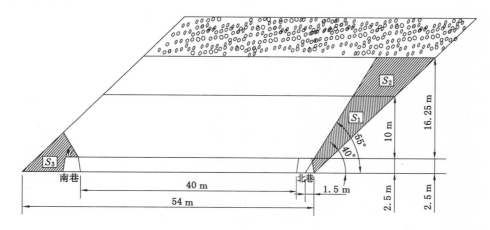

图 8-11　分段高度 12.5 m 和 18.5 m 时工作面丢煤示意图

S_1——分层高度为 12.5 m 时底板三角丢煤;S_2——分层高度为 18.5 m 时底板三角丢煤;S_3——顶板三角丢煤

(1) 段高 12.5 m 时顶底板三角煤损失量、回采率计算

借助 CAD 绘图及计算,顶底板三角煤损失量、回采率为:

底板三角煤丢煤面积:$S_1 = 57.19$（m^2）

底板三角煤丢煤量:$Q_1 = S_1 \times r = 57.19 \times 1.25 = 71.48$（t/m）

顶板三角煤丢煤面积:$S_3 = 34$（m^2）

顶板三角煤丢煤量:$Q_3 = S_3 \times r = 34 \times 1.25 = 42.5$（t/m）

工作面回采率:$\eta =$（动用工业储量－底板三角煤丢煤量－落煤损失量－顶板三角煤丢煤量）/动用工业储量×100%

$\qquad = (843.75 - 71.48 - 84.37 - 42.5)/843.75 \times 100\% = 76.49\%$

(2) 采放高度 18.5 m 时,顶底板三角煤损失量、回采率计算

底板三角煤丢煤面积:$S_2 = 109.88$（m^2）

底板三角煤丢煤量:$Q_2 = 109.88 \times 1.25 = 137.35$（t/m）

工作面回采率:$\eta =$（动用工业储量－底板三角煤丢煤量－落煤损失量－顶板三角煤丢煤量）/动用工业储量×100%

$\qquad = (1\,265.62 - 137.35 - 151.87 - 42.5)/1\,265.62 \times 100\% = 73.79\%$

通过顶底板丢失三角煤量比较,分层水平采放高度 18.5 m 比 12.5 m 底板三角煤损失量每米增加 65.8 t/m;阶段高度 37 m 按 12.5 m 划分三个分层水平采放高度时,顶底三角煤损失量合计为 341.94 t/m;按 18.5 m 划分为两个分层水平采放高度时,顶底板三角煤每米损失煤量合计为 359.7 t/m。分层水平采放高度 18.5 m 与 12.5 m 相比较,整个阶段高度内 18.5 m 分层水平采煤高度比 12.5 m 分层水平采放高度少采出煤量 17.76 t/m。

(3) 分层水平采放高度 18.5 m 和 12.5 m 巷道工程量及经济比较

采放高度 18.5 m 和 12.5 m 巷道工程量及经济比较如表 8-3 所列。

表 8-3 采放高度 18.5 m 和 12.5 m 巷道工程量及经济比较

采放高/m	项目名称	支护形式	设计长度/m	单价元/m	工程造价/万元	回采煤量/万 t	万吨煤掘进率/m
12.5	+695 m 水平下山巷道	锚网	26.8	1 500.00	4.02	58.08	32.78
	+695 m 水平联络煤门	锚网	64	1 500.00	9.6		
	+695 m 水平准备巷道	锚网	1 800	1 500.00	270.00		
	+695 m 水平开切巷	锚网	41	3 554.39	14.57	56.79	
	+682.5 m 水平下山巷道	锚网	26.8	1 500.00	4.02		
	+682.5 m 水平联络煤门	锚网	57	1 500.00	8.55		
	+682.5 m 水平准备巷道	锚网	1 760	1 500.00	264.00		
	+682.5 m 水平开切巷	锚网	41	3 554.39	14.57		
	+670 m 水平准备巷道	锚网	1 720	1 500.00	258.00	55.50	
	+670 m 水平开切巷	锚网	41	3 554.39	14.57		
	合计		5 577.6		861.9	170.37	
18.5	+688.75 m 水平下山巷道	锚网	40.2	1 500.00	6.03	84.05	22.72
	+688.75 m 水平联络煤门	锚网	62	1 500.00	9.30		
	+688.75 m 水平准备巷道	锚网	1 800	1 500.00	270.00		
	+688.75 m 水平开切巷	锚网	41	3 554.39	14.57		
	+670 m 水平准备巷道	锚网	1 720	1 500.00	258.00	80.31	
	+670 m 水平开切巷	锚网	41	3 554.39	14.57		
	合计		3 704.2		572.4	164.36	

通过以上技术经济分析比较,铁厂沟煤矿矿井在现阶段高度下,分层水平采放高度由 12.5 m 改变为 18.5 m,回采率降低 2.7 个百分点,少采出煤量 1.59 万 t。但以巷道掘进工程量、掘进费用、综采工作面搬家次数和搬家费用各项指标来比较,巷道掘进工程量减少了 1 873.4 m,万吨煤掘进率提高了 30.6%,减少综采搬家一次,不仅缓解生产与准备巷道接续紧张的矛盾,也提高了矿井整体的经济效益。因此,将铁厂沟煤矿现阶段高度 37 m 划分为两个分层水平 18.5 m 的采放高度是比较合理的。

8.2.3 不同水平分段采放高度工程实践研究

工程实践以 +721 m 水平 45# 煤层首分层综采工作面实验开采基础资料分析为前提,以 +707 m 水平综采工作面生产和 +688 m 水平试验开采作为工程实践,对实践数据进行对比分析。

(1) +721 m 水平 45# 煤层首分层综采工作面试验采放高度分析

+721 m 水平 45# 煤层首分层综采工作面于 2003 年 6 月投入生产,采区设计长度 800 m,工作面长度 39 m,采区前 530 m 已被小井回采。开采水平 +732 m,后 270 m 为实体煤,工作面至煤层露头垂高平均 35 m,实体煤段设计采放高度为 15 m(回采率计算基础分层高度 15 m)。试验在相同生产工艺条件下不同的放顶高度以观察统计回采率大小,并对不同高度回采率之间的关系进行对比分析(图 8-12)。观测结果表明段高与回采率关系如下:22 m,24.9%;18 m,56.54%;16 m,60.36%;15 m,74.32%;13.5 m,60.69%;12 m,115.15%;11 m,92.16%;10 m,92.23%;9 m,56.36%。

从图 8-12 可以看出,当放顶高度在 10~12 m 之间时采面回采率是最高的,但不排除上覆煤层露头垮落回收部分,以统计数据分析分层高度范围为:

$$H=放顶高度+采煤高度+护顶煤=(10\sim12)+2.5+(1\sim2)=13.5\sim16.5(m)$$

(2) 45# 煤层 +707 m 水平工作面试验采放高度分析

+707 m 水平 45# 煤层分层综采工作面设计长度 800 m,工作面长度 42.5 m,设计采放高度为 13.5 m(回采率计算基础分层高度 13.5 m),月推进度 87 m,平均日产量 2 205 t。试验在相同生产工艺条件下观察统计回采率大小,工作面回采率平均值为 69.80%。

该工作面由于是第二分层,生产数据统计无外在干扰因素,相对首分层工作面生产数据是准确的,对比分析基础比较好。该工

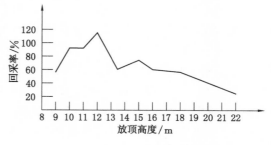

图 8-12　首分层工作面段高与回采率关系

作面从生产统计数据分析看,由于顶煤量不足及上部矸石垮落形成混矸较快,顶煤回收率低,月推进度较快,单月生产量不能满足高产高效的要求。可见,分层高度设计 12.5 m 是不合理的。

(3) +688 m 水平 45# 煤层分层综采工作面试验开采

根据矿 +721 m 水平 45# 煤层综采工作面前 270 m 实体煤的生产试验采出煤量和工作面实际回采率,45# 煤层综采开采设计采放高度为 15 m,而矿井现 +707~+670 m 水平垂高为 37 m,分层水平采放高度如按 15 m 划分,最下分层采放高度只有 7 m,无法满足综采工作面采放高度、准备巷道安全施工要求,达到减少准备巷道工程量,提高矿井整体经济效益的目的。因此,在现矿井开拓运输系统条件下,对 +707~+670 m 水平 37 m 的阶段高度重新进行分层水平采放高度的划分,将原来的三个水平分层 12.5 m 的采放高度划分为两个水平分段,每个水平分层的采放高度为 18.5 m,以减少 45# 煤层综采生产工作面对下方准备巷道施工的影响和综采工作面搬迁次数,降低万吨煤掘进率,提高矿井的整体经济效益。+688 m 水平 45# 煤层分层综采工作面设计长度 900 m,工作面长度 42.5 m,设计采放高度为 18.5 m,月推进度 70.5 m,平均日产量 2 793 t。实验期月统计回采率计算平均值为 81.76%,总产量达 539 381 t,见表 8-4。

表 8-4　　　　　　　　　　　　　+688 m 水平综采工作面开采各项指标

时间 名称	2005-10	2005-11	2005-12	2006-01	2006-02	2006-03	2006-04
推进度/m	55	75	86	89	68	70	65
生产量/t	48 871	79 584	103 660	92 994	79 417	79 571	55 284
回采率/%	81.3	90.8	77.3	86.2	79	77.3	80.4

该工作面由于是第三分层,生产数据统计无外在干扰因素,相对首分层工作面生产数据

是准确的,对比分析基础比较好。该工作面从生产统计数据分析看,由于顶煤量加大,月推进度仍按一天一循环,劳动强度未见加大,但生产量有大幅提高,回采率亦满足要求。可见,分层高度设计 18.5 m 是可行的,而且还有增加提高的可能性。

通过技术经济指标分析及工程实践研究,对于铁厂沟煤矿 45# 煤层,将工作面分段高度由 12.5 m 提高至 18.5 m 是可行的。

8.2.4 大段高工作面减少三角煤损失量现场实践

在技术经济分析比较中,由于底板三角煤损失,段高提高至 18.5 m,工作面回采率将降低 2.7%个百分点。因此,必须采取有效措施进一步改进工作面回采工艺来减少底板三角煤损失量,以达到提升工作面回采率的目的。

急倾斜下临界角煤层采用大段高(18.5 m)开采后,工作面回采率的降低主要表现在底板三角煤放出率下降。应采取有效工艺措施,如改进爆破工艺、放煤工艺等来提高工作面回采率,并减少三角煤损失,以达到工作面高产高效的目的。

8.2.4.1 顶煤松动爆破工艺参数研究

(1)工作面放顶孔布置

工作面顶煤松动采用岩石电钻在支架端面处打眼装药爆破后松动顶煤。在采用单双号间隔布孔(双号:6,8,10,…,28;单号:5,7,9,…,29)基础上,增加北端头(靠底板侧)炮眼布置,即在北端 29 号架向北 75°,向西 80°布孔,以加大底板三角煤的回收。南端炮眼(靠顶板侧)长 4 m,架间打眼。工作面其余炮孔隔架打眼,眼长 10 m,放顶孔角度向架后倾斜 75°～80°(图 8-13)。

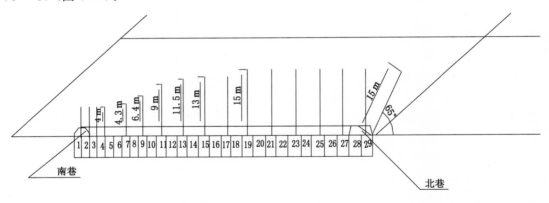

图 8-13　工作面炮孔布置

以上方顶煤能被充分松动爆破,上方顶板不易形成胶结,能随采随冒为原则,确定工作面护顶煤厚度留设 2 m 左右。

(2)炮孔步距实验研究

实验两种排炮步距:进五刀打顶孔(3 m)及进六刀打顶孔(3～6 m)。实验工作面分别选择在+707 m 水平 45# 工作面和+688 m 水平 45# 工作面。

根据试验数据统计结果初步分析:

① 在+707 m 水平工作面,排炮步距 3.0 m 与 3.6 m 步距相比较,排炮产量低,架后研石跟得较快,不能满足生产要求;但顶煤松动效果较好,大块少。所以采用 3.6 m 排炮步距

效果较好。

②在+688 m水平工作面,排炮步距3.0 m与3.6 m步距相比较,排炮产量相比要低,架后矸石跟的较快;但顶煤松动效果较好,大块少,工作面设备能力限制刚好满足生产工艺要求;3.6 m排炮步距大块率稍高,产能大,但工艺和设备能力限制回采率降低。所以采用3.0 m排炮步距较适宜。

（3）爆破工艺流程

以往打完一排孔后,先在上排已到前后立柱间位置爆破,然后进刀放煤循环作业。具体工艺流程为:打孔装药→斜切放上排炮→进六刀→放煤→打孔装药→斜切放前排炮→进刀。炮孔参数及爆破顺序如图8-14(a)所示,工作面在爆破环节及爆破效果上均不理想。在+688 m水平45#工作面实验采用打完一排孔后,进三刀,将已打炮孔先放掉,再进刀打孔循环工作的工艺流程。具体工艺流程为:打孔装药→进三刀→爆破→进两刀→放煤→打下排孔→进刀。炮孔参数及爆破顺序如图8-14(b)所示。两种工艺对比如下:

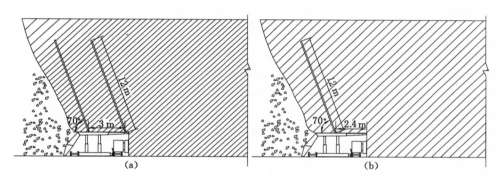

图8-14　工作面前后期爆破对比
(a)前期爆破情况;(b)后期爆破情况

①产量对比分析

改进前存在顶板切顶将炮线挤断,或炮线不易找出而造成的丢炮或顶煤爆破不充分现象。工作面生产28 375 t,推进30.2 m,动用储量36 806 t(煤厚按50 m计算,容重按1.3计算),回收率为77.09%。改进后顶煤爆破较充分、彻底,松散煤块符合回收要求。同时,采用合理放煤方法后,架后不易形成存在大量夹矸或矸石现象。工作面生产29 695 t,推进30.1 m,动用储量36 684 t,回收率为80.95%。

②效率对比分析

打孔装药工艺流程改变后,简化了作业环节,减少了辅助工作量和工作时间,原作业循环中仅找炮线爆破需要1～2 h,现仅花20 min即可,间接提高了劳动效率。

③安全对比分析

爆破位置的改变,极大地增加了职工安全作业系数。原作业中因炮孔位于前后立柱之间,找炮线需降支架,对作业极不安全。现炮孔位于前立柱前方,能轻易将炮线找出,缩短了时间,而且作业安全可靠。

8.2.4.2　顶煤松动爆破工艺参数研究

（1）放煤步距确定

放煤步距是相邻两次放煤的间隔距离。放煤步距是确定工作面回采率和含矸率的重要因素,放煤步距过大过小都将造成回采率的下降或含矸率的提高。根据放煤椭球理论,合理的放煤步距应该是与顶煤放落椭球体短轴半径和放煤高度相匹配,使顶部矸石和采空区矸石同时到达放煤口,达到丢煤少含矸率最低。实践证明放煤步距太大时,顶煤上部矸石将先与采空区矸石到达放煤口,背脊损失大;当放煤步距太小时,采空区方向矸石将先于上部顶煤到达放煤口,使得上部一部分顶煤被关在放煤口之外,不利于顶煤的回收,只有合理的放煤步距才能取得煤炭较高回采率和最低含矸率。只有当放煤步距大于或基本等于支架放煤口沿工作面推进方向水平投影长度,至少使第二次放煤时放煤口上方全部是煤时顶煤回收率最高,含矸率最低。为了简化采煤工艺,方便作业,放煤步距应该是采煤机截煤深度的整倍数。

甘肃靖远王家山煤矿开展顶煤运移规律研究结果表明,急斜煤层低位支架单口放煤时,从走向看放煤口中心线两侧的放落体是不对称的,而是偏向采空区侧,从倾向看放煤口中心线两侧的放落体同样是不对称的,偏向倾斜面的上部。用放矿理论分析,主要是顶部松散碎煤的范围有限,受边界条件约束或影响,如放出体前方是不充分的裂碎带,后方是采空区垮落的矸石,上方是煤矸混合体形成的假顶。由于散体碎煤较前方煤体的黏聚力和内摩擦力均小,所以易于流动,这样椭球体长轴将向采空区偏斜;在倾斜方向上,放煤口倾向上部散体因倾角大而滚向下部,引起下部充填上部垮落椭球体将向倾斜的上部偏斜。可见在放煤口附近一定范围内,放落体颗粒的运动受支架尾梁和放出口倾斜的影响较大,在同一水平层位上,靠近采空区侧和倾向上部的影响和煤体移动大于煤壁侧和倾向下部。低位放顶煤支架单口放煤过程及放出椭球体形态如图8-15所示。

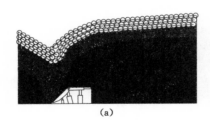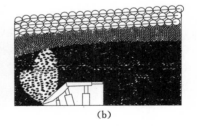

图 8-15　低位放顶煤支架放煤过程及放出椭球体形态图
(a) 单口放煤过程;(b) 放出椭球体形态

基于上述研究,铁厂沟煤矿45#煤层工作面 ZFS4800 低位放顶煤支架放煤口水平投影长度为 1.0 m,但是采煤机截深为 0.6 m。在＋707 m 水平 45#煤层工作面实验三种方案:① 采一放一方式,放煤步距 0.6 m;② 采二放二方式,放煤步距 1.2 m;③ 2112 方式,即爆破后,第一、二刀为 1.2 m 放煤,第三、四刀均 0.6 m 放煤,第五、六刀为 1.2 m 放煤。

试验期间确定工作面每推进 3.6 m(6 刀)即布置一排顶煤松动炮眼,炮眼沿工作平行布置,平均水平间距 3 m,角度向采空区方面 75°。在试验计量采用核子秤计量,每班对煤质煤样情况进行采样分析,在试验期间,排炮的布眼参数不变,单孔眼深固定,每个方案共试验 5 个循环。统计分析三种方式顶煤回采率结果如表8-5所列。

表 8-5 　　　　　　　　　　　　　　　　　三种不同放煤步距顶煤回采率

不同放煤步距		第一循环	第二循环	第三循环	第四循环	第五循环	平均	备注
采一放一	产量/t	1 650	1 700	1 630	1 680	1 710	1 674	
	灰分/%	23.1	18.3	18.3	18.2	18.0	19.2	
	回采率/%	72.2	74.4	71.4	73.6	74.9	73.3	
采二放一	产量/t	1 670	1 710	1 785	1 720	1 670	1 711	三种放煤方式其灰分含量依次为为:第2种 <第3种<第1种
	灰分/%	17.4	16.4	17.8	17.6	17.9	17.4	
	回采率/%	73	74.9	78.2	75.3	73.1	74.9	
2112	产量/t	1 800	1 860	1 825	1 830	1 865	1 836	
	灰分/%	18.2	18.1	17.3	17.1	18.0	17.7	
	回采率/%	78.8	81.4	79.9	80.1	81.7	80.4	

根据观测结果,并结合实验期间煤质、顶煤回收完后的架后见矸、黄土情况、排炮循环产量、各工序的接续情况、人员劳动量等各方面情况,2112 放煤步距方式实验效果最好。原因为本工作面打顶孔角度均为向西偏 80°~85°,松动炮步距为 6 刀(3~6 m)爆破后松碎顶煤主要集中在第三、四刀位置,而第一刀和第六刀为两排炮的交接段,基本没什么顶煤。所以采用 2112 方式,既可以保证顶煤的充分回收,又可以保证煤质,各工序接续稳定。

(2) 放煤方式确定

① 放煤方式实验基础条件

根据+707 m 水平 45#综采放顶煤工作面布置,确定工作面每推进 3.0 m(5~6 刀)即布置一排顶煤松动炮眼,炮眼沿工作平行布置,平均水平间距 3 m,角度向采空区方面 85°。计量采用核子秤计量,每班对煤质煤样情况进行采样分析,在实验期间,排炮的布眼参数不变,单孔眼深固定。

② 实验放煤方案

为提高工作面回采率,有效降低底板三角煤损失量,对 4 种放煤方案进行实验:

a. 多轮隔架顺序放煤,即由底板向顶板先放双号架,再放单号架,每架单轮放煤时间控制在 3~5 min。

b. 多轮顺序放煤,即由底板向顶板依次顺序放煤,每架单轮放煤时间控制在 3~5 分钟。

c. 单轮隔架顺序放煤,即由底板向顶板先放双号,再放单号,每架放煤都保证一次将顶煤回收干净,再放下一架。

d. 单轮顺序放煤,即由底板向顶板顺序一次性将顶煤回收干净。

③ 实验数据统计分析

4 种放煤方案实验统计如表 8-6 所列。对 4 种不同放煤方式实验,通过对每种放煤方式实验过程中的煤质、架后见矸、见黄土情况、排炮产量、人员劳动量等方面进行统计分析,多轮隔架顺序放煤方法与其他几种放煤方法相比较效果最好,顶煤回收充分,架后矸石跟的较均匀,煤质情况也较好,整个工作循环接续稳定,排炮产量最高,生产量基本稳定。另外,通过实验观察分析,对于 45°急斜下临界角煤层开采,采用多轮隔架顺序放煤方法必须严格控制每轮的放煤量。工作面底板侧 18#~29#架每轮放煤时间控制在 5 min 左右效果最好;

10#~17#架控制在 3 min 左右;10#架以南控制在 1~2 min。用 3~4 轮刚好放完,对于局部架顶煤条件特别好,整轮放完后顶煤还没回收干净的,最后可单独进行回收,以保证顶煤的充分回收,达到工作面高产高效的目的。

表 8-6 放煤方案对比分析

方案		第一循环	第二循环	第三循环	第四循环	平均	备注
方案一	产量/t	1 953	1 987	1 813	1 824	1 894	见矸关窗,架后放煤过程中混矸少,顶板侧见矸快,底板最后一轮放煤时见矸不多
	煤质/%	18.3	17.6	17.9	16.9	17.7	
	回采率/%	78.92	80.3	73.27	76.71	76.54	
方案二	产量/t	1 711	1 858	1 744	1 836	1 787	见矸关窗,架后放煤过程中混矸少,顶板侧见矸快,底板最后一轮放煤时见矸不多
	煤质/%	17.4	18.6	17.2	18.4	17.9	
	回采率/%	69.16	75.10	70.49	74.21	72.23	
方案三	产量/t	2 019	1 733	1 679	1 756	1 797	见矸关窗,架后放煤过程中混矸多,架后见矸快,第二轮基本放煤量不大混矸率
	煤质/%	19.7	16.6	17.2	18.1	17.9	
	回采率/%	81.61	70.05	67.87	70.98	72.64	
方案四	产量/t	1 963	1 567	1 864	1 653	1 762	见矸关窗,底板侧放煤量大,混矸少,工作面中部放煤量减少见矸快
	煤质/%	18.7	15.9	17.6	16.9	17.5	
	回采率/%	79.35	63.34	75.34	66.81	71.23	

8.3 本章小结

(1) 六道湾煤矿 30 m 大段高实验开采工作面矿压观测中,工作面上、中、下三处测站支架工作阻力实测值均小于 2 800 kN/架,表明支架的工作阻力并没有随着开采深度与分段高度的增加而大幅增加,支架运行安全、平稳、可靠。对于急斜煤层,运用高阻力液压支架可实现中度带压开采及无维修情况下的高速推进开采。

(2) 六道湾煤矿 30 m 大段高实验开采工作面在段高增加的同时大幅提高了工作面的原煤产量。在工作面长度仅 41 m 情况下,可以达到工作面年产 200 万 t 的要求,对于急斜煤层的开采技术是一个极大地推进。同时,实验表明针对一定倾角范围内的煤层,增加分段高度是增加工作面产量的一个关键因素。

(3) 将铁厂沟煤矿阶段高度 37 m 划分为两个分层水平 18.5 m 的采放高度是比较合理的,分层高度设计 18.5 m 是可行的。

(4) 铁厂沟煤矿工作面采用 ZFS4800 低位放顶煤支架,放煤步距采用 2112 方式,既可以保证顶煤的充分回收,又可以保证煤质,各工序接续稳定。多轮隔架顺序放煤方法适宜急斜放顶煤工作面开采。

9 结 束 语

本书针对乌鲁木齐矿区急斜煤层的地质赋存条件,通过现场观测、理论分析、相似模拟及数值模拟实验对急斜煤层大段高放顶煤工作面开采过程中的围岩控制理论进行了基础性研究,所得主要结论如下:

(1)按照国家煤矿安全监察局对乌鲁木齐矿区急斜放顶煤工作面采放比不超过 1:8 的要求,矿区各生产矿井的工作面分段高度将逐步提高至 30 m。如此大段高开采条件下支架能否保持良好的运转特性、围岩是否存在大范围垮落的危险性、工作面采出率如何保证是三个主要研究的问题,而其核心是在对工作面围岩运移特征深入了解基础上,研究不同倾角急斜煤层合理段高的取值范围以及进一步增强围岩可控性的方式,即急斜煤层大段高开采条件下的围岩控制理论研究。

(2)急斜煤层顶煤体的变形破坏沿走向可分为五个阶段:变形缓慢增长阶段、变形快速增长阶段、初始破坏阶段、破坏加剧阶段及煤体完全垮落阶段。顶煤体中不同层位煤体初次垮落与完全垮落的位置不同。层位越高的煤体初次破坏时在煤壁前方距煤壁的距离越近,完全垮落时在煤壁后方距煤壁的距离越远。从而使支架在走向方向上分区域承受顶煤体完全破坏后的压力,降低了支架所承受的载荷。

(3)急斜煤层底板岩层相对于顶板岩层要稳定。顶板岩层一般从位于工作面煤壁前方 10 m 处变形开始加剧,进入采空区后顶板岩层不同层位的岩层在工作面推进过程中的变形程度不同,但变形量均持续增加,岩层垮落由顶板下位岩层向上位岩层扩展,垮落区域位于煤壁后方采空区内,大幅降低了大段高开采支架的来压强度,对其稳定性非常有利。

(4)急斜煤层大段高工作面具有明显的周期性矿压显现,但支架的工作阻力并没有随着段高与采深的增加而大幅增加。表明在大段高开采下,工作面支架会受到其上方临时结构的保护作用,承受的载荷并不会大幅增加。而且一次增阻在采煤工作面支架运转特性类型中所占比率最高,表明支架运转性能较好。随着开采深度的增加,周期来压步距呈现增大的趋势。说明随着开采向深部水平延续,垮落体在顶底板挤压下在走向较长距离上易形成暂时稳定的承载结构,对工作面支架起保护作用。

(5)急斜煤层顶煤体以垮落拱的形式破坏。顶煤的垮落破坏过程是旧的拱式平衡体系不断被新的拱式平衡体系取代并不断向上位顶煤上移的过程,称之为"临时平衡拱",低位拱失稳后将被上位拱所取代,拱结构最终会破坏。为降低底板侧三角煤的损失,提高工作面采出率,应降低底板侧煤体的强度,从而使顶煤体在垮落过程中靠底板侧拱脚上移,垮落拱由全拱向半拱形式发展。

(6)急斜煤层顶板岩层中存在"卸载拱"结构。当地表浅部原始煤柱体未完全垮落时,上拱脚作用在地表浅部原始煤柱体上,下拱脚作用在工作面下方尚未开采的煤体上。当地表浅部原始煤柱体完全垮落后,地表形成塌陷区域,此时承担上覆层荷载的上拱脚作用在顶板侧梯形收口处受挤压的垮落体上,下拱脚仍作用在工作面下方尚未开采的煤体上。"卸载拱"结构的存在,使工作面开采过程中裸露的顶板岩层仅承受拱内岩层的作用,顶板的稳定性提高。

(7)为避免急斜煤层大段高工作面开采过程中段高所在范围内顶板发生大范围垮落,大段高工作面合理段高的取值应满足关系式:

$$\frac{64a^4 q\cos\alpha}{15t^2\left[\dfrac{128h^2}{25\sin^2\alpha}+\dfrac{1\,024}{315}a^2\left(\dfrac{a^2\sin^2\alpha}{h^2}+2-3\mu\right)\right]}+q\sin\alpha\left(\frac{60}{36+160\,\dfrac{a^2\sin^2\alpha}{h^2}+21\,\dfrac{a^4\sin^4\alpha}{h^4}}-1\right)\leqslant\sigma_{拉}$$

大段高工作面合理段高的极限取值范围分为三类区间:第Ⅰ类区间包括 45°～55°范围,其中倾角 45°煤层工作面合理段高极限取值应控制在 24 m 范围内,倾角 55°煤层工作面合理段高极限取值应控制在 30 m 范围内;第Ⅱ类区间包括 55°～75°的范围,其中倾角 65°煤层工作面合理段高极限取值应控制在 39 m 范围内,倾角 75°煤层工作面合理段高极限取值应控制在 51 m 范围内;第Ⅲ类区间包括 75°～90°的范围,该范围内分段工作面合理段高的控制范围应摆脱完全纯理论上的考虑,技术因素对合理段高取值的影响比较重要。

(8)急斜煤层倾向的顶煤体划分为拉破坏区、拉损伤区、弹性区和压剪损伤区四个分区,拉损伤区和弹性区是阻碍顶煤放出的控制区域,定义为滞放关键域。实施顶煤弱化时应首先针对该区域进行预先弱化,以降低该区域煤体的物理力学性质,打开放煤通道,使顶煤顺利放出。随着水平分段高度的增加,拉破坏区逐渐减小,但减小幅度不大,拉损伤区、弹性区和压剪损伤区均呈现不断加大的趋势,表明顶煤放出的难度在不断增加。

(9)倾角大于 55°的急斜煤层更适合于 30 m 大段高开采,可以避免工作面开采过程中段高所在范围内顶板大范围垮落的危险。但随着分段工作面的下移,阶梯形收口处的顶板岩层将最终失去垮落体的支承作用,当岩层的临空面积达到一定程度时,塌陷坑内的顶板岩层存在大范围垮落的危险,必须采取进一步的充填控制措施。

(10)急斜煤层沉陷由最初在地表生成的孔洞发展为孔洞间的贯通而形成。塌陷坑沿周边发展(主要在顶板及走向周边发展),并随着分段工作面的向下延深表现为反复多次沉陷,坑内垮落体表现为由底板侧朝顶板侧的台阶式下降分布。必须采取由底板侧沿台阶式下降体多次充填的方式。

(11)急斜煤层开采,充填体对顶板岩层的作用机理概括为复合控制作用、移动控制作用、结构控制作用及让压控制作用。顶板岩层在充填体支承作用下,有利于形成工作面上方稳定的结构,控制顶底板运动,防止工作面大范围悬空后可能形成的灾害。随着充填强度的增强,分段放顶煤工作面合理段高的极限取值呈线性增加,表明在充填作用下,顶板岩层的稳定性增强,充填措施对大段高开采是非常有利的。

(12)急斜煤层开采,底板处进行放煤时,会有三角煤残留。煤层倾角越小,三角煤残留越多;顶煤高度越大,三角煤残留越多;放煤口到底板水平距离越大,三角煤残留越多。在顶板处进行放煤时,由于工作面巷道布置或是端头支架不放煤的影响,放煤口到顶板处会有一定的水平距离 d,由于 d 的存在也会有顶板处三角煤残留,但其残留量大大小于底板处三角煤残留量。顶煤的放出受顶板影响,其放出体会发生偏转,放煤漏斗左右不对称。故而对此范围的煤体提出了以时间控制是否关闭放煤口的控制原则,放煤时间可由式 $t=$

$\dfrac{0.164\pi}{q}h'^{2.15}$ 计算。

（13）对急倾斜多口情况下放煤时，影响放煤方式的参数有相邻放煤口间距 s 与顶煤高度 h。对于顺序放煤来说，当顶煤分段高度 H 大于 $\left(\dfrac{s}{\sqrt{m}}\right)^{\frac{2}{2-n}}$ 时，应进行顺序多轮放煤，由 $H/\left(\dfrac{s}{\sqrt{m}}\right)^{\frac{2}{2-n}}$ 可求得具体需要的轮数。对于间隔放煤来说，当顶煤分段高度 H 大于 $\left(\dfrac{2s}{\sqrt{m}}\right)^{\frac{2}{2-n}}$ 时，应进行间隔多轮放煤，由 $H/\left(\dfrac{2s}{\sqrt{m}}\right)^{\frac{2}{2-n}}$ 可求得具体需要的轮数。

（14）通过有限元分析软件 ANSYS 8.0 对支架模型表明，急斜煤层开采过程中，随着支架最大载荷作用点的后移，即合力作用点的后移，等效应力最大值与变形位移最大值越来越小，支架的受力状况越来越好。

（15）本书所进行的研究提出了选取工作面合理段高取值范围及充填采空区域的围岩控制方式，并在煤矿生产实践中得到了验证与良好应用，对于乌鲁木齐矿区急斜煤层大段高工作面安全高效开采有积极的指导意义，对于赋存类似煤层的国内外其他矿区也有良好的借鉴意义。

参 考 文 献

[1] 李栖凤.急倾斜煤层开采[M].北京:煤炭工业出版社,1984.

[2] 杜计平,孟宪锐.采矿学[M].徐州:中国矿业大学出版社,2014.

[3] 洪允和.水力采煤[M].北京:煤炭工业出版社,1988.

[4] 侯东旭,魏巍.水力采煤技术在香山矿急倾斜煤层的应用可行性探讨[J].内蒙古煤炭经济,2015(5):150-151.

[5] 梁金宝.水力采煤六十年发展回顾与展望[J].水力采煤与管道运输,2016(1):1-5.

[6] 徐永圻.采矿学[M].徐州:中国矿业大学出版社,2003.

[7] 喻林.伪斜柔性掩护支架采煤法在过瓦煤矿的应用[J].矿业安全与环保,2006,33(2):61-63.

[8] 林在峰.伪倾斜柔性掩护支架采煤法在急倾斜煤层中的应用[J].煤炭与化工,2014,37(2):44-47.

[9] 孙臣良,冯春海,黎文焰.柔性掩护液压支架采煤法在越南宏泰煤矿急倾斜中厚煤层的应用[J].内蒙古煤炭经济,2016(4):139-142.

[10] 蒋新军.苇湖梁煤矿急倾斜综采放煤工艺研究[D].西安:西安科技大学,2006.

[11] 赵宏珠,石平五.厚煤层放顶煤开采技术与装备[M].北京:煤炭工业出版社,1994.

[12] 樊运策.综放开采技术20年的回顾与展望:地下开采现代技术理论与实践[M].北京:煤炭工业出版社,2002.

[13] 吴健.对发展综采放顶煤技术的几点意见[J].煤炭科学技术,1996,24(1):4-7.

[14] 吴健.中国放顶煤开采技术发展的现状与展望[J].煤矿现代化,1997,24(4):15-19.

[15] 吴健.我国综放开采技术15年回顾[J].中国煤炭,1999,25(1):9-16.

[16] WU JIAN,GUO WEN ZHANG. Safety problems in fully-mechanized top-coal caving longwall faces[J].Joural of China Univercity of Mining & Techonology,1994,4(2):20-25.

[17] 于海勇,吴健.放顶煤开采的理论与实践[M].徐州:中国矿业大学出版社,1992.

[18] 吴健.我国放顶煤开采的理论与实践[J].煤炭学报,1991,16(3):1-10.

[19] 乌鲁木齐矿务局,煤炭科学研究总院北京开采所,煤炭科学研究总院重庆研究所,等.乌鲁木齐矿务局六道湾煤矿综采放顶煤采煤工艺及引进设备工业性鉴定资料汇编[G],1988.

[20] 郭金刚.提高综放顶煤放出率的理论与技术研究[D].徐州:中国矿业大学,2004.

[21] 王颖泓,李前.急倾斜特厚煤层水平分层综采放顶煤开采[J].煤炭科学技术,1995,23(6):26-28.

[22] 钱鸣高,刘昕成.矿山压力及其控制[M].修订本.北京:煤炭工业出版社,1990.

[23] 钱鸣高,廖协兴,何富连.采场"砌体梁"结构的关键块分析[J].煤炭学报,1994(6):557-563.

[24] 钱鸣高,廖协兴.采场上覆岩层结构的形态与受力分析[J].岩石力学与工程学报,1995,14(2):97-106.

[25] QIAN MINGGAO. A study of the behaviour of overlying strata in longwall mining and application to strata control[C]//Proceedings of the Symposium on Strata Mechanics. Amsterdam:Elsevier Science Publishing Company,1982:13-17.

[26] QIAN MINGGAO,HE FULIAN,ZHU DEREN. Monitoring Indices for the support and surrounding strata on a longwall face[C]//11th International Conference on Ground Control in Mining. Wollongong:The University of Wollongong,1992:255-262.

[27] 张顶立.综放工作面直接顶结构分类及其控制方法[J].煤,2003,7(4):5-8.

[28] 翟明华,张顶立.综放工作面直接顶稳定性研究及控制实践[J].湘潭矿业学院学报,1998,13(3):1-7.

[29] 张顶立.综合机械化放顶煤开采采场矿山压力控制[M].北京:煤炭工业出版社,1999.

[30] 石平五,高召宁.急倾斜特厚煤层开采围岩与覆盖层破坏规律研究[J].煤炭学报,2003,28(1):13-16.

[31] 高召宁,石平五.急斜煤层开采老顶破断力学模型分析[J].矿山压力与顶板管理,2003(1):81-84.

[32] 石平五,高召宁.顶煤损伤统计力学模型[J].长安大学学报,2003,23(1):58-60.

[33] 石平五.急斜煤层大范围垮落监测计算反馈的理论基础结题研究报告[R].西安:西安科技学院,1999.

[34] 吴健.放顶煤开采的顶煤活动规律及矿压显现[C]//《矿山压力》编辑部.第四届煤矿采场矿压理论与实践讨论会论文汇编.徐州:中国矿业大学出版社,1989:130-136.

[35] 于海勇.放顶煤开采基础理论[M].北京:煤炭工业出版社,1995.

[36] 黄庆享.顶煤弹性深梁力学模型及应用[J].岩石力学与工程学报,1998,17(2):167-172.

[37] 黄庆享.放顶煤工作面顶煤破坏规律及其控制研究[D].西安:西安矿业学院,1990.

[38] 王卫军,侯朝炯.急倾斜煤层放顶煤顶煤破碎与放煤巷道变形机理分析[J].岩土工程学报,2001,23(5):623-626.

[39] 王卫军.急倾斜中厚—厚煤层巷道放顶煤计算机模拟[J].焦作工学院学报,1997,16(3):81-85.

[40] 王卫军,李学华,贺德安.巷道放顶煤顶煤破碎机理研究[J].矿山压力与顶板管理,2000(3):66-68.

[41] 伍永平.大倾角煤层开采"顶板—支护—底板"系统稳定性及动力学模型[J].煤炭学报,2004,29(5):527-531.

[42] 伍永平.大倾角煤层开采"顶板—支护—底板"系统的动力学方程[J].煤炭学报,2005,30(6):685-689.

[43] 伍永平."顶板—支护—底板"系统动态稳定性控制模式[J].煤炭学报,2007,32(4):

341-346.

[44] 来兴平,孙欢,单鹏飞,等.急斜特厚煤层水平分段综放开采覆层类椭球体结构分析[J].采矿与安全工程学报,2014,31(5):716-720.

[45] 来兴平,李云鹏,王宁波,等.基于梁结构的急斜煤层综放工作面顶板变形特征[J].采矿与安全工程学报,2015,32(6):871-876.

[46] 杨帆.急倾斜煤层采动覆岩移动模式及机理研究[D].阜新:辽宁工程技术大学,2006.

[47] 杨帆,麻凤海,刘书贤,等.采空区岩层移动的动态过程与可视化研究[J].中国地质灾害与防治学报,2005,16(1):84-88.

[48] 赵伏军,李夕兵,胡柳青.巷道放顶煤顶煤破坏机理研究[J].岩石力学与工程学报,2002,21(增2):2309-2313.

[49] 李永明,刘长友,黄炳香,等.急倾斜煤层覆岩破断和裂隙演化的采厚效应[J].湖南科技大学学报,2012,27(3):10-15.

[50] 索永录,祁小虎,刘建都,等.急倾斜煤层浅部开采顶板破断致灾原理与控制[J].煤矿开采,2015,20(1):86-88.

[51] 朱川曲,缪协兴.急倾斜煤层顶煤可放性评价模型及应用[J].煤炭学报,2002,27(2):134-138.

[52] 王家臣,张锦旺.急倾斜厚煤层综放开采顶煤采出率分布规律研究[J].煤炭科学技术,2015,43(12):1-7.

[53] 宋元文.急斜水平分段放顶煤开采老顶来压规律探讨[J].煤炭科学技术,1997,25(12):35-38.

[54] 鞠文君,李前,魏东,等.急倾斜特厚煤层水平分层开采矿压特征[J].煤炭学报,2006,31(5):558-561.

[55] 赵朔柱.急斜放顶煤工作面的矿压显现和上覆岩层结构[J].矿山压力与顶板管理,1992(1):38-42.

[56] 李建民,章之燕.急倾斜厚煤层水平分段放顶煤开采顶板和顶煤运移规律研究[J].煤矿开采,2006,11(2):49-51.

[57] 戴华阳,王金庄.急倾斜煤层开采非连续性变形的相似模拟实验研究[J].湘潭矿业学院学报,2000,15(3):1-7.

[58] 戴华阳.地表非连续变形机理与计算方法的研究[J].煤炭学报,1995,20(6):614-618.

[59] 张玉卓,姚建国,仲惟林.断层影响地表移动规律的统计和数值模拟研究[J].煤炭学报,1989,14(1):23-30.

[60] 崔希民,左红卫,王金安.急斜煤层开采地表塌陷坑形成机理与安全矿柱尺寸研究[J].中国地质灾害与防治学报,2000,11(2):67-69.

[61] 阎跃观,戴华阳,王忠武,等.急倾斜煤层开采垮落带破坏特征与法向高度研究[J].煤炭科学技术,2015,43(4):23-26.

[62] 庞绪峰,姜耀东,蒋聪,等.急倾斜煤层充填开采相似模拟[J].煤矿安全,2013,44(11):44-49.

[63] 姜福兴.矿山压力与岩层控制[M].北京:煤炭工业出版社,2004.

[64] 陈炎光,陆士良.中国煤矿巷道围岩控制[M].徐州:中国矿业大学出版社,1996.

[65] 于元林.大采高综采面回采巷道矿压显现规律研究[J].采矿技术,2007,7(1):45-47.

[66] 查文华,谢广祥,华心祝,等.综放工作面顶底矿压显现模型试验研究及分析[J].中国煤炭,2007,33(4):32-34.

[67] 鞠金峰,许家林,朱卫兵,等.7.0 m支架综采面矿压显现规律研究[J].采矿与安全工程学报,2012,29(3):344-350.

[68] 张英卓,马宏伟,亚森江,等.浅埋软顶综采面矿压规律与支架适应性分析[J].煤炭工程,2015,47(12):55-58.

[69] 王庆雄,鞠金峰.450 m超长综采工作面矿压显现规律研究[J].煤炭科学技术,2014,42(3):125-128.

[70] 冯泾若,伍丽娅,罗洪波,等.我国短壁工作面综采综放设备的发展和应用[J].煤矿开采,2004,9(1):7-9.

[71] 陈炎光,钱鸣高.中国煤矿采场围岩控制[M].徐州:中国矿业大学出版社,1994.

[72] 邵小平,石平五.急斜煤层大段高工作面矿压显现规律[J].采矿与安全工程学报,2009,26(1):36-40.

[73] 钟嘉猷.实验构造地质学及其应用[M].北京:科学出版社,1998.

[74] 林韵梅.实验岩石力学:模拟研究[M].北京:煤炭工业出版社,1984.

[75] 吴绍倩,石平五.急斜煤层矿压显现规律的研究[J].西安矿业学院学报,1990(2):1-9.

[76] 沈功田,戴光,刘时风.中国声发射检测技术进展——学会成立25周年纪念[J].无损检测,2003,25(6):302-307.

[77] 杨瑞峰,马铁华.声发射技术研究及应用进展[J].中北大学学报,2006,27(5):456-461.

[78] 王煜曦,王金安,唐君.断裂岩石在蠕剪过程中的声发射特征[J].岩石力学与工程学报,2015,34(增1):2948-2958.

[79] 周子龙,李国楠,宁树理,等.侧向扰动下高应力岩石的声发射特性与破坏机制[J].岩石力学与工程学报,2014,33(8):1720-1728.

[80] 李元辉,袁瑞甫,张春明,等.Kaiser效应测原岩应力过程的数值模拟和理论分析[J].中国有色金属学报,2007,17(5):836-840.

[81] 傅宇方,唐春安.岩石声发射Kaiser效应的数值模拟试验研究[J].力学与实践,2000(22):42-44.

[82] 罗小平,黄友亮.不同岩性Kaiser效应实验研究[J].中州煤炭,2016(4):122-128.

[83] 刘洋,余贤斌,谢强,等.岩石Kaiser效应方向独立性的研究现状及进展[J].地下空间与工程学报,2012,8(6):1185-1191.

[84] 赵兴东,李元辉,袁瑞甫.花岗岩Kaiser效应的实验验证与分析[J].东北大学学报,2007,28(2):254-257.

[85] 夏冬,杨天鸿,王培涛,等.干燥及饱和岩石循环加卸载过程中声发射特征试验研究[J].煤炭学报,2014,39(7):1243-1247.

[86] 何俊,潘结南,王安虎.三轴循环加卸载作用下煤样的声发射特征[J].煤炭学报,2014,39(1):84-90.

[87] 陈宇龙,魏作安,许江,等.单轴压缩条件下岩石声发射特性的实验研究[J].煤炭学报,

2011,36(增 2):237-240.

[88] 来兴平,张勇,奚家米,等.基于 AE 的煤岩破裂与动态失稳特征实验及综合分析[J].西安科技大学学报,2006,26(3):289-292.

[89] 余利先.声发射技术在岩体垮落预测预报中的应用[J].采矿技术,2004,4(3):29-31.

[90] 杨永杰,陈绍杰,韩国栋.煤样压缩破坏过程声发射试验[J].煤炭学报,2006,31(5):562-565.

[91] 孟磊,王宏伟,李学华,等.含瓦斯煤破裂过程中声发射行为特性的研究[J].煤炭学报,2014,39(2):377-383.

[92] 刘卫东,孟晓静,丁恩杰.岩体声发射监测系统的设计与实现[J].煤炭科学技术,2007,35(5):46-47.

[93] 冯巨恩,吴超.金属矿床采掘过程围岩失稳状态的声发射监测实践[J].地球物理学报,2006,48(6):1460-1465.

[94] 刘兴国.放矿理论基础[M].北京:冶金工业出版社,1995.

[95] 王家臣,富强.低位综放开采顶煤放出的散体介质流理论与应用[J].煤炭学报,1999,24(4):337-340.

[96] 王家臣,杨建立,刘颢颢,等.顶煤放出散体介质流理论的现场观测研究[J].煤炭学报,2010,35(3):353-56.

[97] 王家臣,张锦旺.综放开采顶煤放出规律的 BBR 研究[J].煤炭学报,2015,40(3):487-493.

[98] 伍丽娅,冯径若.短壁工作面综采放顶煤设备配套和采煤工艺[J].煤矿开采,2003,8(3):23-28.

[99] 伍丽娅,冯径若.短壁采煤机的经济技术分析[J].煤矿开采,2002,7(3):6-8.

[100] 伍丽娅,冯径若.短壁采煤机研究与总体设计[J].煤矿开采,2002,7(4):8-10.

[101] 陈福华.短壁综采工作面回采工艺技术[J].煤矿开采,2006,11(4):35-36.

[102] 王方田,屠世浩,屠洪盛,等.薄煤层短壁综采工作面石灰岩顶板破断特征及矿压显现规律[J].煤矿安全,2014,45(2):193-196.

[103] 张跃东,于磊.几种不同四连杆结构形式的放顶煤液压支架[J].煤矿机械,2013,34(8):178-180.

[104] 于贵,韩向阳.放顶煤液压支架掩护梁加工工艺的分析及探讨[J].煤矿机械,2015,36(12):142-143.

[105] 刘长友,金太.放顶煤液压支架的动态承载特征及可靠性分析[J].矿山压力与顶板管理,2005(1):1-3.

[106] 邵小平.急斜煤层水平分段放顶煤开采围岩结构及其控制性研究[D].西安:西安科技大学,2005.

[107] 彭继承.充填理论及应用[M].长沙:中南工业大学出版社,1998.

[108] 王家臣,杨胜利,杨宝贵.长壁矸石充填开采上覆岩层移动特征模拟实验[J].煤炭学报,2012,37(8):1256-1261.

[109] B.H.G 布雷迪,E.T 布朗.地下采矿岩石力学[M].佘诗刚,朱万成,赵文,等译.北京:煤炭工业出版社,1990.

[110] 肖卫国. 深井充填技术的研究[D]. 长沙：中南大学，2003.

[111] 王勖成. 有限单元法[M]. 北京：清华大学出版社，2003.

[112] O. C. 辛凯维奇. 有限单元法[M]. 尹泽勇，江伯南，译. 北京：科学出版社，1985.

[113] 刘波，韩彦辉. FLAG 实例分析教程[M]. 北京：人民交通出版社，2005.

[114] 刘波，韩彦辉. FLAG 原理实例与应用指南[M]. 北京：人民交通出版社，2005.

[115] 景海河，马福义，管文华. 高应力软岩巷道支护有限差分法[J]. 黑龙江科技学院学报，2007，17(3)：173-176.

[116] BEER G，WATSON T O. Introduction to Finite and Boundam Element Methods for Ennineers[M]. New York：Wiley & Sons，1992.

[117] BEER G，POULSEN II A. Efficient numerical modelinn of faulted rock csinn the boundary element method[J]. International Joural of Rock Mechanics and Mining Sciences & Geomechanics Abestracts，1994，31(5)：485-506.

[118] 余德浩. 自然边界元方法的数学理论[M]. 北京：科学出版社，1993.

[119] 李顺才，卓士创，谢卫红. 圆形巷道围岩应力场的自然边界元法[J]. 煤炭学报，2004，29(6)：672-675.

[120] 范之望. 边界元法及层状介质岩体在地表及岩层移动计算中的应用[J]. 煤炭学报，2004，29(2)：150-154.

[121] VOEGELE M，FAIRHURST C，CUNDALL P A. Analysis of tunnel support loads using a large displacement distinct block model[C]//Storage in Wxcavated Rock Caverns、Oxford：Pergamon，1978：247-252.

[122] 包凯，刘清友，任文希，等. 基于离散元煤层钻孔井壁稳定性分析[J]. 煤田地质与勘探，2015，43(6)：137-140.

[123] 王泳嘉，陶连金，邢纪波. 近距离煤层开采相互作用的离散元模拟研究[J]. 东北大学学报，1997，18(4)：374-377.

[124] 魏群. 散体单元的基本原理数值方法及程序[M]. 北京：科学出版社，1991.

[125] 张健全，于友江. 岩层移动动态过程的离散单元法分析[J]. 水文地质工程地质，2004(2)：9-13.

[126] 许延春，张玉卓. 应用离散元分析采矿引起厚松散层变形的特征[J]. 煤炭学报，2002，27(3)：268-272.

[127] 郝志勇，林柏泉，张家山，等. 基于 UDEC 保护层开采中覆岩移动规律的数值模拟与分析[J]. 中国矿业，2007，26(7)：81-84.

[128] 方新秋，万德钧，王庆，等. 离散元法在分析综放采场矿压中的应用[J]. 湘潭矿业学院学报，2003，18(4)：11-14.

[129] 胡居宝，陈晓祥，曹继红. 锚注支护机理及围岩稳定性的 UDEC 算法分析[J]. 能源技术与管理，2005(2)：26-28.

[130] 李新旺，杨社，梁刚永，等. 基于离散元法的俯伪斜放顶煤工作面矿压研究[J]. 煤炭技术，2015，34(5)：23-25.

[131] 倪海江，徐卫亚，石安池，等. 基于离散元的柱状节理岩体等效弹性模量尺寸效应研究[J]. 工程力学，2015，32(3)：90-96.

[132] 苏兰平,黄显明.低位放顶煤液压支架的改造[J].煤矿机械,2003,24(4):69-70.

[133] 王朝阳,焦成尧,范卫星,等.低位放顶煤液压支架在大倾角厚煤层中的应用[J].煤炭技术,2001,20(1):12-13.

[134] 翟国栋,董志峰,沈立山,等.新型轻型低位放顶煤液压支架的研制[J].煤,2000,9(4):17-18.

[135] 石哲敏,陈新中,许日成,等.低位放顶煤液压支架顶梁的有限元分析[J].煤矿机械,2012,33(6):101-103.

[136] 王光伟.两柱掩护式低位放顶煤支架的应用及研究[J].煤矿机械,2005,26(11):43-45.

[137] 赵喜敬,于淑政,范进祯.低位放顶煤液压支架的运动模拟分析[J].矿山机械,2000(5):25-26.

[138] 张晓光,张进良,刘春驰,等.低位放顶煤液压支架的尾梁优化机构与自动化控制设计[J].内蒙古煤炭经济,2016(6):144-146.

[139] 阚世光.两用低位放顶煤液压支架及其应用[J].煤矿开采,2011,16(5):61-62.